［苏］亚历山大・叶夫根尼耶维奇・费尔斯曼　著

高丰　译

北京理工大学出版社
BEIJING INSTITUTE OF TECHNOLOGY PRESS

图书在版编目（CIP）数据

孩子一读就懂的化学. 趣味地球化学 / (苏) 亚历山大·叶夫根尼耶维奇·费尔斯曼著；高丰译. --北京：北京理工大学出版社, 2021.10

ISBN 978-7-5682-9809-4

Ⅰ. ①孩… Ⅱ. ①亚… ②高… Ⅲ. ①化学–普及读物 Ⅳ. ①O6-49

中国版本图书馆CIP数据核字（2021）第083276号

出版发行 / 北京理工大学出版社有限责任公司
社　　址 / 北京市海淀区中关村南大街 5 号
邮　　编 / 100081
电　　话 / （010）68914775（总编室）
（010）82562903（教材售后服务热线）
（010）68944723（其他图书服务热线）
网　　址 / http: //www.bitpress.com.cn
经　　销 / 全国各地新华书店
印　　刷 / 三河市金泰源印务有限公司
开　　本 / 880 毫米 × 710 毫米　1/16
印　　张 / 17
字　　数 / 231千字
版　　次 / 2021 年 10 月第 1 版　2021 年 10 月第 1 次印刷
定　　价 / 148.00元（全 3 册）

责任编辑 / 王玲玲
文案编辑 / 王玲玲
责任校对 / 周瑞红
责任印制 / 施胜娟

图书出现印装质量问题，请拨打售后服务热线，本社负责调换

CONTENTS
# 目录

## 原子的世界

## 自然界中的化学元素

CONTENTS

# 目录

## 自然界中原子的历史



04

## 地球化学的过去和未来

# 自序

几年前我写了《趣味矿物学》[1]一书，随后收到了许多学生、工人和从事其他各行各业工作的朋友的来信。在这些信中，我看到了他们对岩石和岩石研究既诚挚又真实的热爱！在几封孩子们的来信中，我还感受到了年轻人的热情、勇气、朝气和干劲……我很喜欢这些信，并决定为青年们、为我们的接班人们再写一本书。

近几年来，我的思绪已经转到了另一个困难得多，也更加抽象的领域，它将我从宏观的世界带到了小微粒子的领域当中，其实整个世界，包括我们人类自身，都是由这些粒子构成的。

近20年来，我不得不参与到一门被称为地球化学的学科的创立工作之中，这是一门新兴的学科。在创立该学科时，我们不是整天坐在舒适的办公室把书翻来翻去，而是从无数的观察、实验和测量中将它总结出来的；它诞生于新事物，是在新思想斗争中产生的。而且我必须承认，我在这门学科的创立过程中所度过的时光是极其美好的。

我会告诉你们哪些有关地球化学的趣事儿呢？什么是地球化学呢？为什么不是化学，而偏偏是地球化学？为什么论述它的不是化学家，反倒是地质学家、矿物学家呢？

事实上，在第1章中我们并没有给出这些问题的答案。因为我们要先简单而广

---

1 《趣味矿物学》于1928年出版。《趣味地球化学》是在1948年，作者去世后，由其朋友、学生整理出版。序言为作者本人所作，正文在整理过程中有所增补，故出现一些作者去世后发生的例子。——译者注

泛地涉及很多材料。只有那些把这本书读完的人才能领略到地球化学的深奥性和趣味性。

到时候读者便会说道：“这就是地球化学？一门多么有趣，同时又多么伤脑筋的学科！要完全理解地球化学，我所掌握的化学、地理学还有矿物学知识，还是太少了。”

但这一切都是值得的，因为地球化学的未来前景比想象中的要广阔：地球化学如同物理学和化学，正在协助人类征服储量庞大的能源和物质。

在结束序言之前，我想给读者几点读这本书的建议。鲜有人说“应该读书，读书比说话重要得多”，也很少有人说应该怎样读书，以什么样的方式研习书本，并学会从中获得有益的知识。有些书读起来很有意思，在没有读完时甚至都不忍心把书放下。比方说饶有趣味且情节惊险的小说。但是我们更应该好好读那些详细介绍整门学科或者介绍了某些学科问题的书。同样地，这样的书应该还包括科学数据的阐述、自然现象的描写、科学结论的得出。读这样的书就得逐字理解，哪怕是漏看一页、一行或者一个字，都是不行的。

我们的书并不是引人入胜的小说，也不是科学论文，它有自己的特点。本书由四个部分构成，一章接着一章，逐渐地由物理和化学的共同问题转向地球化学的问题和对地球化学学科未来的展望。没有很好掌握这些学科的基础知识的读者要仔细、认真地读，甚至需要反复读那些感兴趣的或是没读懂的部分。如果读者有了一定的物理和化学基础，那么就可以跳过之前就知道的一些章节：我尽了最大的努力把每个章节都写成独立的整体，使之不与其他章节相关。

对于正在学习化学的学生们来说，读某些章节是很有帮助的，因为这本书中的很多章节可以为纯理论的教科书提供实例。比如说描写地壳的章节，尤其是第3章。

而对于那些学习化学的人来说，显而易见，在我的阐述中没有提到很多的化学元素，我只是粗略地描写了15种元素，还有其在宇宙中、地底深处和地表的历史，以及被人类利用的历史。

在此，我只想阐述最寻常和最有用的一些元素的性状，以及它们所具备的最重要的特征，这些元素拥有复杂的化学特性，并以此存在于不易察觉且固定的地球化学进程之中。我认为，关于每个化学元素，我都能做出长篇大论。甚至某些读者有可能自己尝试论述某个我没有提及的元素的历史。我认为，这是个很有益的尝试。如果有人对某块金属铬，它的命运、矿产地及它在工业中的作用之类的问题感兴趣，并尝试去叙述的话，那么关于这个元素的历史，他就可以写出许多文章。

# 01

# 原子的世界

# 导读

王凤文

小伙伴们，欢迎来到《趣味地球化学》，这是一部由地球化学学科的创始人之一——费尔斯曼院士编写的有关地球化学元素知识的经典之作。作者以文艺的笔触讲述了他多年来创立的这门科学，书中用现场讲述的形式、深入浅出的语言，把许多深奥的道理讲得妙趣横生，为我们打开了地球化学这门年轻而又极具发展远景的学科之门！

在这本书里，作者揭开了藏身在自然界中不停运动着的各种化学元素的秘密，地球化学以门捷列夫周期表中元素的特征为主要内容，研究化学元素在地壳中发生迁移、漫游、结合而构成坚硬的矿物，以及分离、恢复自由的过程。简单地说，地球化学研究的就是地球内部的化学变化，研究每个元素的性状、它的独特性，以及其与其他元素结合或是分离的趋向性。这样一来，地球化学家就化身为勘探者了！

一开始作者就把我们带到形形色色的原子世界中去，通过遨游"能缩小能放大的实验室"，"微小化"的我们进入驾驶舱，操作操纵杆，穿越金属内部，感受闪烁透明的金属；徜徉在充满跳动汁液和淀粉颗粒的植物细胞中，手伸进叶子的气孔，感受细胞壁的震动对自身的拍打……让我们能够逼真地感知微观世界的运动景象。

我们先来了解一下有关原子结构的知识：

**原子是由居于原子中心的带正电的原子核和核外带负电的电子构成的。**

**原子核是由带正电的质子和不带电的中子构成的，原子核很小，却占原子的绝大部分质量。**

**电子的质量很小，却占据了原子的大部分空间，电子在原子核外按能量高低分层排布，并绕原子核高速运转。**

**原子核核内质子数=核外电子数=核电荷数=原子序数。**

**不同元素，质子数不同，按质子数的大小从小到大给元素排序，就是原子序数。**

**同种元素可以形成中子数不同的原子，互称同位素。**

在“原子在宇宙中的产生和性状”部分，作者提出一切静谧祥和都是假象，不论是苍穹中毫不动摇的恒星，还是太阳大气层中的炙热物质，以至于整个宇宙，从分子、原子的角度引导我们重新审视周围的世界和事物规律。让我们总结一下基本观念：**元素组成世间万物，原子、分子和离子是构成物质的基本粒子；任何物质内部都是有空隙的；世界是物质的，物质的世界是运动的；运动是绝对的，静止是相对的。**

接着作者给我们讲述了门捷列夫与元素周期表的故事，是怎样的一位思想巨人做出了化学史上最伟大的发现？为什么说元素周期表是地球化学的指南针？其揭示了地壳中化学元素哪些规律性？门捷列夫周期表这一强有力的武器，为我们研究地球化学、为人类发现并应用地球资源提供了怎样的帮助？如今元素周期表的完美呈现又凝聚了多少科学家的智慧和汗水？

为了更清楚地了解原子的性质，作者简单明了地介绍了原子分裂，铀、镭等裂变情况。地球中不间断地进行着的铀、钍和镭原子的放射性衰变，既是恒久的热源，又是化学元素工业储备的源头；更神奇的是正在分裂中的放射性元素的原子，可以作为“钟表”来计算岩石的年龄，甚至是地球本身的年龄。

世界的“永恒运动和发展”，遵循着怎样的法则？孩子们，从地球化学去开启“原子的世界”吧！我们的地球还有太多的奥秘等你去探索！

经常有人问我：什么是地球化学？在我们国家到底需不需要这门科学？很多时候不得不和老一辈的科学家就我们这门年轻的、新型的学科的意义展开争论。“地球化学”这个词本身并不通俗易懂，我们可以拆开来看，就是“地球”与“化学”。

研究“地球”的学科就是“地质学”。我们都知道什么是地质学，即一门教授人们什么是地球、地壳以及地球的历史的学科。它告诉我们地球如何变化，山、河、海是如何形成的，火山熔岩如何产生，以及淤泥和沙子如何在海底缓慢堆积等。

我们也知道什么是矿物学，它研究的是单个的矿物。

在《趣味矿物学》一书中我写道：

> *矿石是由矿物质构成的化合物，并且是自然形成，没有人类干预的。这是一座由不同数量的特定砖块修造而成的建筑，不是一堆砖块的胡拼乱凑，而是按照自然规律修造的，我们可以很好地理解，用同样的砖块，甚至是同样的数量，也可以造出不同的建筑。同样的物质在自然界里会以不同的形态出现，但是就物质来看，它还是一样的化合物。*

我们发现了92种[1]此类砖块，我们周围的自然界正是以它们为基础建造的。

俄罗斯最伟大的科学家之一，举世闻名的化学家德米特里·伊万诺维奇·门捷列夫首次将这些砖块（即化学元素）分类整理为严整的表格，也就是门捷列夫元素周期表。

这92种化学元素包括能构成气体的氧、氮、氢元素，能构成金属的钠、镁、铁、汞、金元素，还有能构成非金属的，诸如硅、磷等元素。

不同数量的元素经过不同的组合，就成了我们所说的矿物。例如，氯和钠能产生食用盐，氧气和硅能产生二氧化硅。

这92种“砖块”在地球上造就了3 000种不同的矿物建筑物（石英、盐类、长石以及其他物质），而这些建筑物积累在一起便成了我们所说的岩石（例如，花岗岩、石灰岩、玄武岩、沙子及其他岩石）。

研究矿物的学科被称为矿物学，研究岩石的学科被称为岩石学，而研究元素和它们在自然界中的行动轨迹的学科就叫作地球化学……

地球化学研究的就是化学元素在地壳中的性状：它们是怎么四处漫游的，又是如何与其他元素结合，构成坚硬的矿物的，以及它们又是怎样分离，恢复自由的。它研究的就是门捷列夫周期表中元素的特征。

在每一个格子里都有一种化学元素（以原子形式表示），并且这些格子都有序号（即原子序数）。第一个元素也就是最轻的元素——氢，而最重的92号元素叫作铀，它的一个原子可比氢原子重上238倍。

原子十分小，如果我们把它们想象成球，那么其直径相当于千万分之一毫米。但是原子长得一点儿也不像个实心的球，它们是一个更加复杂的系统，由原子核和绕着

1 数据与现在存在一定差距。目前共发现了118种元素，其中94种存在于地球上。——译者注

原子核旋转的电子构成，并且每种原子所含的电子数是不一样的。

所以，按结构来看，原子让人不禁想起超小型的太阳系：居于中心的原子核类似于太阳，在它周围旋转的电子就相当于行星。

不同元素的原子拥有不同数量的电子。得益于此，各类原子才有了不同的化学特性。原子们互相交换电子，融合为一体，组成分子。自然界中的多分子化合物就是矿物，比如石灰岩、高岭土、铁矿石。

那化学又是什么呢?

化学就是研究物质变化和构成的学科，这其中既包括自然界中的物质，也包括人工合成的物质。我们也可以用另一种方式定义该学科：化学，即研究物质构成、特性、相互结合、分布、制取及人工合成的学科。无机化学主要研究元素的性质、元素的结合以及不同元素之间的相互关系及变化规律。化学是分析和综合的学科。化学比其他学科拥有更多的创造性成就，因为它更深入地研究自然及生物的起源。

地球化学就是研究地壳某一固定区域的化学元素，研究它们的聚集、迁移、分散、结合，以及结构、特性之间所包含的法则和规律。换句话说，地球化学研究的是在地球里发生的化学过程。

作为自然界中的独立单位，化学元素会发生迁移、漫游、结合，简单点概括，就是在地壳内发生变化；元素和矿物在不同的地壳位置，在不同的附加物和温度条件下，相互发生变化的规律会不同，而这也就是当代化学正在研究的问题。

某些化学元素（比如钪和铪）不具备元素聚集的能力，它们有时极其分散，甚至在岩石中只能找到亿万分之一的对应元素。这种元素被称为分散元素，只有当它们极具实际价值时，我们才会对其进行开采。

现在我们认为，在任意岩石的每一立方米中都能找到元素周期表中的所有元素。当然，这建立在我们的分析技术能足够精确地发现这些元素的基础之上。不要忘了，新技术在科学史上的意义远大于新理论。

其他的元素，比如铁，在自己的常规迁移中似乎发生了一系列停顿，形成了化合物，并且这些化合物也很容易聚集起来，所以这些元素就以化合物的形式被长久保存，在复杂、漫长的地质变动中越聚越多，最后形成巨大的元素集合，并能为工业所用。

地球化学并不只是研究元素在整个地壳分布和迁移中的规律，它还研究元素在我们国家特定的区域内，在特定的地理环境之下所展现出的性状。例如，我们曾在高加索和乌拉尔标出寻找勘探矿产的路线。

这样一来，现代地球化学的深奥理论就与实践结果越来越紧密地结合起来了，地球化学根据一系列概述表明哪个区域会含有哪种化学元素，元素在何处并处于哪些条件下产生聚集（比如，钒和钨的聚集），哪些元素更有可能一同出现（例如钡和钾），而哪些元素又会排斥彼此（例如碲和钽）。

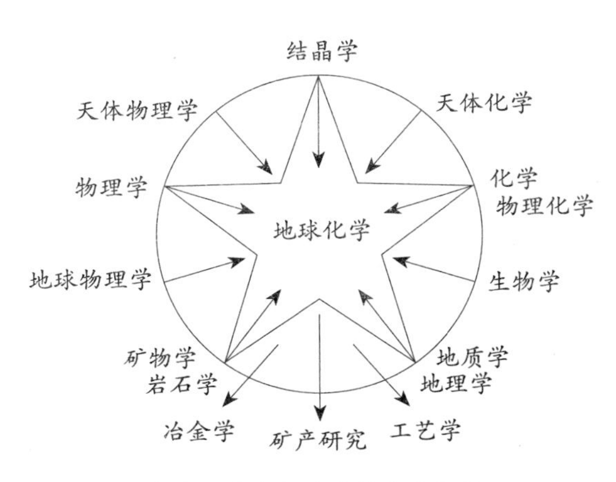


地球化学在相关学科中的位置

地球化学研究的是每个元素的性状、它的独特性，以及其与其他元素结合或是分离的趋向性。这样一来，地球化学家就化身为勘探者，告诉人们在地壳的哪些地方可以找到铁矿或锰矿，在蛇形石中的哪个位置可以找到铂；地球化学家们还会让地质学家去新生岩石和山岭内寻找砷和锑，以及帮助地质学家们避免去缺少元素聚集条件的地方寻找矿产地。

在化学元素被研究透彻之后，我们看待它们就像看待生活中的人一样，不仅可以熟知它们所有的已知性状，而且还可以预知它们在不同的环境下会展示出什么样的特性。

这门新兴学科的实际意义就在于此。

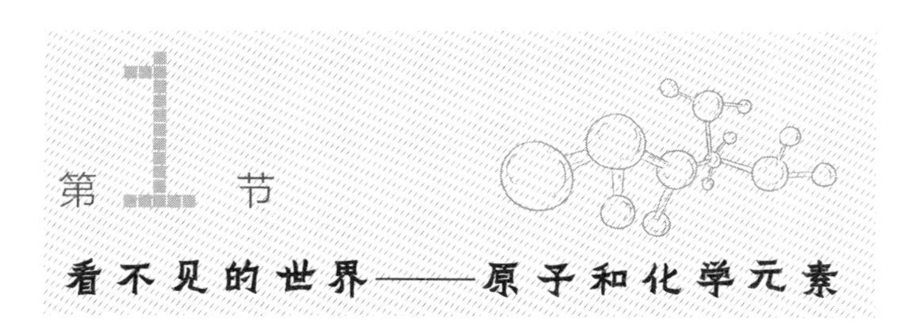

## 第1节 看不见的世界——原子和化学元素

读者，请把手给我。我带你去看看那小到我们在平常生活中都注意不到的缩小世界。摆在大家眼前的就是一个能缩小、能放大的实验室。

当我们进入实验室时，就会看到在那儿等着我们的是一位身着工作服，尚不年迈，外表平常，却十分出色的发明家。让我们来听听他是怎么说的。

“首先，我们会进入驾驶舱，它由可透过任意波长射线的材料制成，这其中包括波长最短的宇宙射线。接下来我会把操纵杆往右打，我们就会开始缩小。缩小的过程并不令人十分舒服。此过程按秒表精确计算，每隔四分钟我们就会缩小为1/1 000。四分钟之后我们会停止缩小，然后要走出驾驶室，到那时我们就会拥有一双媲美精细显微镜的眼睛。如果觉得不够，我们可以回到驾驶舱，并尝试再缩小为1/1 000。”

就这样，我们压下了操纵杆……

我们变矮了，变得如蚂蚁大小。我们的听觉也发生了变化，因为听觉器官对声浪已经没有反应，只有像嗡嗡声、咔嚓声，还有沙沙声这样的声音能被我们感知。视觉还是有的，可看到的景象也大为改变：大部分物体变得十分透明，金属异常闪烁，像极了彩色玻璃体……而玻璃、树脂、琥珀却变得暗淡无光。

我们正看着充满跳动汁液和淀粉颗粒的植物细胞，只要愿意的话，你甚至可以把手探入叶子的气孔；在血滴里流淌着一戈比（苏联面额最小的硬币）大小的血细胞，结核细菌像是没有钉帽的弯曲钉子，霍乱细菌像长有快速移动着的根部的豆荚……但此时我们还是看不到分子，只能看见细胞壁在不断地抖动，我们的脸也被风吹得生疼，那感觉就像是有风沙正朝着我们迎面吹来，并告诉我们，此时已经逼近物质可分裂度的极限。

我们再次回到了驾驶舱内，又将操纵杆打了一个度。一切都暗了下来，我们的操作舱忽然抖了一下，像发生了地震。

当我们缓过神来时，操作舱却又继续晃了起来，像是暴风雨夹冰雹在我们周围肆虐着：有什么东西像豌豆一样在我们周围不停地掉落；大家可以想象我们正被1 000挺机枪扫射。

我们的向导突然说道：

“现在可不能出去。我们的尺寸被缩小为$1/10^6$，我们的身高相当于1/1 000毫米（即1微米）。

“我们头发的粗度等于亿分之一厘米，如此大小被称为‘埃’，它被用于测量分子和原子。空气分子直径相当于1埃[1]，这些分子以极快的速度飞驰着，并不断地轰炸着我们的驾驶舱。

“在第一次出舱的时候我们发现，空气就像沙粒一样打在我们脸上，这便是每个分子作用的结果。现在我们变得更小了，于是分子的运动对我们来说就像朝人身上射击沙粒一样危险。

“透过窗户，便能看见直径为1微米的尘屑，也就是说，它相当于我们自身大小。尘屑正由于分子旋涡的打击而四处跳动！很遗憾，我们没办法仔细观察它们，它们移动得实在是太快了……我们该回去了，因为在超短波的光线里观察分子对我们的眼睛是有害的。”

向导说着便又把操纵杆打了回来。

我们的旅行自然是幻想出来的。但是我们描绘的画面确实是接近于现实的。

经验告诉我们，无论怎样改进分析方法，在分析复杂物质的时候，还是要着手研究那些简单的，不可能被化学分割成更简单的组成成分的物质。

我们称这些已经小到不能被再次分割的，构成我们周围世界的简单物质为化学元素。

经过长期地接触周围的自然物质：有生命的和无生命的，固体的、液体的或者气体的物质，最后人类总结出关于物质的概念。那么，物质有什么样的构造和特性呢？

最初的答案是直觉告诉我们的，即物质具有能被观察到的连续性。但这是我们的错觉。利用显微镜我们可以发现物质的多孔结构，也就是说有很多空隙，肉眼是看不

1 埃：1埃等于0.1纳米（1纳米为$10^{-9}$米），常用于表示光波的波长及其他微小长度。这个单位名称是为纪念瑞典物理学家安德斯·约纳斯·埃格斯特朗而定的。——译者注

见的。

对于那些看起来似乎不可能有空隙的物质，例如水、酒精及其他液体，我们也要承认，在组成它们的最小颗粒间是有空隙的，不然的话，我们就无法理解为什么物质在有压力的情况下会被压缩，在加热的时候会发生膨胀。

所有的物质都是由颗粒构成的。物质中最细小的颗粒叫作原子或分子。液体水中的分子只占总空间的1/3或1/4，其余的位置则是空的。

分子或原子之间为什么会存在空隙呢？在这些微小粒子接近的时候，会产生排斥力，以至于它们不可能融合在一起。每个粒子都有“不可渗透表面”，在通常条件下，其他物质都无法渗透入其内部。所以我们可以将拥有不可渗透表面的粒子简单视作弹力球。每一个元素粒子的不可渗透表面都有自己的大小（以埃为单位计算）。例如，碳原子的不可渗透范围是0.19埃，硅原子的则是0.39埃，是相对偏小的；铁原子的不可渗透范围是0.83埃，钙原子的是1.06埃，算是中等大小了；氧气分子的不可渗透范围是1.40埃，算得上很大了。

如果我们把球放在某个范围内，例如，箱子里，无序地摆放球体便会比整齐地摆放占用更多的空间。占用最少空间的摆放方式就叫作最密堆积。在这样的尝试下，可以轻易做到最密堆积：

我们拿几十个小铁球（从滚珠轴承中取下），把它们放在小碟子里。所有铁球都会向中心聚集，它们会紧挨着彼此并迅速分散成列，球心间连线彼此成60° 角。这就是同一大小的球体在同一水平面上构成的最密堆积，铜、金等金属的原子就是以这种方式排列的。

如果是不一样的球体，比方说两个尺寸相差极大的球体，则通常认为，是由较大尺寸的球体（比如食盐结晶里的钠原子）来构成最密堆积，而小一点的球体则会处于较大球体的空隙之中。

这样一来，NaCl（氯化钠）就是一个钠原子被六个氯原子包围环绕的结构。在这样的情况下，钠离子和氯离子之间的引力是最大的。$FeS_2$也是类似的结构，只不过其中硫离子的数量是铁离子的2倍。

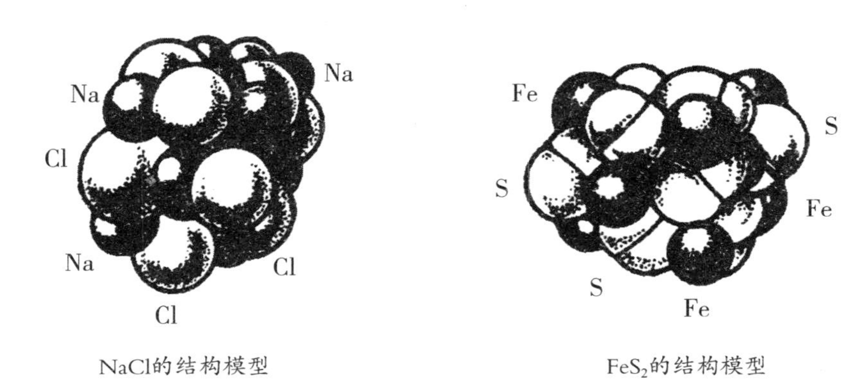


NaCl的结构模型　　$FeS_2$的结构模型

我们周围的物质，在不考虑其复杂程度的情况下，都是由最小的、肉眼察觉不到的粒子，或者是原子构成的，好比辉煌的建筑都是由小砖块修成的。

人们在遥远的古代就已经开始了关于原子的思索，“原子”这个概念（原子“Atom”，在希腊语中意为不可分割的）是从公元前6世纪—公元前4世纪的希腊哲学家留基伯和德谟克利特提出的，现代概念的原子理论是19世纪时由英国化学家、物理学家道尔顿创建的。他认为化学元素在自由的状态下，都是由微小原子构成的，原子是不可再被分割的，是保持物质固有特性的最小微粒。并且同一化学元素原子的结构都是一样的，并具备特定的相对原子质量。

在20世纪初，科学家们认为地球上包含92种不同的化学元素，这就意味着有92种原子。

同种或不同种元素的原子，两两或多个相互结合，都能组成不同物质的分子。原子和分子的多样性，形成了物质的多样性。

物质中包含的原子和分子的数量是非常多的。拿水来说，每18克水中含有$6.02\times10^{23}$个水分子。

为了想象分子的大小，我们将它与最小的生物——细菌作比较，我们在显微镜下放大近1 000倍才能看见细菌。尺寸最小的细菌约为0.5微米，但它却还要比水分子大上10亿倍，这也就意味着，即便最小的细菌里，也含有超过20亿个原子，也就是说，比生活在地球上的人还要多。

由三滴水中水分子组成的分子环可以在地球和太阳之间往返六次，因为它的长度相当于94亿千米。

我们首先要把原子想象成最小的、不可分割的形态，尽管就我们最近的研究来看，原子自身的结构也相当复杂。在人们认识到放射现象并着手研究时，才逐渐明白了原子的结构：

- 每个原子的中心都有一个硬核——原子核，它的直径大约是原子的十万分之一。
- 原子核中几乎聚集着原子的所有质量。
- 原子核是由带正电荷的质子和不带电荷的中子组成的。不同原子的质子数不同，所以带电荷数不同，电荷数在从轻元素向重元素的转变过程中增多。
- 核外电子绕着带正电荷的原子核旋转，电子的数量和质子的数量相等，所以原子呈中性。

元素的化学性质取决于原子半径和最外电子层的电子数。所以，拥有同一数量外层电子的原子，在原子核的结构和相对原子质量不相同的情况下，化学特征也是相近的，比如氯、溴、碘。

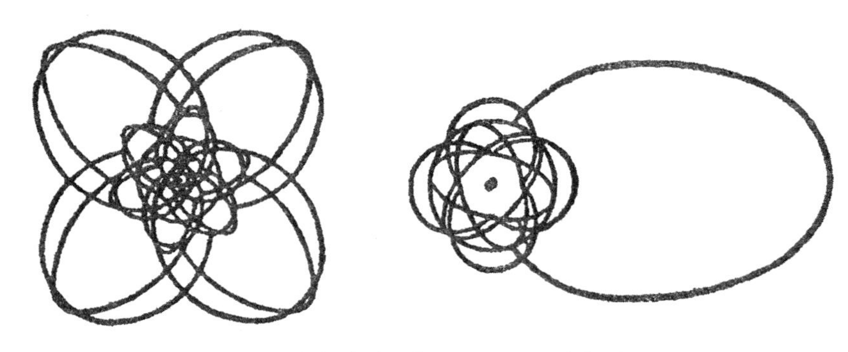

按照波尔模型，氢和钠的原子结构图

图中展示了氢原子和钠原子的结构，可以看出，原子核居于中心，电子围绕原子核转动，不同原子的核外电子轨道不同。

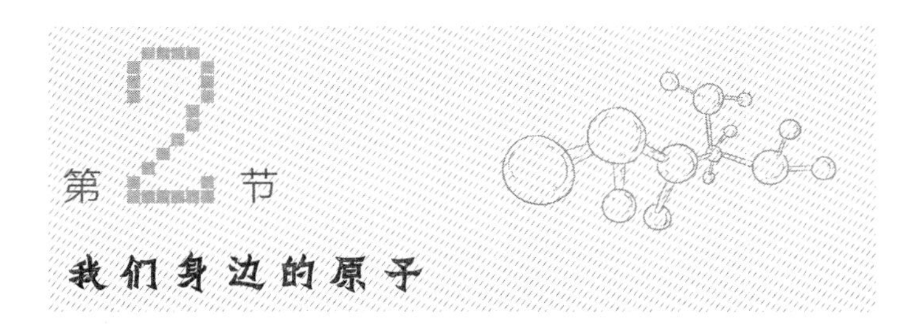


请先看一下下面三个场景。

第一个场景是一个令人惊讶的山顶湖，蔚蓝的湖面，被阴森的石灰岩岩柱环绕，稀疏的树林远远望去，仿佛山壁上暗绿的斑点，在这些之上，闪耀着明亮又温暖的太阳。

第二个场景是嘈杂的、被烟雾和蒸汽笼罩的、燃烧着熊熊火焰的工厂。如长蛇一般的火车载着矿石、煤炭、助溶剂和砖头奔向工厂，而工厂则生产出上百吨的铁轨、铁块、铸件及钢材，并将它们运输至工业和经济中心。

第三个场景是一辆气派的苏联吉斯–110型小轿车[1]，它的挡泥板上方暗绿色的车漆夺人眼球，140马力[2]的发动机轰轰作响，收音机里的歌声轻柔悦耳。这辆让人不禁发出赞叹的汽车由3 000种零件组装而成。

看完这三个场景之后，你脑海中有什么想法？有什么令你感兴趣，以及想要提问的吗？

我猜啊，处于技术和工业时代，你的兴趣和思绪可能是在于那些生产汽车和汽车飞驰的地方。

但是我想跟你说一个不一样的问题，让你从另一个角度来理解这三个场景。

## 关于第一个场景

地质学家说：

多少引人注目的地质问题藏身在这个湖中啊！这个又大又深的水坑是怎么形成的呢？这些蔚蓝的湖水是怎么被封存在塔吉克山脉的石柱之中的呢？要知道山顶湖的海拔足足有两三千米啊！是什么强大的力量能够抬起这些岩层并将其揉碎呢？

矿物学家说：

---

1 生产吉斯–110型汽车的汽车厂最初被命名为莫斯科阿莫汽车厂，1928—1956年改名为斯大林汽车制造厂，1956年又改名为利哈乔夫汽车厂。

2 1马力≈0.735千瓦。

多么雄伟的岩柱和山峦啊！它们的每一块岩石都需要成千上万年的时间才能在海底由淤泥、贝壳、硬壳、龟甲的沉淀物压缩形成！拿一个放大10倍的放大镜，你才能勉强分辨出石灰岩晶石中的单独晶粒——方解石，它们是组成岩石的主要矿物。

工业化学家说：

这里的石灰岩是多么洁白纯净啊！用来制造水泥和烧制石灰简直就是完美的原料，这几乎是纯净的碳酸钙，碳酸钙可以和酸发生反应。看呐，我将它放在弱酸里，它马上就被溶解了，钙留在了溶液里，而二氧化碳则发着咝咝声飘入空中。

地球化学家说：

还可以做一些更准确的实验，利用光谱仪可以证明，在这块石灰岩里还有别的原子：锶原子、钡原子、铝原子和硅原子。如果要做更为精准的分析并尝试找出最稀有的、含量少于百万分之一的原子，那么我们甚至能在这块石灰岩中发现锌原子和铅原子。

但是不要认为这只是石灰岩所特有的性质。富有经验的化学家甚至能在世界上最纯净的大理石中找到35种不同的原子。

现在我们更倾向于认为，在每一立方米的岩石中，都能找到门捷列夫周期表中的所有元素，只不过有些元素含量非常少，比钙和碳少得多。

地质学家、矿物学家、工业化学家和地球化学家的话使我们着迷，那些并不罕见的浅灰色的石灰岩变成了一根根神秘莫测的石柱，让人不禁想一探究竟，揭开它们存在和生成的秘密。

## 关于第二个场景

现在我们把目光转向工厂。它的规模和外表是多么的不寻常，甚至有些奇怪！高耸的，填满了矿石、煤炭和石头的烟囱在这里矗立着，烟囱连接着用来压缩空气并加热的管道。这个工厂是为了什么而存在的？为什么金属在里面熔化，煤炭在里面燃烧，而且还有炙热气体和光线散发出来？

如果我告诉你这是原子实验室，你会惊讶吗？在矿石中铁原子正被某种球体紧紧地连接在一起——这些球体正是氧原子，它们阻碍着铁原子靠近彼此，也妨碍我们获得富有韧性的坚硬金属——铁。所以我们需要赶走氧原子，但是一切都没那么简单！

亲爱的读者，你还记得阿廖努什卡姐姐要在一堆谷子中找到所有沙粒吗？她是怎么找来蚂蚁朋友帮忙而成功办到的呢？沙粒虽小，但它们的直径却比氧原子的要大100万倍！我们怎样才能将氧原子赶走呢？任务很艰难，但未必是不可能完成的。

如今这个难题已经被彻底解决了！

人类的天才没有找蚂蚁来帮忙，而是找来了其他物质的原子。通过在沸腾的熔化炉中与火和空气结盟，用这些原子将氧原子从铁矿石中剔除出来。

这些能够分离铁和氧的原子朋友是什么原子呢？其实就是硅原子和碳原子。它们自身都十分坚硬，甚至比铁都硬，它们能抓住氧并与之形成坚固的结构。它们俩互相配合，碳原子在燃烧过程中将氧原子从铁矿中拿走，在这个过程中会产生极高的温度。但它还需要帮手，因为固体的铁矿石熔点极高且内部原子的流动性小，碳原子难以透入其中。

于是硅原子就来帮忙了。小巧的、灵敏的硅原子钻进铁矿石中，将氧原子从铁那夺走，运到外面，交给碳原子。绝大多数碳原子与氧原子结合，生成二氧化碳，少量的碳原子熔于铁中，并赋予铁低熔点的特性。

这时候自然力也来搭把手了。火提高了原子的流动性，使所有质量小的物质都随气体飘到上方去，而所有重的物质都向下沉，奇迹就这样展现在我们眼前：原子分离了——铁和熔解在其中的碳原子位于炉子的下方，携带铁矿石中所有氧原子的轻熔渣漂在已熔化金属的上层，它们的去向取决于技工指向哪里……

如此多的知识需要我们去积累，还需要我们透彻了解每个原子的习性和刁钻的要求，才能掌握在这么大的范围内按照自己的意愿正确地筛选原子的技术。

### 关于第三个场景

现在让我们看第三个场景，苏联轿车吉斯-110。它也是由原子构成的，原子们整整齐齐地排列就是为了达到一个目的——造出一辆质量优、性能强、噪声小和速度快的汽车。

由65种元素和不少于100种合金组成的3 000个零部件造就了这样的吉斯-110！生产这辆汽车耗费了不少铁，而铁的特性也多不胜数。含有4%碳的铁合金就是生铁，它被用来浇铸汽车的发动机。当铁的含碳量变少时，它就变成了坚韧的钢。往铁中加入锰、镍、钴、钼等，构成合金，铁就会变得愈加有韧性，多次锤打也不会使它断裂。往铁中加入一点钒，它则会像皮鞭一样柔韧，能用来造出抗疲劳的弹簧。

在汽车中含量第二的金属自然就是铝了。活塞、车门把、整个豪华的车身、车前盖，还有车轮钢圈，总之，所有轻巧的零部件都是用铝或者是含有铜、硅、锌和镁等元素的铝合金制作的。

而优质的陶瓷则被用于制作汽车的火花塞、车漆，它是由不惧雨水寒冻的材料做成的，呢绒和铜拿去做电线，铅和硫黄是做蓄电池的原材料……缺少任何一种元素，汽车都无法正常行驶。元素们相互结合，组成超过250种不同的物质和材料，它们直接或间接地被用于汽车工业中。

值得强调的是，人类与自然进程是背道而驰的，人类在不断地破坏自然进程，让它屈服于人类的意识。譬如，尽管地球已经存在数十亿年了，但如果没有人类的干预，游离态的铝几乎是不可能出现的。

人类在掌握了原子的特性之后，就试图按照自己的意愿来摆弄原子。在地球中存在的大多是轻元素，其中的5种元素，即氧、硅、铝、铁和钙，构成了91%的地壳。如果还要算上钠、钾、镁、氢、钛、氯和磷，那么这12种元素构成了99.51%的地壳。其余的80种元素只占地壳总重量的约0.5%。

这样的元素分配并不合乎人类的意愿，所以人们一直在坚持寻找稀有元素，并将它们从地球中分离出来，还研究它们所有形态的特性，试图将其用在刀刃上。

原子无处不在，而人类将主宰它们！人类用强有力的手段挑选原子——留下有用的原子，扔掉多余的。没有人类的干预，这些原子是不可能汇集在一起的。

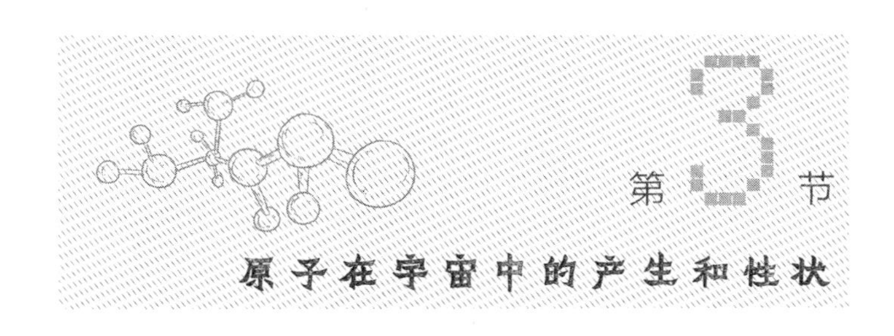

## 第3节 原子在宇宙中的产生和性状

我想起了在克里米亚的那个静谧、优美的夜晚，仿佛整个自然都沉睡了，平静的海面像镜子一般倒映着天空，就连天空中的星星也不是发着微光，而是明亮地闪烁着。附近都静了下来，看起来整个世界都在这南方夜晚的寂静中静止了。

但是这和实际相差太远了，周围环境的宁静祥和都是假象!

走近收音机并转动天线，你就会知道整个世界都被无数的电磁波贯穿了。这些波长短则几米、长则数百万米的电磁波，飞速地到达臭氧层，又急速地返回到地面，一束接一束地重叠，使得世界被听不到的振动充满。

被认为在苍穹毫不动摇的恒星也以每秒几十万甚至上千万米的惊人速度在宇宙中飞驰。这些类似太阳的星星在星系里朝固定的方向运转，把肉眼不可见的物质流吸引过来，其中一些旋转速度极快，它们卷出瑰丽而巨大的星云，另有一些星星则脱离我们的观测范围，冲向遥远的、不可观测的宇宙深处。

太阳也无时无刻不在剧烈地活动着，大气层中的炙热物质以每秒数百万米的速度向外喷射，过不了几分钟，它们就会形成一个巨大的气团，这就是日冕层中闪耀的日珥。

在恒星极深处也有熔融的物质在沸腾着。数千万摄氏度的高温环境下，每个粒子都在脱离彼此，原子核开始破裂，电子流在恒星大气层的顶端运转，由此引起的电磁波经过几亿甚至几千亿千米的距离到达地球，扰乱地球大气层的安宁。

整个宇宙都充满了这种振动。公元前约100年，当时最伟大的学者之一提图斯·卢克莱修·卡鲁斯曾说道:

> 混沌中的原始物质从来就没有静止。
>
> 相反，它们一直都在飘荡，
>
> 有时它们碰撞在一起，
>
> 有时则会彼此分离。

我们的地球是独自存在着的。一切好似静寂无声，而事实上，地表热闹得很呢。每一平方厘米土地里都有上百万的微小细菌分布。显微镜能够帮助我们发现这些最微小的生物组成的世界。

分子一直都在海水的热运动中不断位移，科学分析表明，它们的振动轨迹既长又复杂。

原子不断地往返于空气和陆地之间。氦原子从地表深处溜到空气中，它们运动的速度极快，以至于可以摆脱地球引力飞向外太空。

活泼的氧气从空气中转移到有机物中，二氧化碳分子也能被植物分解，参与到碳循环之中。

即便是一块坚硬、平静、纯净又透明的结晶，好像它那些由原子搭建的晶格是固定不动的。但这也只是我们觉得而已，里面的原子一直都在围绕着自己的平衡点运动，不断地交换自由电子，电子们则一直都在沿固定轨道做着复杂的运动。

这一切都存在于我们周围。克里米亚静谧的夜晚是虚假的，科学将自然了解得越透彻，我们就越能发现更多周围物质的真实情况。当科学有能力将自然画面放大20万或30万倍，并使人类具备用肉眼看清最微小病毒以及单个物质分子的能力时，这个世界就“永无宁日”了——人们会发现到处都是混乱。

很久很久以前，当古希腊都还没有迎来自己的繁荣之时，在小亚细亚岛屿上生活着一位出色的哲学家赫拉克利特。他利用明达的才智思考着宇宙，提出“Panta rhei”，即“万物流变”，这句话被**赫尔岑**奉为人类史上最具智慧的文字。

亚历山大·伊万诺维奇·赫尔岑，1812—1870，俄国作家、政论家、革命家、哲学家。

赫拉克利特将自己的宇宙系统建立在永恒运动的法则之上，这个概念贯穿了人类的整个历史。在此基础上，卡鲁斯在自己出色的诗歌中建立了关于事物本质和世界历史的哲学。天才的俄罗斯科学家罗蒙诺索夫也是在此基础上，运用他敏锐的洞察力创建了自己富有哲学性的物理，并提出：自然界中的每个点都有三种运动，即直线的、旋转的和摆动的运动。当现在科学的新成就证实了这一古老观念时，我们应该重新审视我们周围的世界和事物的规律。

原子分布的规律也就是它们不同速度、不同方向和不同规模的复杂运动的规律，这奠定了我们周围的世界和万物多样性的基础。现在我们开始按照新的观念理解我们周围的世界。

我们能够观测的宇宙范围是巨大的。它难以用千米测量，因为这个单位对于测量宇宙来说实在是太小了。太阳和地球之间的距离都足足有1.5亿千米，一束太阳光到达地球需要$8\frac{1}{3}$分钟，但它能在一秒内绕地球七圈半。科学家们设想了一种新单位“光年”，意思就是光在一年内行走的距离。通过最好的望远镜能够识别出距离我们几百万光年的恒星。确实，宇宙是没有边界的，对于我们来说，宇宙的尽头就是望远镜能观测到的极限距离。

浩瀚的宇宙中大部分空间都是空的。不空的地方，数量巨大的原子凝结成各种星体。最简单的原子是氢原子，它在宇宙空间内的分布极为广泛。许多星云、恒星都是由单一氢原子组成的，每颗恒星中大约包含$10^{55}$~$10^{57}$个原子。而那些没有星体，看起来近乎真空的地方，每1立方米中也存在着10~100个原子。

一方面，星际空间无边无际，中间有原子在不断地穿梭。宇宙的静止和飞速的原子运动辩证地交叉在一起，而这里的温度接近绝对零度。

另一方面，在恒星的中心区域，几百万摄氏度的高温与百万的大气压相互结合，从而导致此处的原子克服了电子的斥力，被压缩为密度极大的、看不见的地表物质。化学元素就是在这样的条件下完成了演变，化学元素越重，越致密，那么星体就会越大，而星体内的温度也就越高，压力也就越大。

有些闪烁着耀眼光芒的恒星（例如天狼星的伴星）内部，物质的密度极大，比金和铂要重上一千倍。我们甚至难以想象，这种物质是什么，以及它有哪些特性。

各种各样的带电荷的质子和电子在静止并低温的条件下可以形成结构简单的原子，它们是更稳定和更均衡的结构，也是建造宇宙的材料和砖块。在炽热的恒星中心，难以想象的高温和巨大的压力将这些建造宇宙的材料、砖块挤压成质量更大的元素的原子，其中有些元素还没有被我们发现，它们甚至不存在于元素周期表中。很显然，它们是有可能存在的，不过只存在于恒星中心的炽热火焰中，在那里它们能找到新的平衡方式，并遵循新的规律。

逐渐地，在不同的环境中产生了拥有各种各样结构的原子，也就是我们所说的化学元素。有一些质量更大，能量也更多，而其他的则比较轻巧，只包含极少的质子和中子。这些质量更小的元素被吸引到恒星外围，进入它们的大气层，或者是纠缠至巨大的宇宙星云中。另一些较重的元素则停留在炽热的或是已熔融的天体的表面。

除了温度和压力，辐射作用也会影响原子的产生，最强的辐射会毁灭某些结构并创造出新的结构。所以，有些元素会分裂，有些元素会生成。生成的原子在宇宙中到处漫游，它们填满行星之间的空间，例如钙原子和钠原子。其余质量更大、更稳定的原子则在星云的某个部分中累积。温度降低时，它们就相互结合，形成简单化合物的分子——碳化物、碳氢化合物、乙炔粒子，还有一些我们不知道的物质形态，它们不存在于地球之上，天体物理学家在观测遥远恒星的炽热外层时发现了这些物质，认为它们是原子间结合的初始产物。

从这些最简单的、最自由的分子中逐渐诞生了越来越复杂的系统。在温度更低、没有电场破坏的条件下，最终会产生出构成宇宙的下一级单元——晶体。晶体是一种极好的结构，其内部的原子按照固定的方式排列，就像盒子里的积木一样。晶体的形成是物质摆脱混沌状态的第二步。$10^{22}$个原子互相结合才能组成一立方厘米的晶体。

在此过程中，原子的特性隐藏起来，取而代之的是晶体的特性。在创造新物质上，电磁环绕和聚变、裂变的规律也都不再占据主导地位，取而代之的是化学规律。

我的话到此为止，我只想说明，我们对周围的世界还知之甚少，它的宁静只是表面的，其实在它的内部一直都在发生运动，在其循环不息的运动体系中产生着我们熟悉的物质，例如我们在自然界中看到的石头里的物质。我说的很多东西已经被现代科学证实了，但是还有许多仍停留在概念阶段，比方说，“为什么从宇宙的混沌中首先诞生的是原子，然后是晶体”这样的问题。

在此以2 000年前的罗马哲学家卡鲁斯的诗歌片段作为总结：

一开始只有不尽的混乱和狂怒的暴风，
在混乱中逐渐产生了空隙、方式、结合、重量、撞击、交集和运动，
由于它们形式不一且形状各异，
也就不能做互相交换的和谐运动，
于是性质不同的部分开始彼此分离，
而成分相似的开始结合并构成世界，
然后世界又不断地发展、合作和分工。

所以，自然界中是不存在静止的，一切都在变化，尽管速度不一致。作为坚固性的物质象征的石头也在变化，因为构成它们的原子处在永恒的运动之中。而我们之所以认为石头是稳固的、稳定的，是因为我们看不到这些运动，运动的结果只有若干年后才会显现，相比之下，我们自身的运动就快得多了。

很长一段时间我们认为，原子是不可分割的，是不变的和稳定的。但并不是这样的，原子也会随着时间而改变。因为有些原子有放射性，它们会慢慢消耗自己。可以

说，原子也会进化，会在恒星的烈火中产生和发育，最后也会死亡。

人类对永恒运动和其发展的认知是一个漫长的过程：从最初的不理解到认为它混乱无序、不可名状，又到慢慢认清事物间的联系。随着现代科学的发展，一幅统一宇宙的和谐画面已逐渐浮现出来。

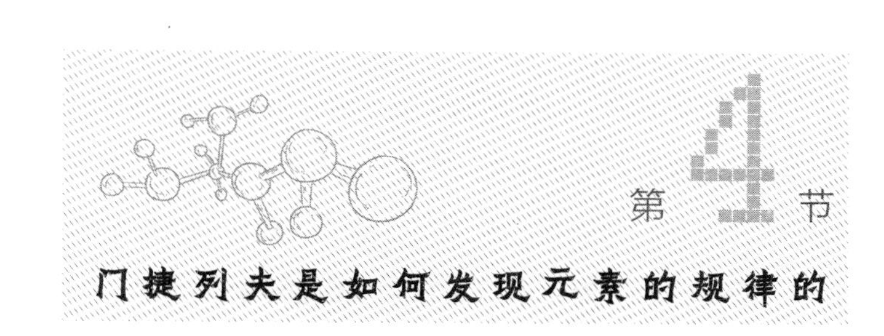

## 第4节 门捷列夫是如何发现元素的规律的

在圣彼得堡国立大学老旧建筑的化学实验室里坐着一位年轻，却已久负盛名的教授，他就是德米特里・伊万诺维奇・门捷列夫。他刚刚就任学校普通化学教研室的教授，正忙着为学生们准备课程。同时，他还在寻找最简单的阐述化学规律、描述单个化学元素的方法，并想着如何处理自己的叙述，如何把钾、钠和锂，以及铁、锰和镍串联起来。他已经感觉到，在这些单个的原子之间，一定有着什么尚不被完全了解的联系。

为了找到最优序列，他拿出了多个单独的小卡片，并在上面用大写字母写下了每个元素的名称、它们的相对原子质量及一些主要的特征。然后他开始将这些小卡片分开摆放，按照它们的特征分组，看起来就像奶奶们晚上发扑克牌一样。

教授把所有的化学元素摆放整齐，突然发现了惊人的规律性：除了一些例外，每隔一定的间距，原子的特性就会开始重复。然后他开始在第一列卡片下面添上第二列，添加了七个元素之后，就开始添上第三列。

第三列摆放了17个元素，为了让性质相似的元素尽量相邻摆放，他不得不留出一些空位。接下来的一列元素摆放得到的结果也不错。但之后事情变得复杂了，剩下的元素无法归位，但是它们特征的重复性还是能看出来的。

为世人所熟知的门捷列夫周期表以特殊的表格形式就此形成，不同的元素以竖栏的形式根据相对原子质量的升序一个接一个地排列着，性质相似的元素都安排在同一列横栏上。

1869年的三月，门捷列夫向位于圣彼得堡的理化协会寄出了关于他发现的规律的简短报告。门捷列夫预感到自己的新发现有着十分重大的意义，开始坚持不懈地工作，准备着手修正自己的表格。他很快就确信，在表中存在空缺。

“在硅、硼和铝以后的空缺中肯定存在新的物质。”他说道。这个预言很快就被证实了，在空格里出现了新的物质，它们就是镓、锗和钪。

就这样，俄国化学家德米特里·伊万诺维奇·门捷列夫做出了化学史上最伟大的发现。

在当时，仅有62个元素被发现。相对原子质量的大小尚不精确，有一些甚至是错误的，因此，对原子的特性的研究并不容易。它不仅要求研究者掌握每个化学元素的基本性质，还要了解金属和其他金属的相似性，看透每一个元素的漫游路线，熟知它们在地球上的“朋友”和“敌人”。

门捷列夫克服种种困难，成功地将前人在化学上的探索整合了起来。

事实上，还有其他的化学家也发现了元素之间的关系，但是却没有将其很好地、明确地阐述。当时大多数的科学家都认为元素之间存在相似性的观念是荒谬的。当英国化学家纽兰兹的有关相对原子质量增加时某些原子特性重复出现的研究被出版后，他的作品立即就遭到了理化协会的反对，其中一位化学家嘲笑着说：“如果纽兰兹把所有元素按照名称的首字母的顺序排列，他将会得到更有趣的结论。”

但这都是个别现象。需要做很多的工作，要发现统一的结构、宇宙的基本法则，并用事实证明法则的普适性，即每个原子的特征都适用于这个法则，服从于它，发源于它。

要实现这个目标，需要有天才的直觉、在矛盾中找到共同点的能力，以及对具体现象具体研究的决心。这一切都只有像门捷列夫这般的思想巨人才能做到。只有他才能如此清晰、准确和简洁地总结出自然界中所有原子之间的相互关系，并消除那些反对意见。

秩序已经被找到了。为了进一步完善这一新的自然规律，即化学元素周期表，门捷列夫又进行了近40年的深入研究，在自己的实验室中，他钻研透了化学最深处的秘密。他用精准的方法测量了金属的不同特性，这为他的发现提供了越来越多的证据。

在乌拉尔考察时，他研究了那儿丰富的资源，为了研究石油及其来源，他在实验室和自然考察中献出了多年光阴，他找到了证实自己周期法则的证据，这个法则变成了引导科学家和实践者的指南针，它的作用就像航海家在大海中所使用的指南针一样。

门捷列夫在去世前，完善、修改并深化了自己在1869年制作的小表格，数以百计的化学家遵循他的天才路线发现了新的元素、新的化合物，慢慢地挖掘出了化学周期表深层的内在思想。

现在，周期表以崭新的形态展现在我们面前。

| 基于相对原子质量及其化学相似性的元素系统的尝试 | | | | | |
|---|---|---|---|---|---|
| | | | Ti = 50 | Zr = 90 | ? = 180 |
| | | | V = 51 | Nb = 94 | Ta = 182 |
| | | | Cr = 52 | Mo = 96 | W = 186 |
| | | | Mn = 55 | Rh = 104.4 | Pt = 197.4 |
| | | | Fe = 56 | Ru = 104.4 | Ir = 198 |
| | | | Ni = Co = 59 | Pd = 106.6 | Os = 199 |
| H = 1 | | | Cu = 63.4 | Ag = 108 | Hg = 200 |
| | Be = 9.4 | Mg = 24 | Zn = 65.2 | Cd = 112 | |
| | B = 11 | Al = 27.4 | ? = 68 | Ur = 116 | Au = 197? |
| | C = 12 | Si = 28 | ? = 70 | Sn = 118 | |
| | N = 14 | P = 31 | As = 75 | Sb = 122 | Bi = 210? |
| | O = 16 | S = 32 | Se = 79.4 | Te = 128? | |
| | F = 19 | Cl = 35.5 | Br = 80 | I = 127 | |
| Li = 7 | Na = 23 | K = 39 | Rb = 85.4 | Cs = 133 | Tl = 204 |
| | | Ca = 40 | Sr = 87.6 | Ba = 137 | Pb = 207 |
| | | ? = 45 | Ce = 92 | | |
| | | ?Er = 56 | La = 94 | | |
| | | ?Yt = 60 | Di = 95 | | |
| | | ?In = 75.6 | Th = 118? | | |

门捷列夫于1869年绘制的第一版表格

门捷列夫的表格俨然成了研究原子光谱结构规律性的指路明灯。1913年英国物理学家亨利·莫塞莱[1]在研究元素光谱的过程中，意想不到地发现了元素周期表的又一规律，奠定了元素序数在周期表中的重要作用。

他证实了元素中最重要的是核电荷数，其数量与元素序列号完全一致。氢有一个核电荷数，氦有两个，又例如，锌有30个，铀有92个。核外电子数与之一致，且电子在核外按照固定的轨道运动。

1 英国物理学家和化学家。莫塞莱对物理学和化学做出的最大的贡献就是打破了先前的物理学理论的成见，发现了原子序数这一概念。莫塞莱定律通过对元素周期表中的元素的正确排列，修正了化学中的众多基础概念。

| 周期 | 系 | 电子层 | 族 |  |  |  |  |  |  |  |  |  |  |
| --- | --- | --- | --- | --- | --- | --- | --- | --- | --- | --- | --- | --- | --- |
|  |  |  | Ⅰ | Ⅱ | Ⅲ | Ⅳ | Ⅴ | Ⅵ | Ⅶ | Ⅷ |  |  | O |
|  |  |  | — $R_2O$ | — $RO$ | — $R_2O_3$ | $RH_4$ $RO_2$ | $RH_4$ $R_2O_5$ | $RH_2$ $RO_3$ | $RH$ $R_2O_7$ | — |  | $RO_4$ | — — |
| 1 | Ⅰ | K | H 1<br>氢<br>1.0080<br>1 |  |  |  |  |  | (H) |  |  |  | He 2<br>氦<br>4.003<br>2 |
| 2 | Ⅱ | L K | Li 3<br>锂<br>6.940<br>1 2 | Be 4<br>铍<br>9.103<br>2 2 | B 5<br>硼<br>10.82<br>3 2 | C 6<br>碳<br>12.010<br>4 2 | N 7<br>氮<br>14.008<br>5 2 | O 8<br>氧<br>16.0000<br>6 2 | F 9<br>氟<br>19.00<br>7 2 |  |  |  | Ne 10<br>氖<br>20.183<br>8 2 |
| 3 | Ⅲ | M L K | Na 11<br>钠<br>22.997<br>1 8 2 | Mg 12<br>镁<br>24.32<br>2 8 2 | Al 13<br>铝<br>26.98<br>3 8 2 | Si 14<br>硅<br>28.09<br>4 8 2 | P 15<br>磷<br>30.975<br>5 8 2 | S 16<br>硫<br>32.065<br>6 8 2 | Cl 17<br>氯<br>35.457<br>7 8 2 |  |  |  | Ar 18<br>氩<br>39.944<br>8 8 2 |
| 4 | Ⅳ | N M L K | K 19<br>钾<br>39.100<br>1 8 8 2 | Ca 20<br>钙<br>40.08<br>2 8 8 2 | Sc 21<br>钪<br>44.96<br>2 9 8 2 | Ti 22<br>钛<br>47.90<br>2 10 8 2 | V 23<br>钒<br>50.95<br>2 11 8 2 | Cr 24<br>铬<br>52.01<br>2 12 8 2 | Mn 25<br>锰<br>54.93<br>2 13 8 2 | Fe 26<br>铁<br>55.85<br>2 14 8 2 | Co 27<br>钴<br>58.94<br>2 15 8 2 | Ni 28<br>镍<br>58.69<br>2 16 8 2 |  |
|  | Ⅴ | N M L K | Cu 29<br>铜<br>63.54<br>1 18 8 2 | Zn 30<br>锌<br>65.38<br>2 18 8 2 | Ca 31<br>镓<br>69.72<br>3 18 8 2 | Ge 32<br>锗<br>72.60<br>4 18 8 2 | As 33<br>砷<br>74.91<br>5 18 8 2 | Se 34<br>硒<br>78.96<br>6 18 8 2 | Br 35<br>溴<br>79.916<br>7 18 8 2 |  |  |  | Kr 36<br>氪<br>83.80<br>8 18 8 2 |
| 5 | Ⅵ | O N M L K | Rb 37<br>铷<br>85.48<br>1 8 18 8 2 | Sr 38<br>锶<br>87.63<br>2 8 18 8 2 | Y 39<br>钇<br>88.92<br>2 9 18 8 2 | Zr 40<br>锆<br>91.22<br>2 10 18 8 2 | Nb 41<br>铌<br>92.91<br>2 11 18 8 2 | Mo 42<br>钼<br>95.95<br>2 12 18 8 2 | Tc 43<br>锝<br>(99)<br>2 13 18 8 2 | Ru 44<br>钌<br>101.7<br>2 14 18 8 2 | Rh 45<br>铑<br>102.91<br>2 15 18 8 2 | Pd 46<br>钯<br>106.7<br>2 16 18 8 2 |  |
|  | Ⅶ | O N M L K | Ag 47<br>银<br>107.880<br>1 18 18 8 2 | Cd 48<br>镉<br>112.41<br>2 18 18 8 2 | In 49<br>铟<br>114.76<br>3 18 18 8 2 | Sn 50<br>锡<br>118.70<br>4 18 18 8 2 | Sb 51<br>锑<br>121.76<br>5 18 18 8 2 | Te 52<br>碲<br>127.61<br>6 18 18 8 2 | I 53<br>碘<br>126.91<br>7 18 18 8 2 |  |  |  | Xe 54<br>氙<br>131.3<br>8 18 18 8 2 |
| 6 | Ⅷ | P O N M L K | Cs 55<br>铯<br>132.91<br>1 8 18 18 8 2 | Ba 56<br>钡<br>137.36<br>2 8 18 18 8 2 | La 57<br>57~71<br>镧<br>138.92<br>2 9 18 18 8 2 | Hf 72<br>铪<br>178.6<br>2 10 32 18 8 2 | Ta 73<br>钽<br>180.88<br>2 11 32 18 8 2 | W 74<br>钨<br>183.92<br>2 12 32 18 8 2 | Re 75<br>铼<br>186.31<br>2 13 32 18 8 2 | Os 76<br>锇<br>109.2<br>2 14 32 18 8 2 | Ir 77<br>铱<br>193.23<br>2 15 32 18 8 2 | Pt 46<br>铂<br>195.23<br>2 16 32 18 8 2 |  |
|  | Ⅸ | P O N M L K | Au 79<br>金<br>197.2<br>1 18 32 18 8 2 | Hg 80<br>汞<br>200.61<br>2 18 32 18 8 2 | Tl 81<br>铊<br>204.39<br>3 18 32 18 8 2 | Pb 82<br>铅<br>207.21<br>4 18 32 18 8 2 | Bi 83<br>铋<br>209.00<br>5 18 32 18 8 2 | Po 84<br>钋<br>(210.0)<br>6 18 32 18 8 2 | At 85<br>砹<br>210<br>7 18 32 18 8 2 |  |  |  | Rn 86<br>氡<br>222.0<br>8 18 32 18 8 2 |
| 7 | Ⅹ | Q P O N M L K | Fr 87<br>钫<br>(223)<br>1 8 18 32 18 8 2 | Ra 88<br>镭<br>226.05<br>2 8 18 32 18 8 2 | Ac 89<br>89~100<br>锕<br>227<br>2 9 18 32 18 8 2 |  |  |  |  |  |  |  |  |

门捷列夫元素周期表（早期版本）

| 镧系元素 | 电子层 | | | | | | | | |
|---|---|---|---|---|---|---|---|---|---|
| | P<br>O<br>N<br>M<br>L<br>K | La 57<br>镧<br>138.92<br>2 9 18 18 8 2 | Ce 58<br>铈<br>140.13<br>2 9 19 18 8 2 | Pr 59<br>镨<br>140.92<br>2 9 20 18 8 2 | Nd 60<br>钕<br>144.27<br>2 9 21 18 8 2 | Pm 61<br>钷<br>(147)<br>2 9 22 18 8 2 | Sm 62<br>钐<br>150.43<br>2 9 23 18 8 2 | Eu 63<br>铕<br>152.0<br>2 9 24 18 8 2 | Gd 64<br>钆<br>156.9<br>2 9 25 18 8 2 |
| | P<br>O<br>N<br>M<br>L<br>K | Tb 65<br>铽<br>159.2<br>2 9 26 18 8 2 | Dy 66<br>镝<br>162.46<br>2 9 27 18 8 2 | Ho 67<br>钬<br>163.5<br>2 9 28 18 8 2 | Er 68<br>铒<br>167.2<br>2 9 29 18 8 2 | Tm 69<br>铥<br>169.4<br>2 9 30 18 8 2 | Yb 70<br>镱<br>173.04<br>2 9 31 18 8 2 | Lu 71<br>镥<br>174.99<br>2 9 32 18 8 2 | |

| 锕系元素 | 电子层 | | | | | | | | |
|---|---|---|---|---|---|---|---|---|---|
| | Q<br>P<br>O<br>N<br>M<br>L<br>K | Ac 89<br>锕<br>227<br>2 9 18 32 18 8 2 | Th 90<br>钍<br>232.12<br>2 10 18 32 18 8 2 | Pa 91<br>镤<br>231<br>2 9 20 32 18 8 2 | U 92<br>铀<br>238.07<br>2 9 21 32 18 8 2 | Np 93<br>镎<br>237<br>2 8 23 32 18 8 2 | Pu 94<br>钚<br>239<br>2 9 24 32 18 8 2 | Am 95<br>镅<br>241<br>2 9 25 32 18 8 2 | Cm 96<br>锔<br>244<br>2 9 26 32 18 8 2 |
| | Q<br>P<br>O<br>N<br>M<br>L<br>K | Bk 97<br>锫<br>(245)<br>2 8 27 32 18 8 2 | Cf 98<br>锎<br>(246)<br>2 8 28 32 18 8 2 | An 99<br>锿<br>(247)<br>2 8 29 32 18 8 2 | Cn 100<br>镄<br>(248)<br>2 8 30 32 18 8 2 | | | | |

| Fe（符号） | 26（原子序数）<br>铁（元素名称）<br>55.85（相对原子质量） | 2<br>14<br>8<br>2（电子层） |
|---|---|---|

| | （电子层） | |
|---|---|---|
| Ⅰ | | —K |
| Ⅱ | —"— | —L |
| Ⅲ | —"— | —M |
| Ⅳ | —"— | —N |
| Ⅴ | —"— | —O |
| Ⅵ | —"— | —P |
| Ⅶ | —"— | —Q |

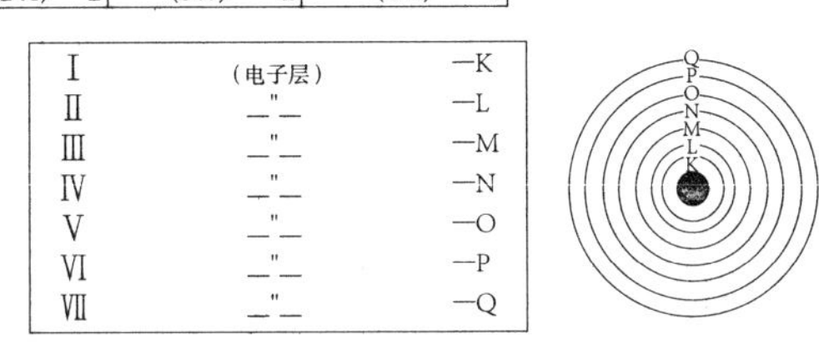


门捷列夫元素周期表（早期版本）（续）

所有原子的核外电子数都等于它的元素序号。所有电子都是在不同电子层上分层排布的。第一层，最接近原子核的电子层叫K层，例如，氢元素的K层上有1个电子，其余的元素的K层有2个电子。第二层叫L层，大部分元素的L层上有8个电子。第三层叫M层，M层最多可以有18个电子。第四层叫N层，N层最多能有32个电子。

原子的元素特征由核外电子层结构决定，当最外层的电子数达到8（K层为最外层时除外）时，便具有稳定性。最外层拥有一个或者两个电子的原子，转变为离子的过程中极易丢失电子。比如，钠、钾、铷的最外层有一个电子，它们极易丢失电子，转变为一价正离子。同时，次外层的电子层会转变为最外层。

溴、氯和其他卤族元素的原子的最外层有7个电子。它们贪婪地从其他元素的最外层汲取电子，将自己的最外层电子数增加至8个，从而变成稳定的负离子。

最外层拥有3、4或者5个电子的元素，化学反应中组成离子的倾向不明显。

这就是原子的秘密。随着原子秘密的揭示，化学家、物理学家、地球化学家、天文学家、技术员和工艺师都明白，元素周期表的规律就是自然界最深奥的法则。

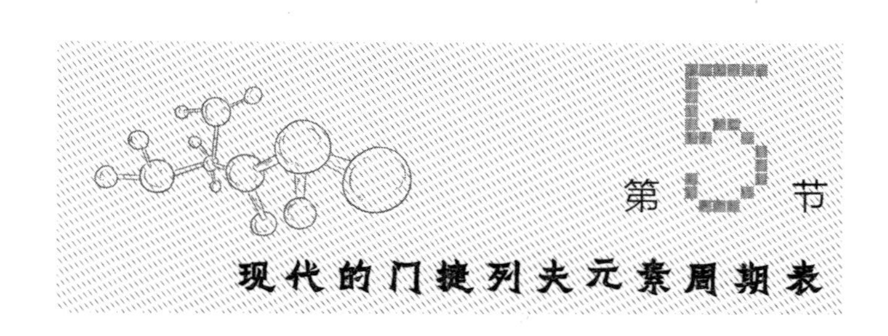

## 第5节 现代的门捷列夫元素周期表

研究者们提出了各种各样的方法来准确、清晰地表示元素周期表的特点。

请注意看下面的图画，图上展示了某个时期绘制元素周期规律的方式：有些是条状的和栏状的形式，还有些是螺旋状的形式，甚至还有弧形格子状的形式。

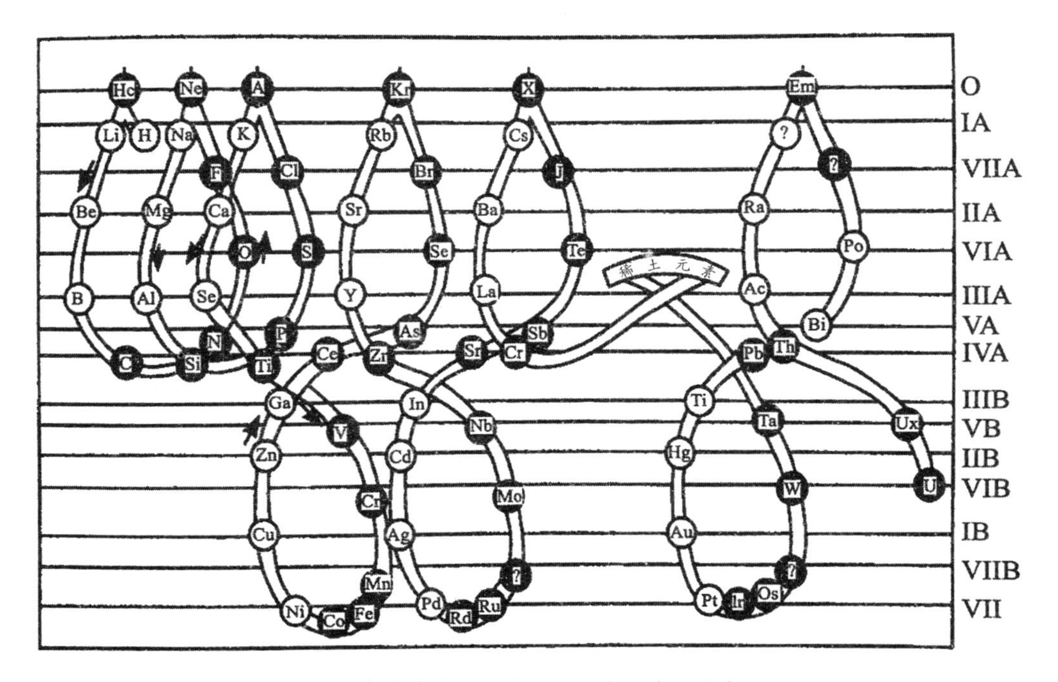


1914年由索迪绘制的门捷列夫元素周期表

我们还是以巨大螺旋状的形式来描绘表格吧，现代科学也经常使用这种形式。

让我们稍微研究一下这个表格，尝试着了解它所包含的深层次意义。

首先我们看到的是很多小方格，它们由7个横行和18个竖列组成，或者按照化学家的说法，它们叫族。总而言之，我们发现绝大多数教科书中的元素周期表都有一点区别，但我们还是觉得像这样去观察比较方便。

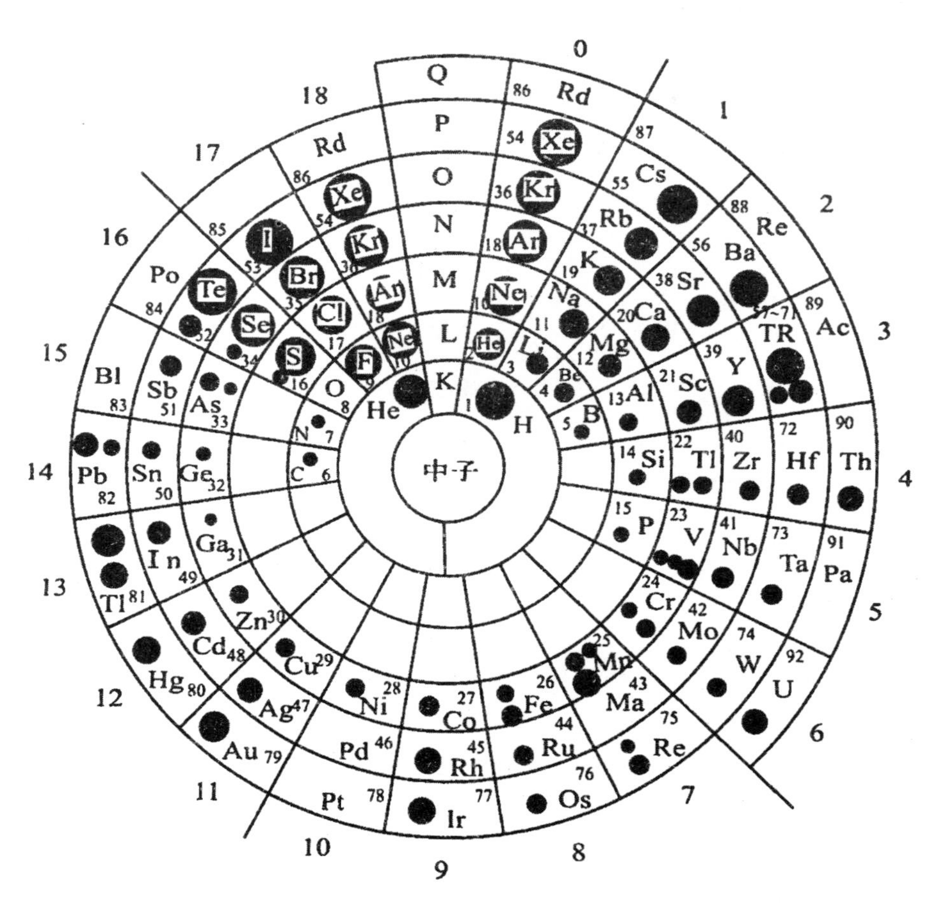


1945年螺旋形门捷列夫元素周期表

在第一个圆环中只有两个元素：氢（H）和氦（He），在第二个圆环和第三个圆环中各有8个元素；第四、五和六个圆环中各有18个。

这六个圆环的方格中应该有72个化学元素，但是在58号方格和72号方格之间有与镧相似的14个元素，所以我们把它们与镧一起称为镧系元素。而在最后一个圆环中，与上一个圆环一样，有32个方格，但是却只有12个元素，所以一共有98个方格是有元素的。

| | | | | | | | | | | | | | | | | | | |
|---|---|---|---|---|---|---|---|---|---|---|---|---|---|---|---|---|---|---|
| 1 | 1<br>H<br>氢 | | | | | | | | | | | | | | | | | 2<br>He<br>氦 |
| 2 | 3<br>Li<br>锂 | 4<br>Be<br>铍 | | | | | | | | | | | 5<br>B<br>硼 | 6<br>C<br>碳 | 7<br>N<br>氮 | 8<br>O<br>氧 | 9<br>F<br>氟 | 10<br>Ne<br>氖 |
| 3 | 11<br>Na<br>钠 | 12<br>Mg<br>镁 | | | | | | | | | | | 13<br>Al<br>铝 | 14<br>Si<br>硅 | 15<br>P<br>磷 | 16<br>S<br>硫 | 17<br>Cl<br>氯 | 18<br>Ar<br>氩 |
| 4 | 19<br>K<br>钾 | 20<br>Ca<br>钙 | 21<br>Sc<br>钪 | 22<br>Ti<br>钛 | 23<br>V<br>钒 | 24<br>Cr<br>铬 | 25<br>Mn<br>锰 | 26<br>Fe<br>铁 | 27<br>Co<br>钴 | 28<br>Ni<br>镍 | 29<br>Cu<br>铜 | 30<br>Zn<br>锌 | 31<br>Ga<br>镓 | 32<br>Ge<br>锗 | 33<br>As<br>砷 | 34<br>Se<br>硒 | 35<br>Br<br>溴 | 36<br>Kr<br>氪 |
| 5 | 37<br>Rb<br>铷 | 38<br>Sr<br>锶 | 39<br>Y<br>钇 | 40<br>Zr<br>锆 | 41<br>Nb<br>铌 | 42<br>Mo<br>钼 | 43<br>Tc<br>锝 | 44<br>Ru<br>钌 | 45<br>Rh<br>铑 | 46<br>Pd<br>钯 | 47<br>Ag<br>银 | 48<br>Cd<br>镉 | 49<br>In<br>铟 | 50<br>Sn<br>锡 | 51<br>Sb<br>锑 | 52<br>Te<br>碲 | 53<br>I<br>碘 | 54<br>Xe<br>氙 |
| 6 | 55<br>Cs<br>铯 | 56<br>Ba<br>钡 | 57~71<br>La~Lu<br>镧系 | 72<br>Hf<br>铪 | 73<br>Ta<br>钽 | 74<br>W<br>钨 | 75<br>Re<br>铼 | 76<br>Os<br>锇 | 77<br>Ir<br>铱 | 78<br>Pt<br>铂 | 79<br>Au<br>金 | 80<br>Hg<br>汞 | 81<br>Tl<br>铊 | 82<br>Pb<br>铅 | 83<br>Bi<br>铋 | 84<br>Po<br>钋 | 85<br>At<br>砹 | 86<br>Rn<br>氡 |
| 7 | 87<br>Fr<br>钫 | 88<br>Ra<br>镭 | 89~103<br>Ac~Lr<br>锕系 | 104<br>Rf<br>铲 | 105<br>Db | 106<br>Sg | 107<br>Bh | 108<br>Hs | 109<br>Mt | 110<br>Uun | 111<br>Uuu | 112<br>Uub | …… | | | | | |

| | | | | | | | | | | | | | | | |
|---|---|---|---|---|---|---|---|---|---|---|---|---|---|---|---|
| 镧系 | 57<br>La<br>镧 | 58<br>Ce<br>铈 | 59<br>Pr<br>镨 | 60<br>Nd<br>钕 | 61<br>Pm<br>钷 | 62<br>Sm<br>钐 | 63<br>Eu<br>铕 | 64<br>Gd<br>钆 | 65<br>Tb<br>铽 | 66<br>Dy<br>镝 | 67<br>Ho<br>钬 | 68<br>Er<br>铒 | 69<br>Tm<br>铥 | 70<br>Yb<br>镱 | 71<br>Lu<br>镥 |
| 锕系 | 89<br>Ac<br>锕 | 90<br>Th<br>钍 | 91<br>Pa<br>镤 | 92<br>U<br>铀 | 93<br>Np<br>镎 | 94<br>Pu<br>钚 | 95<br>Am<br>镅 | 96<br>Cm<br>锔 | 97<br>Bk<br>锫 | 98<br>Cf<br>锎 | 99<br>Es<br>锿 | 100<br>Fm<br>镄 | 101<br>Md<br>钔 | 102<br>No<br>锘 | 103<br>Lr<br>铹 |

现在的化学元素周期表

因为氢原子的中子和质子是形成其他原子的主要材料，所以它在元素周期表中自然而然地位列第一。在表格的末尾，金属铀曾长期占据最后一格。但是在进行某些实验时却发现了超铀元素，所以科学家们又在表格的后面补上了新的格子，填充上了新的元素。

在所有的元素中，有4种元素发现过程十分曲折，它们是第43、61、85和87号元素，化学家们曾分析各种矿物和盐类，尝试在频谱仪中寻找它们，但都没有结果。还有科学家在科学杂志上出版了许多关于发现新元素的文章，最终都被认为是错误的，最后这4种元素不论是在陆地中，还是在天体中，都没有被化学家们找到。所幸，这些元素现在能够被人工合成。

其中之一的43号元素，按特征来看，应该接近锰，所以最初被称为类锰。现在它已经被合成出来，叫作锝。

位于碘下方的85号元素也被门捷列夫预言到了，被称为类碘，它也被人工合成出来了，这就是砹。

第三个元素也保持了长时间的神秘，这就是我们表中87号所代表的元素，被称为类铯，它同样也被合成出来了，并被命名为钫。

第四个元素是61号元素，它是稀土金属之一，最后被人们合成出来，称为钷。

现在的元素周期表相比于门捷列夫第一次绘制的时候更加完整了。

## 同位素

正如我们所说的，每个数字下面的格子都有一个化学元素。但是物理学家证明，事情要复杂得多。比如，在17号方格里，按照化学特征推断，只有一种由1个小核和17个像行星一样绕着核旋转的电子所组成的氯。但实际上，物理学家却说有两种氯，一种重，一种轻。由于它们的比例永远一致，所以它们的平均重量一直是

35.46。

又例如，第30号方格里面是锌。但是物理学家说："有各种各样的锌，有些要重一点，有些要轻一点，一共有六种。"所以说，虽然一个格子里面只有一种带有特定特征的元素，但是种类，或者说是"同位素"却有很多种。有些情况下只有1个，有些情况下却能有10个。

这当然也引起了地球化学家的极大的兴趣：为什么这些同位素的数量始终一致？为什么有些地方只聚集质量比较大的同位素，而有些地方聚集质量比较小的同位素？化学家们投入到了验证这个事实的工作中。他们采集了各种各样的盐类来用于分析研究：来自海和湖泊中的普通食盐，还有石盐以及来自中非的盐类。他们从各种各样的盐类中分离出了氯气并发现这些气体中氯的相对原子质量完全一样，甚至还从陨石中提取了氯，成分也完全一致。不论这些元素出自哪里，它们的相对原子质量始终都一致。

但化学家们却没有放弃，他们继续尝试在实验室中分离这些质量不一致的原子同位素。在复杂和长期的蒸馏氯气的过程之后，研究者成功得到了两种氯气：一种由较轻的原子构成，还有一种是由较重的原子构成的。它们的化学性质完全一致，只是在重量上有所差别。

同位素的发现使得元素周期表中的元素变得更加复杂。以前很容易理解，92个元素分别位于92个方格。原子序数代表核外电子的数量，一切都简单、清晰、明确，但事情却突然发生了大转变。

3种氧原子代替了之前只有1种氧原子的认知，它们的相对原子质量分别为15、16和18。而最引人注意的是氢原子的同位素，相对原子质量分别为1、2、3。相对原子质量为3的氢在自然界中极其罕见，所以可以忽略不计。而第二种同位素非常有趣，甚至有自己的名称——氘。

从化学性质上看，它就是普通的氢，只是比普通的氢重两倍。氘也能和氧结合在一起生成水，因为它的重量相对于普通的水要大一些，所以被称为重水，重水具备一些特有的性质。

当化学家在实验室取得成功之后，地球化学家便开始在自然界中研究这个问题。如果可以在蒸馏瓶中将氢原子分成不同种类，那么在大自然中同样也可以做到。但是，在自然界中发生的化学进程不会那么平静，自然条件以及在地壳深处和地表的熔融岩浆一直都在变化，所以难以聚集像工厂和研究所内得到的那样纯净的氘。实际上，海水中含有的重水要比河水和雨水中含有的重水要多，而某些矿物中含有的重水则更多。一个之前不为矿物学家和地球化学家所知道的新世界就这样被发现了。

这些化合物之间的差异极其微妙，以至于需要最准确的化学方法和物理方法才能找出这些差异。

所以，当我们讨论门捷列夫的元素周期表时，可以暂时忘掉有同位素这回事。对于我们来说，每个方格里只有1个恒定不变的化学元素。在第50号方格里对我们来说只有一种锡，只会产生相同的化学反应，并且在自然界中也以同一种晶体的形式存在，相对原子质量也始终为118.7。

门捷列夫表格没有因同位素的发现而受到影响，表格只在最极端的情况下复杂化，但本质上它还是清晰、简洁、精确地描绘了自然，就像门捷列夫那样描绘了它，并用自己的聪明才智预见了它的重要意义一样。

## 深入分析元素周期表

让我们深入了解、观察这个表格，发现它对于矿物学家和地球化学家的研究有哪些重要的意义。

首先让我们从上至下看看第1纵列的方格。

它们分别是氢、锂、钠、钾、铷、铯和钫。除了氢以外都是金属，我们称它们为碱金属。在自然界中它们总是聚集在一起。我们现在十分熟悉这些元素的化合物，钠——氯化钠，也就是我们在餐桌上食用的盐；钾——硝石，制作烟花的原料；其余的碱金属都很罕见，我们利用它们来制作复杂的电器。尽管这几种元素是不同的，但它们在化学性质上都彼此相似。

然后是第2纵列的方格，这里是碱土金属，以其中最轻的开始，即铍，以了不起的镭结束。它们彼此相似，就像一个大家庭。

第3纵列：钪、钇，然后是装有15格稀土元素的方格——镧系元素，再下面是锕系元素。这些元素含量不高，但在工业中非常重要。其中钪、钇和镧系共17种元素，被称为稀土元素，它们是制造永磁材料、超导材料必不可少的成分。

然后是第4列、第5列、第6列和第7列。这些都是一些特别的金属，可用于制造合金，其中有些在冶铁时特别有用，在添加了这些元素后，钢铁会优化其特性。

接下来第8列、第9列和第10列。这一部分最让人好奇的特点就是相邻的金属彼此十分相似。铁、钴和镍彼此十分相似，在自然界中经常聚集在一起，即使是在化学分析中，也很难将它们分离。在它们的下面是轻铂族金属——钌、铑和钯，再下面是重铂族金属——锇、铱和铂。

在这之后的两个竖列，包括铜、锌、银、镉、金和汞，都是我们生活中都很常见的金属。

第13纵列：这个元素族相当复杂，铝还算得上是真正的金属，而硼则是非金属，但是它能和典型的金属组成一些特别的盐类。

第14纵列：碳、硅、锗、锡，最后是铅。自然界中最重要的化学元素是碳，它构成了自然界中所有的生命体并且是构成所有石灰岩的元素，还有硅，我会将它放到单独的一章中进行讲解。

然后是第15纵列，它以氮开头，下面是易挥发的磷、砷和半金属的锑，最后是非常典型的金属铋。这一列似乎在暗示着元素周期表的另一个特征：同一列元素，由上至下金属性逐渐增加。

第16列十分有特色，它们是氧、硫、硒、碲和神秘的钋，四种非金属和一种金属。

然后就是第17列，都是极易挥发的物质。其中前两种单质常温下都是气体：氟气和氯气，然后是液体溴，最后就是固体——晶体碘。这一族的元素被称为卤族元素，因为它们与碱可以组成盐类。它们的希腊语意思也说明了这一点，“卤素”即“成盐元素”。

最后一列，第18列，这里都是稀有气体，或者说是惰性气体。它们无论如何都不会与其他元素结合，并且遍布整个陆地、所有矿物和整个自然。这一列以氦开始，以氡结尾。

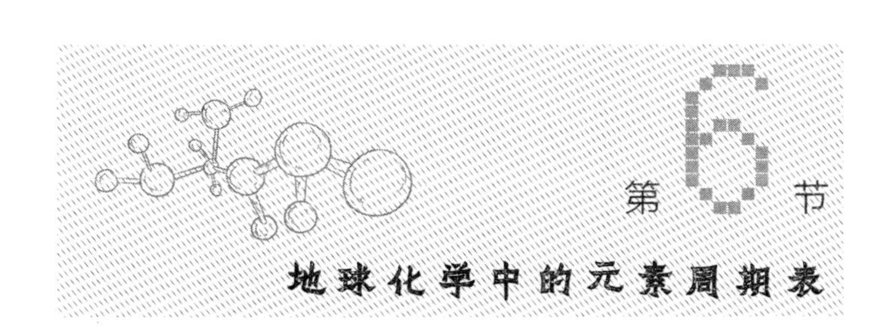

## 第6节 地球化学中的元素周期表

化学元素在地球和自然界是如何分布的呢？从很早的时候起，这对于人类来说就是一个很重要的问题。

这个问题是因日常生活的需要而自然而然、逐步产生的：原始人需要原料用来制作劳动工具，于是开始利用坚硬的燧石，或者是更加坚硬的软玉来制作简单的工具。

当原始人将注意力转向沙粒中闪烁的黄金和各种各样美丽的石头时，矿产的采集便在这时产生了，这一点很容易理解。在原始人开始寻找更坚硬的岩石时，他们意外发现了某些岩石具有可锻性和柔韧性，从这时起，金属就成了人类的朋友。

人类意识到金属的重要用处以后，就开始采集和加工铜、锡、金和铁。人类逐渐地积累了观察结果和经验。在古埃及已经有了一些可以采集到用于制作蓝色颜料的铜和钴矿石的地区，之后还出现了可以采集铁赭石和黏土以制作雕像的地区，还有可以采集绿松石用来制作圣甲虫的地区。

一些简单的自然规律渐渐地被人熟知。有些金属会相互聚集，例如锡、铜和锌，它们使当时的人类产生了锻造它们的合金（即青铜）的念头，在另一些地方，还会看到黄金和宝石的聚集，甚至还有锡和长石的聚集，用这两种物质可以制作出瓷器和陶器。

地球化学的基本规律慢慢地被发现了。在中世纪的时候，炼金术士们在实验室中尝试获取黄金和点金石，他们运用在观察自然现象中积累到的知识进行了大量的工作。

炼金术士十分了解有些金属关系很好，所以它们经常一起出现：在矿脉中闪耀着铅乌色的水晶往往伴随着闪锌矿分布，金银往往相伴相随，铜则往往和砷一起出现。

当欧洲的采矿工业开始发展时，地球化学的规则也开始显露。地球化学的基本规则就蕴藏在深层的矿床之中。并且，诸如哪些物质会在自然界中聚集，是在哪些条件下发生的，又是哪些规则使元素累积在某处或是分散各地的，这些问题对于我们来说已经十分明了了。

上述就是采矿工业面临的最棘手的问题——采矿最需要的就是找到藏有大量工业所需金属的位置，例如铁和黄金。

其实在日常生活中，我们也有一些元素分布的知识。我们知道，有些元素更常存在于空气中，即氮气、氧气、稀有气体和惰性气体。在咸水湖或盐矿中有氯化盐、溴化盐和碘盐，它们与钾、钠、镁还有钙相互结合。浅色的花岗岩由岩浆冷却形成，它的结晶岩往往含元素硼、铍、锂和氟。有些宝石可以和这些岩石共生。在这些宝石中，还含有重要且稀有的金属。质量较重的玄武岩石与花岗岩相反，这种地底喷出岩中含有铬、镍、铜、铁和铂。勘探者在复杂的、升上地面的岩浆源产生的矿脉分支系统中挖掘到了锌和铅、金和银、砷和汞。

我们的科学发展越是深入，那些长久以来不为我们理解的自然规律的轮廓就越清晰明了。

实际上，我们看门捷列夫周期表的时候，它的意义对化学家来说相当于指南针，但对我们这些金属和矿石的勘探者来说，它的意义也是如此吗?

元素周期表的中心部分有9种金属元素：铁、钴、镍和6种铂系金属。这些金属位于地球深处，只有当高耸的像乌拉尔山脉一样的山脉经过数百万年的时间变为平原时，这些绿色的，含有铁和铂的深层矿石才有可能暴露出来。正如你所看到的，这些元素不仅标志出了群山中的矿脉，还记录了地质的变迁。

再让我们来说说那些被我们称为重金属的元素，它们占据了镍和铂右侧的大片地方。这就是铜和锌、银和镉、铅和铋、汞和金。我们之前就说过，这些金属常常一起聚集。矿工们常常在贯穿地表的山脉中找到它们。

现在让我们来看周期表从中心往左的部分，这个部分与周期表的右侧一致，也被金属所占据。这些稀有金属和超稀有金属，往往能在花岗岩巨体的残渣和厚厚的伟晶花岗矿脉中获得。

接下来还要继续看看周期表的左右侧边缘，同时不要忘记，这些长长的列会一起形成一个螺旋，最左边和最右边的列最终会相互接触。我们能很好地看到产自盐矿（盐湖、海洋、石盐）的元素。这些就是构成氯化盐、溴化盐、碘盐、钠盐、钾化盐和钙盐的元素。

再看看周期表中最右上的部分，大家会在这儿找到构成大气层的主要元素：氮、氧、氦和一些其他的惰性气体，在最左上角有氢、锂、铍，还有硼。那些美丽的宝石，玫瑰色和绿色的电气石、翠绿色的祖母绿、紫色的锂紫玉，就是因为含有锂和铍才那么流光溢彩的。正如所看到的那样，元素周期表提示人们哪些元素是经常聚集的，它真的是勘探矿藏的指南针。

为了验证例子中举出的规律性，让我们看一下乌拉尔山脉中的矿藏。

乌拉尔山脉就像是一张横跨各种岩层的巨大的元素周期表。山脉和周期表的中心线都是在位于铂族金属矿产地的质量较大的绿色岩石上。在其两端是著名的产盐地带——索利卡姆斯克和恩巴地区。

难道这不是对最深邃和最抽象的思想的奇迹证明吗？我觉得，你们自己肯定也发现了，即元素周期表中的原子排列并不是偶然的，而是按照它们特性的相似性排列的。元素的特性越接近，它们在表中的位置也就越近。

在自然界中它们也是这样的。它们在地质图上的标记也不是随便做的。在自然界中，锇、铱、铂、锑和砷之间的聚集也不是巧合。

原子的相似性和化学特性的相近性决定了地球内部元素的分布。伟大的门捷列夫表格是最有力的武器，人类在它的帮助下发现了地球内部丰富的资源，找到了对人类有益的金属，并将这些金属运用于农业和工业。

让我们的思绪回到乌拉尔山脉遥远的过去。从地底向外冒着沉重的熔融岩浆，它们是由富含镁和铁的暗色的、黑色的和绿色的岩石组成的，这其中还混杂铬、钛、钴和镍矿，除此之外，还有铂族金属：钌、铑、钯、锇、铱和铂。

乌拉尔山脉历史的第一阶段就这样开始了，橄榄岩和蛇纹岩组成的长链形成了乌拉尔山脉的中央骨架，它一直向北延伸至北极地带的岛屿，向南直至淹没在哈萨克斯坦的针茅草原。这是元素周期表的中心区域。

在熔融的岩浆分散的过程中，分离出了更多，也更轻的易挥发物质，在复杂的山石变化中，构成了现在的乌拉尔山脉。在火山活动的末尾，地底结晶了浅色的花岗岩，这就是为所有乌拉尔人所熟知的灰色花岗岩。它们形成的山脉贯穿白色的石英矿，富含长石、云母等的伟晶岩脉分出旁枝与旁边的山岩犬牙交错。在这些过程中，乌拉尔山脉积攒了大量的易挥发元素：硼、氟、锂、铍，还有稀土元素，此外，还形成了乌拉尔山脉里的宝石和稀有金属矿。

在元素周期表中，这是位于左边的部分。

与此同时，在这个过程之后，滚烫的溶液不断地往上冒。它们裹挟着低熔点的、活泼的、易溶解的锌、铅、铜、锑、砷的化合物，金和银也被吸引出来了。

这些矿脉以长链的形式在乌拉尔山脉的东坡延伸，同时形成了巨大的晶状物聚合体，分化成各种山脉。

在元素周期表中，这是右边的部分。

随着火山活动的结束，乌拉尔山脉抬起，它的山脊从由东向西收缩运动，同时，也为炽热的岩浆和矿脉液体打开了出口。

漫长的破坏时期开始了。数亿年以来，乌拉尔山脉不断遭到破坏，山石不断地受到冲刷。难以溶解的物质保持原样，而其他的物质则被溶解了，被水携带至山下并在乌拉尔山脉的西侧汇集成大彼尔姆海。后来海洋干涸，海湾、湖泊、咸沼开始形成，盐类则沉到了底部。

在元素周期表中，这是左上角的部分。

乌拉尔山脉的山顶上只留下了那些难溶于水的物质。在中生代的热带气候下，数千万年来，那里的岩石被破坏又生长，形成了现在的地壳。那里富含铁、镍、铬、硼和铷，形成了褐铁矿产地，这是南乌拉尔的镍工业的开端。

石英矿床聚集在被破坏的花岗岩地区，在冲击沙砾和砂石中积攒了金、钨和宝石。

乌拉尔山脉逐渐地死去，并被土壤等覆盖物掩盖，只是水流不断地从东边涌来，冲刷着长满植被的山丘，并使锰矿和铁矿在沿岸沉积。

门捷列夫化学周期表隐藏在乌拉尔山脉的原始森林和哈萨克斯坦的针茅草原之下。现代的苏维埃人需要用先进的科技将乌拉尔山脉的古老外壳卸下，才能一步步地在大小各异的巨型山脉中发现元素周期表中的每个元素，使之适用于我们的工业，使之为共产主义的胜利做出贡献！

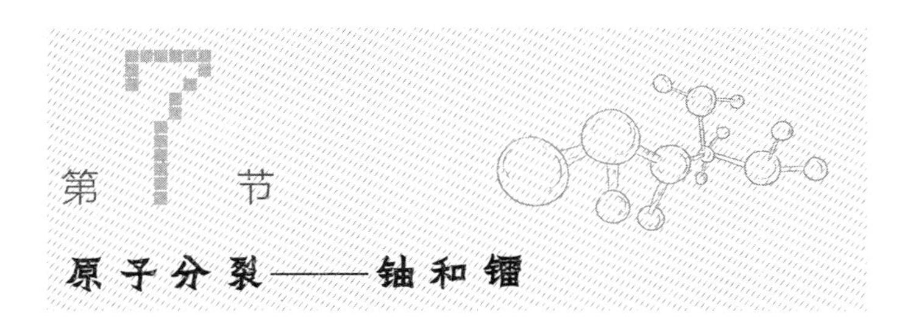

## 第7节 原子分裂——铀和镭

正如我们从之前的章节中知道的：地球化学的研究基础是原子，原子字面上的意思即“不可分割的”（希腊语Atom）。一百多种原子（也就是一百多种元素）的结合构成了我们的整个自然。

那么这个最小的“不可分割的”物质的单位到底是什么呢？它真的是“不可分割的”吗？这些元素真的彼此不相关，并不能形成一个完整的结构吗？

我们可以将原子理解为一个物质的，在化学和物理的层面上不可分割的圆球。“不可分割的”原子决定了物质的物理和化学性质，尽管物理学家和化学家对原子的复杂的结构产生了怀疑，但是也没有去解开这个谜底。

出色的物理学家昂利·贝克勒尔于1896年发现了铀原子能发射某种看不见的光线。不久，居里夫妇又发现了新的元素——镭，这种现象在镭中表现得更加明显，于是大家都明白了：原子自身有着十分复杂的结构。在居里夫人、约里奥·居里夫妇（居里夫人的女儿和女婿）、卢瑟福、玻尔等人的卓越研究之后，原子结构的描写也十分详尽了。我们不仅了解到原子是由某种更小的单位构成的，还知道它们的大小和相对位置，还有将它们束缚在一起的力。

不考虑元素自身极其微小的尺寸（它的直径相当于亿分之一厘米），每个化学元素的原子都是一个十分复杂的构成物，类似于我们的太阳系。

原子的中心是一个核（它的直径仅是原子直径的万分之一，相当于万亿分之一厘米），核的质量约等于原子的质量。原子核带正电荷，从轻化学元素到重化学元素，原子核中正电荷的数量增加，并与元素在周期表中所在方格的序号一致。

电子在离原子核不同距离的轨道上围绕其旋转。核外电子数等于原子核正电荷数，所以原子总体上不显电性。

所有化学元素的原子核都由两种最简单的粒子构成的：质子和中子。质子的质量约等于氢原子核的质量，并携带一个正电荷。中子的质量和质子差不多，但是不带电荷。

质子和中子的联系十分紧密，以至于原子核不论处于哪种化学反应之中都十分稳定并保持不变。

如果我们从元素周期表的轻元素看到重元素，就会发现：

- 所有轻元素的质子数和中子数几乎相等（所以，在元素周期表中，它们的相对原子质量约等于原子序数的2倍）。
- 而随着元素序号逐渐增大，其原子核中中子的数量也逐渐多于质子数量，这样一来，原子核变得不稳定了。

从81号元素开始，其原子既有稳定的，也有不稳定的。不稳定的元素的原子核会自发地分裂，并释放巨大的能量，这些原子核会变为其他化学元素的原子核。

从86号元素开始，所有的原子核都是不稳定的，而相应的化学元素则被称为放射性元素。

放射性，即原子自发性分裂，转变为其他元素的原子核，并以不同辐射形式释放巨大能量的性质。辐射可以分为三种：

第一种，α射线，实质上它是快速移动的，具有两个正电荷的物质微粒束。每一个α粒子都比氢原子重四倍，也就是说，α粒子就是氦的原子核。

第二种，β射线，它是拥有极快速度的电子束。电子是带最小微粒之一的负电荷的，其质量是氢原子的1/1 840。

第三种，γ射线，它类似于X射线，但是波长较短，正因为此，它的作用接近于粒子束。

## 镭盐的放射和衰变

如果我们将约1克的镭盐放到一个不大的玻璃管中，将管封焊后观察，我们很快就能发现一些伴随着放射性衰变的基本现象。

首先，如果我们使用一些可以测量温度的仪器，那么就不难发现，装有镭盐管子的温度要比周围环境的温度略高。这使人不禁联想到，在镭盐内部似乎藏有加热装置。在此观察的基础上可以得出重要结论，即在放射性衰变时或是在原子核分裂时，会不断地释放大量的热。实验告诉我们，1克的镭衰变1小时可以产生140卡[1]的热量，在完全转变为铅时（这一过程需要两万多年），会产生290万大卡[2]的热量，也就是说，这相当于半吨煤炭燃烧时产生的热量。

将装有镭的管子静置并用抽气泵将管内空气抽出，将抽出的空气小心地放至另一个事先已经抽净空气的管中。将这个管子也以同样方式焊接。然后我们就会看到管子在黑暗中闪烁着略带蓝绿色的光，跟装有镭盐管子的一样闪烁。

这种二次放射性是由一种产生于镭中的新放射性物质导致的。这是一种气体，名称为氡。

管内氡的数量会在40天内不断增加，在这之后就会稳定下来，因为这时氡衰变的速度与其产生的速度一致。将装有放射性物质的管子放置于验电器之下，便能观察放射性。放射性能将空气离子化，使之成为电的导体，并使电子验电器放电。

如果我们不间断地观察装有氡的管子对验电器产生的影响，则不难发现，随着时间流逝，其影响也会减弱。经过3.8天之后，影响的作用力会减半，40天之后，再将管子靠近验电器时，已经没有任何反应。

但如果我们向管子放电，然后再观察放电时的光谱，就会发现有种新气体的光谱出现，这种气体之前没有存在过，就是氦气。如果我们将储存在管中多年的镭盐小心翼翼地从管中拿出，然后用灵敏的分析方法检测，会发现管道内壁的上方存在极少的金属铅。

1克的金属镭通过原子衰变在一年的时间内可以产生$4.00 \times 10^{-4}$克的铅，其相对原

---

1 卡：卡路里（Calorie）的简称，为能量单位。指在1个大气压下，将1克水提升1℃所需要的热量。

2 1大卡=1 000卡。

子质量约为206，除此以外，还能生成172立方毫米的气态氦。

镭放射性衰变的结果就是不断地产生一连串放射性元素，在非放射性的铅形成的时候，更进一步的转变也就在此停止了。镭本身就是铀转换产物长链中过渡的一环。

放射性衰变的结果中所得到的一连串元素就叫作放射系元素。

每个放射性元素的原子核都是不稳定的，并有相同的概率在一定的时间内衰变。所以有很多放射性物质的样本，它包括数百万个原子，永远以固定的速度衰变，并且不受任何化学或物理作用的影响。

放射性物质衰变或变化的速度通过半衰期衡量，或者是通过物质的所有初始原子衰变所需的时间体现。这样的数值对于不同的放射性元素来说是不同的，但对于同种放射性元素来说是一定的。

放射性元素的半衰期跨度很大，最不稳定的原子核的半衰期为1秒不到，而较为稳定的则长达几十亿年，这其中包括铀和钍。在连续衰变的过程中，与母放射性核相似的子放射性核也是不稳定的，也会衰变，直到数次衰变后，形成稳定的原子核。

到目前为止，已经有三种放射性族系：铀–镭系，以相对原子质量为238的铀同位素开头；铀–锕系，由另一个相对原子质量为235的铀同位素开始；钍系，以相对原子质量为212的钍同位素开始。每个放射系最终稳定的，并不再分裂的产物都是铅同位素的原子核，相对原子质量分别为206、207、208。除了铅之外，上述放射系变化的稳定产物还有脱离原子核的电荷，以及氦原子核，即α粒子。

## 放射性元素的衰变

在地球上不间断地进行着铀、钍和镭原子的放射性衰变，并在此过程中不断地有热能释放。其实我们使用这种热能已经相当长一段时间，因为正是靠它，我们的地球才能显著发热。

同样地，用于填充气艇和阻拦气球的氦气也是由地球内部铀、钍、镭的放射性衰变而产生的。据统计，在地球形成以来，以这样的方式已经产生了大量的氦气，有几亿立方米。

我们对地球中不间断进行着的铀、钍和镭原子的放射性衰变很感兴趣，不仅因为它们是恒久的热源，以及化学元素工业储备的源头，还有一个原因：这是天然的钟表器械、精密计时器，根据它们，我们可以算出岩石的年龄，甚至是地球本身的年龄。

这么说，铀、钍和镭原子以及它们的衰变还可以用作测定地质时代？当然，因为放射性原子衰变的速度不受化学作用和物理作用的影响。另外，在放射性衰变的同时，会产生稳定的，不再发生改变的氦原子和铅原子，随着时间的推移，它们的数量会一直增加。

我们知道了1克铀或者钍在1年之内进行放射性衰变产生的氦和铅的数量，并确定了某矿物中含有的铀和钍的数量以及此矿物中含有的氦和铅的数量，那么我们就能根据氦和铅与铀和钍之间的关系，算出此矿物的年龄。

在矿物形成之初，只含有铀原子和钍原子，氦原子和铅原子则根本不存在；在铀和钍衰变之时，在矿物中开始出现氦原子和铅原子，并不断累积。因此我们可以将含有铀和钍的矿物比作沙漏，我们应该都见过沙漏是怎么工作的。它由两个相互连接的器皿组成，其中一端装满一定数量的沙粒。当计时开始时，我们将沙漏固定并使沙粒在重力作用下缓慢地由上端流向下端。只要沙漏还在流动，我们测出上端或下端沙粒的质量或体积，就能计算出时间。

含有铀原子和钍原子的矿物和沙漏之间也有相似之处。这类矿物就像装有一定数量的上端器皿，只不过铀原子和钍原子充当了沙粒的角色。这些原子同样也是以固定的速度转变为氦原子和铅原子的，跟沙漏一样，衰变产生的原子的堆积直接取决于放射性矿物存在的时间。

我们可以用直接分析法来确定所剩铀原子的数量，而已经衰变的原子数量则可以通过从中形成的氦原子数和铅原子数来确定。这些数据使得我们能够找出铀与铅、氦之间的关系，从而可以算出衰变的时间。科学家们用这种方法成功确定在地球中存在着年龄近20亿年的矿物。所以我们现在知道了，我们的地球就是个老婆婆，她至少存在了20亿年。

此外，我想说一个刚发现不久的现象，并且该现象还在我们的生活中起着重要的作用。

元素周期表中从84号重化学元素的原子核起，既有稳定的同位素，也有不稳定的同位素，或者说是有放射性的元素。当稳定的同位素原子核内质子和中子的个数符合一定比例时，核是稳定的；当质子和中子的数量比例遭到破坏时，核就会变得不稳定。

## 放射性的威力

在科学家发现原子核的这一特性时，他们很快地就找到了人为改变化学元素核中质子和中子之间相互关系的方法，如此一来，就能按照自己的意愿将稳定的同位素变得不稳定，并使化学元素具有人工放射性。那么要怎样才能办到这一切呢?

为此，我们需要找到某种尺寸不超过原子核大小的炮弹，并赋予它巨大的能量，使之能射入原子核中。

这种原子大小且具有巨大能量的炮弹，就是由放射性物质释放出的α粒子。科学家们利用α粒子首先就是为了人为地破坏原子核。著名的英国物理学家欧内斯特・卢瑟福于1919年首次完成了这个实验，他用α粒子轰击氮的原子核时，发现有质子向外飞出。

15年后，法国年轻的约里奥・居里夫妇在1934年利用钋元素衰变产生的α粒子对铝进行轰击，最后发现，铝在α射线的作用下不仅会释放出含中子的射线，并且在轰击结束之后，还会在短时间内保留放射性，释放β射线。通过化学分析，约里奥・居里夫妇确定，具有人工放射性的不是铝，而是在α粒子作用下从铝原子中产生的磷原子。

就这样，人类得到了首批人工放射性元素并发现了人工放射性这一性质。

很快，在尝试过不同的方法来取得人工放射性元素后，科学家们开始利用中子取代α粒子来撞击原子核，中子相较于α粒子更容易穿透原子核，因为在带正电的α粒子靠近原子的时候会将核推开。重元素原子核的排斥力十分巨大，以至于α粒子的能量不足以克服排斥力，α粒子也无法到达原子核。中子作为不带任何电荷的粒子，不会排斥原子核并容易穿透核。

利用中子的作用，科学家们成功地获取了所有元素的不稳定人工放射性原子核同位素。

1939年，科学家发现，当小能量的中子作用于最重的化学元素铀时，铀原子核会经历新的、未知的衰变类型，在此过程中，铀原子核分裂成大小相近的两部分。这两部分就是元素周期表中最不稳定的化学元素的原子核同位素，它们位于元素周期表的中部。

一年以后，1940年，年轻的苏联科学家康斯坦丁・伊万诺维奇・比德尔扎克和格奥尔基・尼古拉耶维奇・费罗廖夫发现这种新型的衰变，或者说是铀的新型放射性，也存在于自然界中，只是比普通铀的放射性衰变罕见许多。

如果铀是以普通放射的方式衰变，半衰期是45亿年，按照原子对半分裂的方式衰变，则半衰期为1兆4 000亿年，第二种衰变方式发生的概率是普通衰变的千万分之一，并释放出远比普通衰变更多的能量。

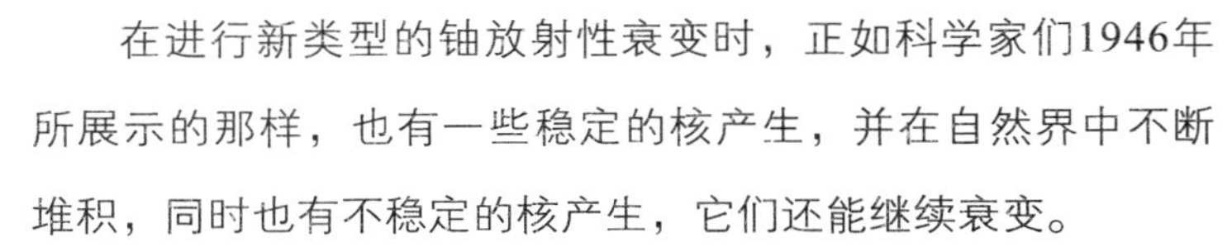

在进行新类型的铀放射性衰变时，正如科学家们1946年所展示的那样，也有一些稳定的核产生，并在自然界中不断堆积，同时也有不稳定的核产生，它们还能继续衰变。

如果进行普通放射性衰变时会产生并聚集氦原子，那么在进行新类型的铀放射性衰变时，也会产生并聚集氙原子和氪原子。

人们通过轰击铀238同位素，成功获得了一系列的超铀元素，这在之前是从未被发现的：第93号镎、第94号钚、第95号镅、第96号锔，它们都在门捷列夫元素周期表中找到了属于自己的位置。

铀原子被慢中子破坏

但是最有意思的是，这种新型的原子衰变可以被控制，其速度可以被人类按照意愿加快或是放慢。如果将这个进程加快，并使1千克的铀金属中的原子瞬间完成衰变，那么，在此过程中将释放出大量的能量——相当于燃烧2 000吨煤产生的热能，会产生威力巨大的爆炸。

当然，人类的科技不仅可以诱导这种拥有可怕能量的剧烈反应产生，也能影响这个进程，改变其速度，将这些剧烈反应变得平缓，并在千年之内更加平静地释放能量。

关于原子内部能量的想法，于19世纪90年代末才诞生在皮埃尔·居里的智慧之中，他和自己的妻子一同发现了镭，这样的想法在世纪之交时还只能被寥寥几位科学家陈述，现在却变成了现实。

当科学家们在1903年描绘了人类未来的幸福画面，即拥有无穷无尽的生活所需能源时，这还只不过是美妙的幻想，并且人们在自然界中，或是当时已知的技术中，都找不到任何实例支撑，而现在这个梦想已经成真了。

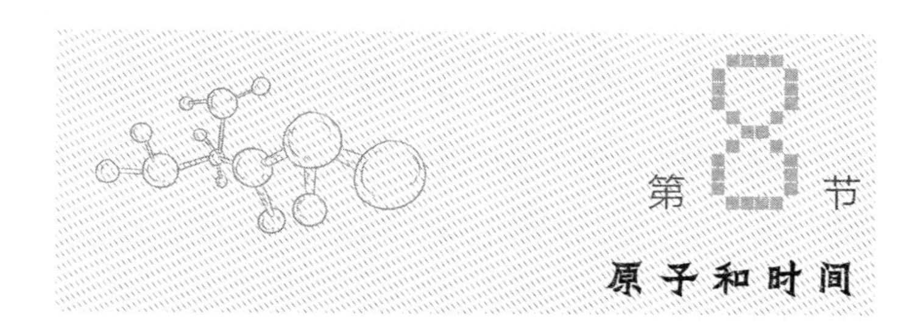

# 第8节 原子和时间

难以想象有比时间更简单，同时又更复杂的概念。古老的芬兰谚语说道："世界上没有比时间更美妙、更复杂，同时又更不可战胜的东西了。"古代最伟大的哲学家之一——亚里士多德在公元前4世纪写道："在自然界中，所有未知事物之中最未知的就是时间，因为没人知道什么是时间，也不知道如何去控制它。"

人们在文明伊始便开始对时间，世界末日，关于我们的世界是何时被创造，地球、恒星、行星已经存在多少年，太阳会在空中照耀多久这些问题进行思考。

按照古老的波斯传说，世界仅存在了12 000年。巴比伦的占星家根据天空中的天体推测并发现，世界十分古老，已经存在了200万年以上。而《圣经》认为，上帝按意志用了6天6夜创造了世界，而世界从那之后算起，仅仅存在了6 000年。

数千年来，智者们一直都在研究时间的问题，而精确的方法已经逐渐取代了古老的传说和占星家们的幻想来测定地球年龄。

天文学家爱德蒙·哈雷于1715年首次尝试算出地球的年龄，然后是开尔文于1862年根据地球冷却理论算出了地球年龄，并得到了在当时来说是十分庞大的一串数字——4 000万年。

后来的科学家开始采用地质方法来测算。在瑞士、英国、瑞典、俄罗斯和美国的地质学家开始计算，我们的地球需要多少时间才能形成厚度达数万米的巨大沉积岩层。研究发现，河流每年都会携带走不少于1 000万吨的物质，这些物质都是从大陆上被冲刷下来的，所以我们的大陆每25 000年就要丧失平均厚度为1米的地层。通过研究流水和冰川的活动、陆地和海洋中的沉积物以及带状冰川黏土，地质学家得出结论：地壳的历史不能在4 000万年之内形成。英国地球物理学家约翰·乔利在1899年算出了地球的年龄。根据他的数据，地球已经存在了3亿年。

但是物理学家、化学家、地质学家都不喜欢这些结果。他们认为大陆破裂不可能像约翰·乔利设想的那样进行。物质沉积被剧烈的火山爆发、地震、山脉抬升所替代，已经堆积的沉积物也能被熔化或是冲刷掉。

总之，约翰·乔利的计算结果没有使那些想要寻找到一块真正的钟表来计算地壳年龄的研究者们满意。

在地质学家之后，又有化学家和物理学家来进行研究。这些科学家们最终找到了一种永恒不变的表，它们既不是钟表师制作的，也没有用于驱动的发条；同样，也不需要上表。这种表就是正在分裂中的放射性元素的原子。

我们在上一节中已经知道，整个世界都是由正在分裂的原子填满的。在这个不易察觉的，却又很伟大的过程中存在着铀原子、钍原子、镭原子、钋原子、锕原子以及其他数十种元素的原子，并且它们正在衰变。这种分裂以固定的速度进行着，不论是电弧中数千度的高温，还是接近于绝对零度的低温，抑或是巨大的压力，都无法加快或者减慢这种速度。任何普通的方法都无法改变自然界中某些原子严格的、恒定的衰变过程。

现代技术的确在回旋加速器中找到了电磁漩涡形的强大方法，并借助于此分裂和创造原子。但是在自然界中没有这样的条件，并且重原子的恒定衰变速度通常能保持数百万甚至数十亿年。

在我们周围的世界中，每时每处都有铀原子、镭原子、钍原子在不断衰变，同时又产生一定数量的氦气原子，还有稳定呆滞的铅原子。这两种自然的元素——氦和铅创造了新的钟表。这是人类历史中首次成功地以真正的、永恒的世界标准来衡量时间。

这是一幅多么令人震惊，同时又令人十分难以理解的画面啊！宇宙中充满了数百种原子，它们拥有各不相同的复杂电磁系统。有些原子迅速地变换着形态，从一种原子形态变为另一种，并释放出能量：正在形成的一些原子富有生命力并顽固地保持着形态，显然，这是因为我们无法衡量它们无比漫长的转变周期；另一些原子存在时间达数亿年，并缓慢地释放能量，继续一系列的复杂衰变；还有一些原子的衰变周期以年、天、小时计算；而最后一种原子的衰变周期则是以秒计算或者一秒不到。

遵循着原子系统形成的法则，化学元素就这样充满了整个自然，但是时间控制着它们的数量分布，时间在创造我们的地球世界和宇宙生命的时候，将元素分布在了宇宙各处。

宇宙的进程缓慢却又永恒。正在分解着的重原子迅速消失，另一些原子在α射线的作用下开始衰变，还有一些更加稳定的宇宙材料正在生成，衰变的最终产物（非放射性元素）也在不断聚集。

在太阳上，稳定对抗α射线的元素占据着优势地位。90%的地壳都是由电子数为偶数，或者是4的倍数的原子构成的，也就是说，这种结构的原子能够更稳定地对抗γ射线和宇宙射线的毁灭性作用。

这其中最稳定的、结构简单且紧密的元素构成了我们无边无际的世界。稳定性略差的，例如钾和铷，会参与到生命进程之中，用自己的衰变帮助有机物为生命而斗争。衰变极快的原子（铀和镭）则在毁灭自己的同时，还会危害到这些生命。有些星体正在衰变，如我们的太阳就是这样成熟的恒星；在一些星云中，衰变才刚刚开始；在一些黯淡无光的星体之中，衰变已经快要结束了。时间在宇宙的历史中决定着宇宙的构成以及元素的组合。

物理学家和化学家计算得出，1千克的金属铀经历1亿年后能产生13克的铅和2克的氦。

在20亿年后，则能产出225克的铅，也就是说四分之一的铀已经转化为铅。而易挥发的氦的原子已经积累了35克。但是这个衰变的进程还在继续，在40亿年之后，铅就已经累积了400克，氦的质量达到了60克，铀也只剩下了一半，也就是500克。

推论继续，如果不是经过了40亿年，而是1 000亿年，那么这时候铀已经衰变完毕并完全转化为铅和氦。铀在地球上已经几乎不存在了，取而代之的是重元素铅，它分散于各处，大气层则富集着氦气。

在这些数据的基础之上，地球化学家和地球物理学家在近几年绘制了地球地质年代演变刻度表。

这种崭新的钟表确定，我们这颗星球的年龄应该在三四十亿年以上，也就是说，我们离太阳系的行星（包括地球）形成之时大概三四十亿年，从这个时刻开始，我们就从宇宙的历史中分离出来了。

坚硬的地壳出现在离我们超过20亿年之久的时代，这是地球历史中第二个最重要的时刻，也是地球地质史的开端。从诞生生命至今已经过了10亿多年。著名的蓝色玄武岩黏土在距今5亿年前开始沉积，这种黏土在列宁格勒附近都有被发现。

在地质史的第一个时期（整个地球地质史的四分之三），熔融的物质多次从地底深处涌出地表，打破了第一层还很薄弱的坚硬薄层的平静。熔融的物质流向了地表，利用自己的炙热气体和岩浆穿透了地表，使之倾斜并将它高高抬起至山脉状。我们的地球化学家和地质学家已经标记出了地球上最古老的山脉（卡累利亚的别洛莫里耶[1]、加拿大马尼托巴州最古老的花岗岩）。这些山脉的年龄在17亿年[2]左右。

然后开始了漫长的有机世界的发展历史。在示意图中，我们可以看到，每个地质

---

1 俄罗斯的地理概念，白海沿岸及周边地区的统称。

2 一些美国科学家测定马尼托巴花岗石的年龄为31亿年，但苏联科学家认为这些数据过分夸大。

年代的沉积作用持续了多久。

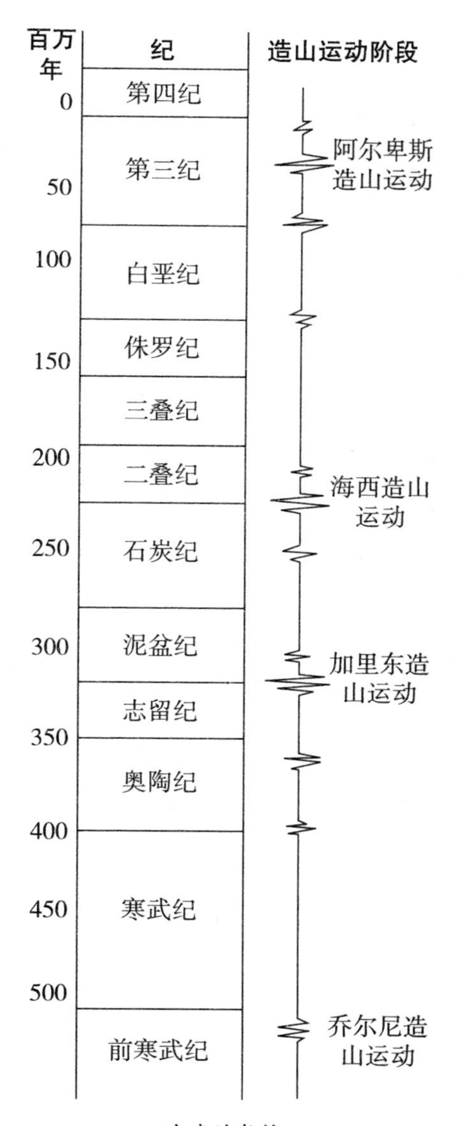


地球的年龄

大约在距今5亿年前，加里东的巨大山脉在北欧抬起，在2亿年到3亿年间形成了乌拉尔山脉和天山山脉，大约在2 500万年到5 000万年间形成了阿尔卑斯山脉，高加索火山的最后一次爆发潮渐渐平息，还隆起了喜马拉雅山脉的群峰。

接着是史前时期：100万年以前是冰川时期的开始；8万年前人类首次出现；2 5000年前，最后一次冰川时期结束；1万年至8 000年前，古埃及和古巴比伦文明开始……

科学家们还需要许多年的光阴才能精准地校对自己这出色的钟表。方法其实已经被找到了。一个有关时间的谜被揭开了，毫无疑问，很快化学家便能在每个石头样本中读出它的年龄，计算出其存在的准确时间。

化学家，我们不再相信你们所说的原子不变性；一切都在流逝，一切都在变化，一切都在被毁灭，又再次被创造，这个在消亡，那个又在诞生，就这样，世界变迁进程生生不息。

# 02

# 自然界中的化学元素

# 导读

王凤文

小朋友们，今天神奇又有趣的地球化学会带给我们一道丰盛的“元素大餐”。地壳中多个家族成员会齐聚这里，诉说它们在地壳中的存在、性格和功能特性以及它们被人们发现和开采的神奇故事。人类是如何实现了对地球组成成员的了解的？地球资源开发和利用会遇到哪些困难？有哪些重大发现？对人类社会的发展有哪些突出贡献？哈哈！别担心，这里不是刻板枯燥的科普叙述，作者以轻松的对话、故事、形象的比喻、生动的事例，还有丰富的插图和照片给我们展现。贴近生活、贴近实际、条理清晰的逐一讲解，会使你的好奇心得到大大的满足！

五彩斑斓的玛瑙、晶莹剔透的水晶、红色的花岗岩、海岸边上干净的细沙、钻燧取火的燧石，还有磨刀石，就连土壤中的泥土竟然都和元素硅有关。硅及其化合物有着怎样的复杂历史？从滚烫的岩浆到冰凉的地表，从宇宙空间到铺洒人行道上的细沙，无论在哪儿，我们都能看见硅和二氧化硅，无论在哪儿，都会有硅酸盐和石英的身影，它们构成了地壳中绝大多数的坚硬岩石。难怪把“硅”称为“地壳的基础”。

二氧化硅已经不只停留在水晶、玛瑙、玉髓制成的精美饰品和工艺品表面，现代信息产业中，二氧化硅制成的光导纤维是光纤通信的重要载体，随着现代科学技术的迅猛发展，光导纤维应用日益广泛，在医学检测、太阳光照明、制作传感器等方面也有了重要突破，成为大有前途的新型基础材料。相信大家一定听说过“硅谷”，硅谷是当今电子工业和计算机业的王国。就是因为硅能做半导体材料。半导体行业真正实现了“从沙滩到用户”！

其实钻石（就是被打磨过的金刚石）和普通铅笔芯（石墨为主要成分）以及黑黑的木炭成分相同，都是“碳”。金刚石、石墨在地壳中的形成环境以及在地球内部存在的深度如何？硬度最大的金刚石和细软能做润滑剂的石墨在结构上有什么不同？地下的煤矿和石油是怎么形成的？在文中我们将获得答案。

如果自然界没有碳元素，我们生活的世界是什么样的？作者给我们描绘的凄凉恐怖的景象会让我们感同身受，唤起我们对大自然的敬畏之心及热爱之情！

当讲到“磷”元素时，作者又给我们讲古代炼金术士的故事和用磷灰石制备磷肥的故事，帮助我们理解“没有磷就没有生命，也就没有思想”。作者对磷在地壳中的有趣迁移，磷的命运与复杂的生死进程，磷在地球中的两种聚积方式娓娓道来，通俗易懂。

关于火山喷发的“硫”、奇妙的钟乳石和石笋中的“钙”、在地球上形成复杂封闭循环漫游历史的“钾”，以及随后讲到的铁、锶、锡、碘等十五种常见元素的单质和化合物，还有一些稀有气体，作者从结构特点，物理、化学特性，在地壳中的存在与形成到重要应用等，在文中都有详尽的描述，引领我们认识一个个元素的来龙去脉，深入浅出地讲解一种种矿物、岩石和地质现象，领着你继续在门捷列夫元素周期表上展开幻想。

作者揭开了藏身在自然界中不停运动着的各种化学元素的秘密，这也是地球化学最为核心的内容。孩子们，尊重历史，尊重科学，相信进步！让我们以发展的眼光、全新的视角去欣赏、去品味、去追寻科学探究的过程！相信这道地球化学中的“元素大餐”定会让我们收获知识，收获快乐！

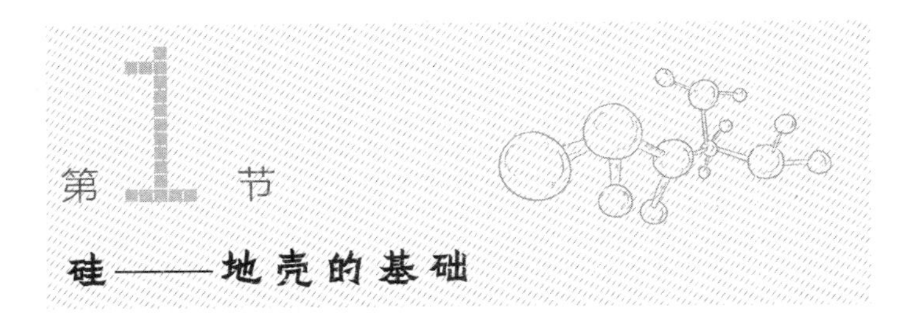

# 第1节 硅——地壳的基础

## 元素硅和矿物燧石

在茹科夫斯基的一首叙事诗中写道，有这么一位外国人，来到了阿姆斯特丹，向路人打听这些商店、房子、船只和庄园都是谁的，但他只得到了一个回答："坎·尼特·费尔施坦。""他是多么富有啊！"这个外国人心想，并羡慕着他，却没领悟到，这句回答在荷兰语中的意思是"我不懂你在说什么"。

当人们说到石英的时候，我总是会回忆起这个故事。人们展示着各种各样的物品：向太阳闪着泉水般清澈光芒的透明圆球，五彩斑斓的玛瑙，游戏用的彩色蛋白石，海岸边上干净的细沙，熔凝石英做的细丝或是耐热的餐具，水晶上带棱角的漂亮晶体，带着神秘花纹的奇异碧玉，变成燧石的石化树，原始人类粗加工的箭头，无论我怎么问这些东西，它们都是由石英或是成分与之相近的矿物构成的。这全都是元素硅和氧的化合物——$SiO_2$。

当提到"硅"的时候，很容易想起"燧石"（俄语中这两个单词发音相似），我们从小就熟知燧石这种矿物，这是一种坚硬的石头，在与铁碰撞时会产生火星，可以用它来点燃燧石火枪中的火药。

矿物燧石并不是化学家所说的硅，而是一种硅的化合物。硅是一种了不得的化学元素，它在自然界中分布极广，在制作工艺中也有广泛的使用。

## 硅和二氧化硅

在花岗岩中有80%的成分是二氧化硅，或者说是40%的成分是硅。硅的化合物构成了绝大多数的坚硬岩石。位于红场的列宁墓上的斑岩，还有“莫斯科”酒店上镶面用的红色花岗岩，以及莫斯科捷尔任斯基大街上房屋基脚上闪烁着暗蓝色光斑的拉长石，总而言之，地球上绝大多数的坚硬石头都是由硅构成的。

硅也是简单黏土的主要构成部分。它还构成河岸边的普通沙粒、厚厚的砂岩层和页岩层。它在我们地球地壳中占总重量的30%左右，地面往下16千米深的位置约65%的物质是硅的化合物，也就是化学家们称为二氧化硅的东西。我们现在知道超过200种不同的天然二氧化硅，矿物学家和地质学家使用超过100个名称来指代这种最重要矿物的不同种类。

此外，在自然界中还存在比这多得多的化合物，通常是由二氧化硅或者石英与其他金属的氧化物结合而成的。以这种方式形成的矿物多达几千种，它们被称为硅酸盐。

人类将这些物质用于施工技术和经济技术之中，这其中最重要的物质就是黏土和长石，可以利用它们来制作各种各样的玻璃、瓷器、陶瓷，铸造窗户玻璃、杯子用的水晶玻璃，还能造出施工技术中最重要的原料，例如像铁甲一样坚硬的混凝土、公路的路基、工厂用的钢筋混凝土楼板。

哪些人类已知的物质能在坚固性和多样性方面胜过硅及其化合物呢?

## 动植物体中的硅

早在聪明绝顶的人类开始在工艺中利用硅的氧化物之前，大自然就已经开始利用它们来创造动植物了。在需要生长茎秆和穗的位置往往聚集着较多的硅，例如木贼这种植物的茎秆中就含有较多的硅，这种植物曾在形成煤的地质年代茂盛生长，它们从沼泽洼地里向上生长至数十米多高。我们常见的竹管中也一样富含硅元素。大自然很巧妙地用硅这种优质的材料赋予了植物不俗的机械强度。

茎秆的坚固性不仅对谷类作物有着实际意义，使其不至于在风和雨的打击下垂至地面，对其他植物也有着实际的意义。每天都有飞机来回运输鲜花和观赏性植物，人们为了不让这些鲜花变皱，为了使它们的茎秆保持坚韧，就会在土壤中加入易溶解的硅酸盐。植物吸收含有硅酸盐的水，它们的茎秆就会保持硬度和坚固性。

除了陆生植物，水里微小的藻类——硅藻类也是用二氧化硅来生成自己的细胞壁的，现在我们了解到，1平方厘米的由藻硅硬壳构成的岩石需要500万个这样的微小生物。最简单的生物——放射虫依靠细小的针状二氧化硅来构成自己精致的囊面。

### 为什么硅的化合物如此坚固？

我们的科学家近几年来一直在想办法弄清楚，这种由硅给予的坚固性的谜底究竟藏在哪儿，它存在于动植物的骨架之中、上千种矿物和石头之中、机械和工业最精密的制品之中。

当科学家用特殊的眼睛——X射线穿越到这些硅化合物的深处之时，绝妙的景象就展现了出来，这诠释了硅化合物坚固的原因，并揭露了其结构的谜底。

硅作为一种元素，能生成尺寸最小的带电离子，它的直径只有2.5亿分之一厘米。这些微小的带电球与氧的大尺寸带电球相结合。每一个硅的小球周围以最紧密的方式分布着四个氧的球，相互紧挨着，这样就得到了一种独特的几何形状，我们称之为方锥体。

方锥体按照不同的方式彼此互相组合，如此一来，就形成了庞大又复杂的结构，这种结构难以挤压、弯曲，但是在某些特殊情况下，氧原子会离开硅的中心原子。

现代科学查明，方锥体组合的方式可能存在上千种。这些方锥体之间彼此组合以及与其他金属原子组合的方式取决于它们的相对数量：

当方锥体数量较少时，它们就只能通过金属原子来连接，例如铁原子、镁原子、钾原子、钙原子等，这样就能得到更为坚固的结构（例如，橄榄石、花岗岩）。

如果硅的数量较多，方锥体就会彼此组合。如果方锥体尖顶四个中的两个互相连接，就会呈链状、环状以及带状，这类矿石被称为偏硅酸盐。如果硅的含量更多的话，则方锥体就会形成硅酸薄片层。一般来说，这种薄片层之间分布着镁、铝、铁的氢氧化物，这样就能构成我们熟知的片状矿石——滑石、云母、绿泥石。如果硅方锥体的四个氧原子全都与相邻的方锥体结合，那么就无处安放金属了，这样就能生成多种石英，包括普通石英、磷石英、方石英。

如果一部分方锥体被另一部分方锥体所取代，而这些新方锥体的中间不是分布着硅，而是三价的铝、硼和铁，那么在方锥体中的自由关系不是四对，而是五对，这时候就会出现新的框架，在这个框架里分布着以下金属的原子——钾、钠、钙。长石、霞石以及一些其他的重要矿物就是这样形成的。

与有机化学中碳原子和氢原子结合能组成几十万种化合物类似，在无机化学中，硅原子和氧原子也能组成几千种结构，X射线向我们揭示了它们的复杂性。

二氧化硅不仅在力学方面难以摧毁，自身十分坚硬，就连锋利的刀子也无法将它拿下，而且化学性质也十分稳定，没有任何一种酸能够将其破坏或是溶解，只有强碱能够将它稍微溶解[1]，并将它变成另一种化合物。二氧化硅十分难熔化，只有在1 600~1 700 ℃高温下才会变为液体。

所以说二氧化硅及其各式各样的化合物是无机自然的基础。现在出现了专门研究硅的科学，地质学家、矿物学家、技术人员和建筑工程无一不与这个元素的历史相交织。

---

1 二氧化硅极易溶于苏打，会形成能溶于水的透明硅酸钠小球，我们称之为水玻璃。

## 硅在地壳中的历史

现在我们用单独的例子来研究硅在地壳中的命运。它和金属一道构成了位于地壳深处的熔融岩浆。当这些熔融岩浆在地底冷却之时，就会形成结晶的岩石——大理石、辉长岩，并会以熔岩流、玄武岩及其他的形式向地表流出，之后会出现成分复杂的二氧化硅化合物，或是硅酸盐。如果出现硅过剩的情况，那么就会形成纯净的石英。

看！这些就是二氧化硅的产物——分布于花岗斑岩中的石英晶体，或是伟晶花岗岩（地球深处岩浆的剩余物）矿脉中密集的烟色水晶。小心翼翼地用300～400 ℃的温度烘烤这些“烟晶”[1]，就能得到金黄玉，它可以被用来雕琢成小珠子或是胸针。

这就是含有成片白石英的石英矿脉。我们知道某些矿脉长达数十万米。巨大的石英矿脉如灯塔一般耸立在乌拉尔山的山顶。数十万米的矿脉在此绵延，其中的空隙被透明的水晶填满。这些水晶就是纯净的石英，希腊哲学家亚里士多德曾写到过这些纯净石英，把它们称为“晶体”，并将水晶的来源与冰的化石联系在一起，即认为水晶是冰的化石。17世纪人们曾从瑞士的阿尔卑斯山的天然“冰窖”中采集水晶，在那里采集到的水晶多达500吨——能塞满30节火车厢。

有时某些晶体的尺寸十分庞大。在马达加斯加曾发现一块水晶，周长达到8米。日本人曾打算用透明的缅甸水晶打磨出1个直径超过1米的大球体，其重量应有1吨半左右。

还有一种二氧化硅，它在形态上与我们之前所讲的完全不同，这种二氧化硅是从

---

1 名称并不十分准确，因为烟晶（俄语中烟晶一词是由形容词“烟色的”和“黄玉”构成的）的成分只有$SiO_2$，所以不是真正意义上的黄玉。真正的黄玉的成分更加复杂，其中包括硅、铝、氟和氧，分子式为$Al_2F_2(SiO_4)$。

熔融的岩浆中沉积而来的。最初滚烫的岩浆冲出地面，当它们冷却时，夹杂了大量蒸汽和其他气体，所以内部布满了气泡。后来含有二氧化硅的溶液侵入孔洞中，在那里凝成硅质团块，它们又与岩石中的金属成分混在一起，最后结晶为坚硬、美丽的玛瑙。当岩石被摧毁时，玛瑙球就会从中滚出来。

在美国的俄勒冈州就有以“巨蛋”而闻名的晶体。人们将其打碎，锯成薄片，来生产美丽的层状玛瑙，这种玛瑙可以用于制作钟表和精密仪器上的钻，还能用于制作天平上的棱柱以及化学用的研钵。

火山活动之后，由于存在正在冷却的岩浆岩，硅石便被滚热的泉水带出地表。冰岛的间歇泉中普通的蛋白石就是这样形成的。

波罗的海和北方海域岸边沙丘上雪白的沙粒、中亚和哈萨克斯坦沙漠中的黄沙，它们的主要成分都是二氧化硅。但它们却使这些地方呈现出完全不同的自然样貌，这是因为沙粒中有些带有红色的氧化铁薄层，有些则含有黑燧石，而有些则十分纯净。

熟练的中国工匠利用各式各样的带有金刚砂粉的刮刀来雕琢结晶石英，制成了无数异乎寻常的工艺品。他们用水晶制出精致的花瓶，雕琢巨龙，或是凿出盛放玫瑰花油的小瓶，可以想象，这要花多少个十年啊！

还有带有不同花纹的玛瑙薄片。聪明的人掌握了利用各种溶液来浸透玛瑙的方法，从而用难看的玛瑙制出纯净的，着色鲜艳的工艺品。

接下来呈现在你们眼前的是更加令人惊讶的画面：亚利桑那州古老的的石化林。在乌克兰西部地区，以及南乌拉尔山西侧的二叠系层序地层中分布着由纯净二氧化硅（玛瑙）构成的石化树干。

有些石头拥有天鹅绒的触感，它使人想起猫眼或是其他动物眼中的“火焰”。这类晶体十分神秘，它里面还有其他像“幽灵”一样的晶体在透着光。还有红黄色的尖针状金红石，胡乱地刺入水晶晶体，它们被称为“爱神之箭”。像金色毡子的矿物——发晶，被称为“维也纳的头发”。还有被水填满空隙的美丽矿石，水仿佛要溢出来一样，不断地在硅质外壳内翻滚。

还有一种令人难以置信的弯曲小管，它是闪电作用于石英砂上的结果，被称为“闪电熔岩”或“天箭”“雷箭”。

接下来的是“异客石”（指陨石，非产自地球的岩石，因而称为异客）。巨大的陨石带绵延经过澳大利亚、中南半岛、菲律宾，在这陨石带上的每一块区域，都有富含二氧化硅的陨石。这种神秘的结构引起了多少的争论啊！一些人认为，这是远古人类熔化沙子制作玻璃后的残余物，另一些人认为这是地球尘埃的熔融部分，还有一些人认为这是陨铁撞击沙粒后，沙粒熔化的产物，但大多数的科学家认为，这完全就是来自其他世界的物质……

## 在文化和技术历史中的燧石和石英

我在前几节中想尽办法为大家描绘二氧化硅及其化合物的复杂历史。从滚烫的岩浆到冰凉的地表，从宇宙空间到铺撒在结冰人行道上的防滑细沙，无论在哪儿，我们都能看见硅酸盐和二氧化硅，它们是地球上最为普遍的矿物。

如果我不想再聊聊硅在文化和技术历史中的重要意义的话，我完全可以在此停笔。但关于这种元素以及它的氧化物要说的话题实在是太多了。比如，原始人利用燧石或是玉石制作工具不是没有理由的；石英能成为埃及建筑物最初的装饰品，以及在美索不达米亚文明中的苏美尔文化的遗址中发现石英也不是没有道理的；12 000年前，东方人就学会用沙子和碱炼制玻璃，这同样也不是没有原因的。

水晶在波斯人、阿拉伯人、印度人和埃及人手中得到了最为广泛的应用，证据表明，人类在5 500年前就开始了水晶加工。古希腊人在几百年中都认为水晶是石化的冰，只不过它在神的意志的力量下变成了石头。

许多的传说都与水晶有关。在《圣经》故事中，这种石头被赋予了重要意义，在修建位于耶路撒冷的所罗门圣殿时，这种石头就扮演了十分重要的角色，尽管名称千奇百怪：玛瑙、紫水晶、玉髓、缟玛瑙、肉红玉髓，不一而足。

在15世纪中叶才出现了加工水晶的工业。人们逐渐掌握了锯、打磨、染色水晶的工艺，并将其作为装饰品广泛应用。但是这也只是手工业者的某些尝试，在新技术没有提出更多要求之前并没有普遍化，现在水晶被应用于工业和无线电技术之中，人们借助于压电石英板来捕捉超声波并将其转变为电波。水晶摇身一变，成了工业最需要的原材料。

石英同样极为重要，这种纯净的水晶，化学家们已经掌握了制作它们的方法。在许多盛满液体玻璃的桶中放置着纤细的铂金线，而在这上面能生长出纯净水晶的晶体，这是一种纯净的小薄片。人造石英既能用来制作窗户玻璃和餐具，也能用到无线电产业中制造精密的零件！

人造石英产品具有很多令人兴奋的特性。用它们制造的玻璃能够透过紫外线，而普通玻璃是不行的；用它们制造的餐具，即便烧得通红时放入水中，也不会破裂；用它们制造的纤维能织出最柔软、结实的衣服。

水晶是新技术的基础，不单单是地球化学家将水晶用作温度计来测量地球进程的温度[1]，也不仅仅是物理学家在石英的帮助下确定电波的长度，它在各个工业领域都有广阔的前景，很快石英就会走进我们的日常生活之中。

苏联科学院结晶学研究所获得了一批实验成品：玻璃镶面板、带状物、磨刀石、轻型玻璃泡沫材料，这种材料由包含在玻璃外壳内的空气气泡组成。这种玻璃泡沫材

1 如果水晶在575 ℃以上的温度下结晶，那么它就会生成一种独特的晶体，呈六边形金字塔状。如果在岩浆内，并处于575 ℃以下的条件下结晶，那么它的晶体形状就是另外一副样子了，呈延伸的六边形棱柱状。

料能用于制作救生圈、浮标、绝缘物，除此之外，它还拥有多种用途。

玻璃织物的第一批样本是在1939年得到的，而在1941年，一整条生产线开始在一间制作玻璃织物的工厂投入生产。玻璃织物不会发热，化学性质稳定，不会产生电流，保暖，隔音好，抗湿性好。这是一种极好的隔绝材料，特别适用于船上设备、过滤工具、银幕、剧院的幕布以及布景材料、消防服等的制作。玻璃纤维束还是理想的外科用材料。

化学家和物理学家越是坚持不懈地研究掌握硅原子的特性，他们就能越快地在科学技术的历史中，甚至是地球的历史中写下浓墨重彩的一笔。

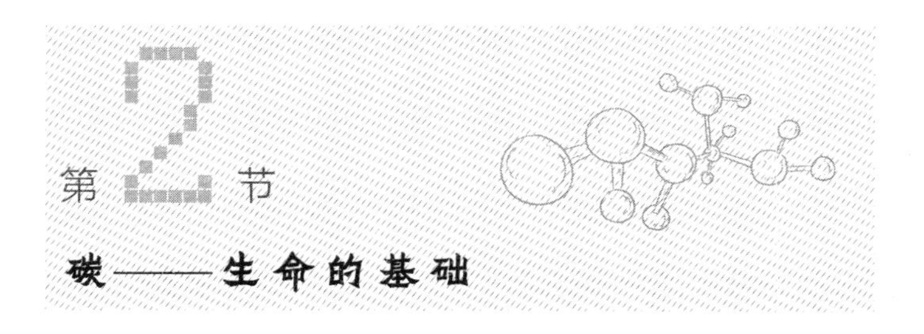

## 第2节 碳——生命的基础

### 碳的分布

我们之中应该没有不知道闪烁着光泽的金刚石、灰色的石墨以及黑色煤块的人吧？这些都只不过是碳元素在自然界中的不同形式罢了。

碳元素在自然界中的相对含量并不算多，仅占地壳总质量的1%。但是它在地球化学中的作用是十分重要的，没有它，就没有生命存在。下面是碳在地壳各部分的分布：

亿吨

| | |
|---|---|
| 在生物中 | 7 000 |
| 在土壤中 | 4 000 |
| 在泥炭中 | 12 000 |
| 在褐煤中 | 21 000 |
| 在石煤中 | 32 000 |
| 在无烟煤中 | 6 000 |
| 在沉积岩中 | 45 760 000 |

在地壳中一共含有45 842 000亿吨的碳。除此以外，还有22 000亿吨的碳分布在大气层，1 840 000亿吨的碳分布在海水中。

## 碳与生命

想象一下，如果地球没有碳，将会是什么样子。没有碳存在，就意味着在地球上不会有一片绿叶，不会有树木，也不会有小草。

那么也就不会有动物存在。地球上只有由不同岩石组成的悬崖峭壁耸立在死气沉沉的沙丘和寂静的沙漠之间。

煤炭和石油也不会存在。也没有二氧化碳，地球上的气候会因此变得严酷而寒冷——因为二氧化碳在大气层中起到吸收太阳能量的作用。水也会变成死水。也不会出现大理石，不会有石灰岩，地球上的景观只会呈现出一片白色。

## 金刚石与石墨

我们总是用区分物质成分的方法来区分它们的性质。但与此同时，闪耀着光芒的昂贵金刚石和写字用的灰色的石墨却一点儿也不相似！虽然它们都只是纯碳的两种不同存在形式。这种性质上的差异是由晶体中原子不同的排列方式决定的。

在金刚石晶体中，每个碳原子与相邻的4个碳原子形成正四面体，原子之间连接紧密。金刚石拥有的较大密度以及无可比拟的硬度、超高的折光率都与原子的这种排列方式有关。

金刚石的原子结构

金刚石只能在气压极高（30个大气压，甚至是60 000个大气压）的岩浆内形成。这样的气压只存在于地表以下6万~10万米的深度内。很少有岩石能够从这样的深度伸出地表，这也就能解释为什么金刚石如此稀有了。金刚石的硬度和光色变化使得它稳登一等宝石的宝座——被打磨过的金刚石就是钻石。

从古时起，印度就以从冲击矿床中采集到金刚石而闻名。之后在巴西（1727年）、非洲（1867年）以及苏联相继发现了金刚石矿。现在非洲是重要的金刚石产区，矿区位于奥兰治河右侧支流的瓦尔河谷。

起初人们是在河谷的冲击矿床中采集金刚石，但很快发现，在离河流很远的缓丘上有一种蓝色黏土，而这种黏土中含有大量金刚石。于是人们开始处理这种蓝色黏土，“淘钻热”开始了。人们争相购买3米×3米的蓝色黏土地并大肆挖掘深坑，致使当地地价被哄抬了好几百万倍。人们在挖好的深坑中像蚂蚁一样忙碌着采集矿石。为了运出昂贵的矿石，人们在深坑中架设了许多索道运输线。

但是黏土很快便被挖尽了，取而代之的是坚硬的绿色石头——角砾云母橄榄岩。它也含有金刚石，但是想要将金刚石从这种坚硬的矿脉中开采出来却十分不易，一些小私有者很快就破产了。一段无所事事的时期过后，矿地上又忙碌起来了，当然，这都是大型股份制公司的矿井里才有的景象。

含金刚石的矿石藏在地球内部不可触及的深度下。它们填满了在火山爆发时期所生成的空隙。已知的以这种方式形成的坑洞有15个，其中最大的一个坑洞的直径为350米，其余的坑洞直径在30~100米之间。

在角砾云母橄榄岩中只散布有少量的金刚石，其质量小于100毫克（或是半克拉）。但有时也能发现较大的金刚石。在很长一段时间内，最大的金刚石都是“高贵无比”，它重达972克拉，也就是194克。直到1906年的时候，人们找到了一颗更大的金刚石，被命名为“库利南”，也就是“非洲之星”，它的质量是3 025克拉，605克。质量超过10克拉的钻石就十分罕见，并且价格不菲。那些最为有名的钻石，其质量多在40～200克拉之间。

还有一些普通的碎渣金刚石，例如黑色的金刚石——“黑金刚石”、金刚石珠“巴拉斯金刚石”，它们也是十分昂贵的，一般被用于钻探岩石，以及拉丝机的制造，而拉丝机就是制作灯泡钨丝的机器。

石墨也是由碳构成的，那么它和金刚石在成分上有什么区别呢?

石墨原子构成的平面极易滑动、分裂。石墨不是透明的，并带有金属光泽，它的质地非常柔软细腻。石墨容易分裂成小片，且可以在纸上留下痕迹。石墨难以与氧气结合，耐高温，是一种独特的耐火材料。

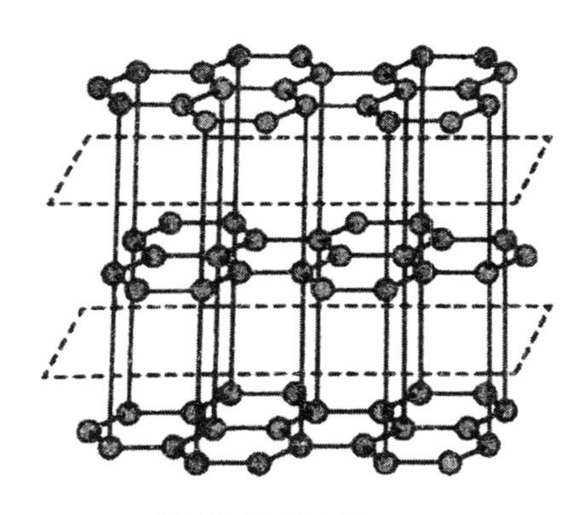

石墨的原子结构

石墨有两种生成方式：一种是岩浆岩形成时，岩浆中的碳酸分解而形成石墨；另一种是在煤形态变化时产生的。第一种生成情况下的著名石墨矿产地是西伯利亚。在冷却的岩浆岩——霞石正长岩之间分布着极为纯净的石墨扁平矿体，而在叶尼塞河流域则分布着数量庞大的层状石墨。这种石墨是由煤变化形成的，所以含有许多灰渣。

我们每天用铅笔时，就是在和石墨打交道。制作铅笔时，就需要用到石墨，要将它与清洁的黏土混合，黏土的量并不是固定的：如果是制作质地较硬的铅笔，则使用较多的黏土；如果是制作质地较软的铅笔，则需要较少的黏土。然后将铅笔芯压紧，用木壳将其封住。开采的石墨量在整个生产铅笔的过程中仅仅用去5%。石墨主要用于生产熔炼优等钢的耐火坩埚、电炉的电极以及重型器械易磨损部分所用的润滑粉（例如，初轧机）。

碳的化学元素性质十分多样。它是唯一可以与氧、氢、氮或是其他元素结合而产生无数种化合物的元素。许多复杂的蛋白质、脂肪、碳水化合物、维生素，还有纺织物中的化合物，甚至是生物组织的细胞都是由含碳的化合物或有机化合物组成的。

有机化合物，顾名思义，即最初由生物体内分离出的物质。人类首次从植物和动物体组织中分离出的有机化合物是糖和淀粉。在这之后，人们又掌握了人工制造有机化合物的方法。如今在有机化学中已经有超过百万种的有机化合物，而无机化合物才超过30 000种，天然无机化合物，或者说是矿物，则不足3 000种。

有机化合物种类繁多，以至于不得不用越来越长、越来越复杂的名称来命名它们，例如，著名的疟疾治疗药物黄奎宁的全称是“甲氧氯二乙氨甲替丁胺黄奎宁”。

多亏了碳的特性，才有了这么多种类的化合物，才会出现几百万种动植物。

但这并不意味着碳是有机生命体的主要成分。碳在生命体中只占约10%；生命体中绝大部分是水，多至80%，还有一些其他的化学元素，它们也同样参与了生命体的构成。

得益于有机生命体汲取养分、发育和繁殖的能力，大量的碳参与了这些生命活动。我们也不止一次看见，春天里的池塘水面上会生长着一层薄薄的藻类以及其他的植物，夏天时这些藻类会变得十分茂盛，秋天时这些藻类就会枯萎，然后沉到水底，形成富含有机物的水底淤泥。我们甚至可以预测到，这些淤泥可以变成煤和植物淤泥——腐泥，利用腐泥可以生产出合成汽油。

但我们不得不提出这样的问题：有机体是从哪儿，又是以哪些形式获得碳的呢？答案就是二氧化碳。大家应该都知道，二氧化碳是一种气体。当我们喝汽水时，大家应该都见到过水中的二氧化碳气泡。在自然界中二氧化碳无处不在，它们在矿物温泉里沸腾，跟水沸腾一样。例如，在高加索，人们利用这些水来疗养，或是在其附近修建疗养院或是水疗所。

地球化学是这样解释这种现象的：在高加索山的地底深处还保留着热源。得益于此，靠近热源的富含碳酸盐的岩石（白垩岩、石灰岩）在热源的影响下不断分解，释放气态二氧化碳。二氧化碳沿着裂缝与矿化水一道涌出地表。

还有一些众所周知的情形，即当蕴含强大能量的地下二氧化碳流携带着巨大的气压涌出地表时，液态二氧化碳会在地表蒸发，这带来的后果就是在二氧化碳流的喷出位置会升起烟雾，下起固体二氧化碳“雪”。在某些地方将这种天然二氧化碳流生成的固态二氧化碳用作干冰，来完成技术目标。大量的二氧化碳都是受活火山的影响而喷射出来的，这样的活火山包括维苏威火山、埃特纳火山、位于阿拉斯加的卡特迈火山等。

许多二氧化碳都是在动物呼吸的过程中产生的。例如人的肺泡表面面积约50平方米，人能在一天内产生1.3千克的二氧化碳气体。人类每年向地球大气层中排放约10亿吨的二氧化碳气体。

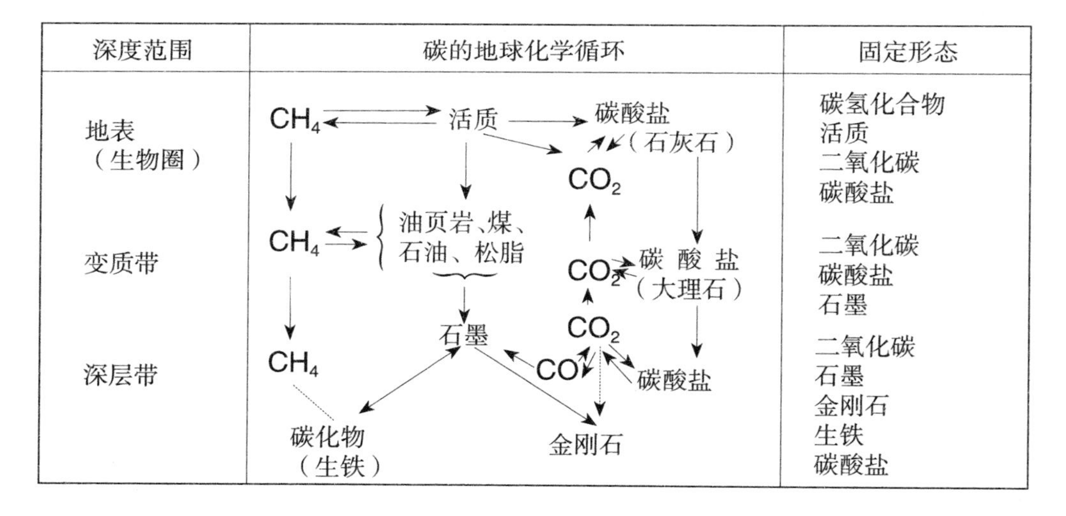


还有数量更为庞大的二氧化碳通过化合状态藏在地底，以石灰岩、白垩岩、大理石及其他矿物的形式存在，它们通常能构成极厚的岩层，能达到上百米甚至是上千米厚。如果把这些碳酸钙和碳酸镁内含有的二氧化碳全都释放出来，那么二氧化碳在空气中的含量就不是现在的区区0.03％了，而是会比现在多25 000倍。那时，大气层也会比如今要重得多。

我们现在已经了解到了碳的来源，也知道了二氧化碳是从哪儿进入大气层的。而大气层中的二氧化碳则通常会溶解于大洋中。空气中和水中的二氧化碳被植物吸收。当大洋中的二氧化碳含量变少时，又会有来自空气中的二氧化碳补充进去。广阔的海面像一个巨大的泵，它不断地吸收着二氧化碳。

二氧化碳是通过植物被动物吸收的。正是地球上绿色植物的叶片吸收了二氧化碳，并将它转换为复杂的有机化合物。这个过程就是光合作用，是在光和叶绿素的参与下完成的。天才的俄罗斯科学家季米里亚泽夫首次发现了它在自然界中的重要作用并对此展开了详细的研究。所有植物一年内能够消耗掉庞大数量的二氧化碳，由此造成的缺口则会被水体和动物释放的二氧化碳填充。

光合作用的结果就是产生了大量的有机物——植物组织。植物是动物的食物来源，为动物的生存和发育提供保障。而且石油和煤也是由死去的有机体形成的，就化学效应来看，地球上没有比植物的光合作用更加重要的存在了。

正如我们曾说的，二氧化碳不断地在植物中转化为有机化合物，又在动物体中参加复杂的碳循环。在有机体死亡之后，它们的躯体、组织都会变成池底、湖底甚至是海底的沉积物，或者是变成泥煤，往后会不断堆积，规模逐渐庞大。这些有机体的残留物不断受到水作用、发酵以及腐败作用的影响，细菌也会不断地改变有机物的成分，只有纤维和木质素顽强地保留了下来。这些有机物的残余物逐渐地被厚厚的沙层和黏土覆盖起来了。接着在发热、压力以及复杂化学进程的作用之下，同时受残余物自身的特征和保存条件的影响，这些残余物逐渐变为煤和石油的雏形。

植物分解残余物中的固态有机碳，具有三种我们熟知的形态：白煤、石煤和褐煤。

含碳量最多的是白煤。显微镜下的白煤显现出了它原始的植物特征。石煤和褐煤的植物成分甚至肉眼可见：它们是呈层状的，在某些夹层中间甚至能看到叶片、孢子和种子的印记。每一块煤都曾是二氧化碳中的碳，在阳光和叶绿素的共同作用下被活植物吸收到活的植物细胞中。

被植物捕捉到的太阳光线能量先是被转换为复杂的植物组织，然后在缓慢的分解过程中被逐渐改造，最终被封存在这一小块煤中。“被捕捉到的太阳光线能量”，说的就是石煤。工厂、轮船里的锅炉都是被煤烧热的，煤的能量驱动着硕大的机器，煤的开采决定着现在工业的蓬勃发展。

煤每年的开采量是个巨大的数字，在10亿吨以上，远远高于其他任意一种矿产的开采量。苏联的煤炭勘定储量居世界第二，但是就目前的工业发展速度来看，这庞大的煤炭储量也只够用100~200年，所以我们应该继续勘探地下资源，来提高这种重要矿物的实际储量。煤不仅仅为我们提供了热，人类还从中提取出了许多原料，它们为化学工业奠定了基础。苯胺染料、阿司匹林和氨苯磺胺都是以煤为原料制成的。

如果说煤主要是由植物的组织细胞转化而来的，那么其他一些简单的有机物及其孢子则会在地层中形成液态的有机产物——-石油。这也是被捕捉到的太阳光线能量，只不过它们被聚集到了可燃性液体之中，这种液体比煤炭还要重要许多。现代的快速艇、飞机以及汽车都只靠纯汽油驱动，这是一种纯化并蒸馏过的石油。人类已经掌握了利用某些煤炭来生产人造汽油的方法，只是可以用作制作人造汽油的煤炭数量不是很多，产量也较少，并且质量也更差一点。为了从地底开采出这种被称为“地球黑血”的重要液体，人们需要钻深度超过4千米的油井。在1950年，苏联的油井将被钻到5千米这一创纪录的深度。

开采石油的油井已经运转许多年了。在地面上看它，就是一个十分复杂的建筑物——它的井架高37~43米。采油场上的井架林从远处看来令人印象十分深刻。在高加索、乌拉尔山的西坡（巴什基尔）、中亚以及萨哈林都有这样的采油场。比较著名的石油产地位于伊朗、美索不达米亚（今伊拉克）以及世界上的其他地区。

人类广泛地使用被埋藏的太阳光线能量，即燃烧石油和煤来获得热，并又再次将它们转化成二氧化碳和水。

### 石灰岩、白垩岩和大理石

让我们一起来看一下以石灰岩、白垩岩和大理石形式存在于地层的二氧化碳的命运。首先，它们是如何形成的？这个问题很容易回答。我们用显微镜仔细观察少量白垩石粉末，会发现白垩石内蕴藏着一个完整的古微生物世界。我们会看到许多小圈、小棍还有小晶体，并时常伴有纤细、美丽的花纹。这些其实就是根足类微生物的骨架残余物。还有一些根足类微生物能在温暖的海域看到。根足类的所有骨架都是由碳酸钙形成的。在它们死后，大量的骨架都变成了岩石。并不仅仅是低级微生物参与到了岩石的构成之中，许多其他海洋动植物的骨架也是由碳酸钙构成的。它们也参与到了岩石的构成之中，它们的骨架也能在石灰岩中被找到。

科学家能够根据保存下来的有机体残余物来确定这些石灰岩的形成时间。许多古老的石灰岩在气压的作用下转变成了大理石，所以石灰岩中包含的任何有机生命体的痕迹也都被抹除了。聚集在石灰岩几百万年的二氧化碳就这样退出了碳循环。只有在这些大理石的附近产生造山运动和火山活动时，这些二氧化碳才能在热的影响下被释放出来并重新回到碳循环之中。

最新的地球化学研究为确定整个地球上的煤、石油与石灰岩总量之间的合理比例提供了可能性。

科学家利用精准运行的环状质谱仪确定，在不同的碳聚积中，碳同位素$^{12}C$和$^{13}C$所占的比例不相一致，在海水石灰岩沉积物和有海水参与形成的石灰岩、白云岩中最小，对于后两者，这一比例相当于89.2%，在煤和石油中恰恰相反，这一比例最大，为98.1%。那么它们在整个地球中的平均比例是多少呢？可以这么说，在金刚石中的比例为平均比例，为89.5%。金刚石是由溶解在深成岩中的碳形成的。

如果用“$X$”表示石灰岩的数量，用“$Y$”表示煤和石油的数量，则$89.2X+98.1Y=89.5(X+Y)$，由此可以得出$X:Y=1:8.67$。

由此我们可以利用大量的石灰质岩石算出各个地质年代所产生的煤和石油的数量。即使实际的计算不够准确，这些地球化学结论的意义也是十分重要的。

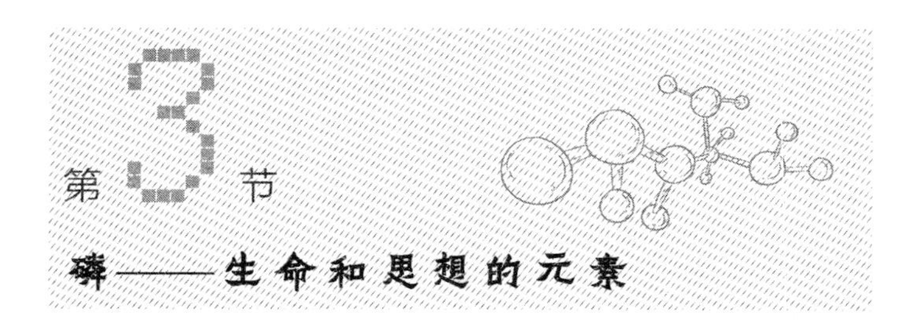

# 第3节 磷——生命和思想的元素

## 磷的发现史

为了让大家了解磷这种非凡自然元素的历史，我在此讲两个故事。一个故事发生在遥远的时代——17世纪末，另一个故事发生在我们的时代。然后我会尝试从这两个例子中得出结论：没有磷就没有生命，也就没有思想。

### 故事一

漆黑的地下室，只有装着栅栏的窗户还从高处微微透着亮光。这里有带有火盆和锻铁风箱的炉子，以及蒸馏瓶。屋子的墙壁上有各种标记：阿拉伯格言和五角形符箓、星算图，以及星空图和天体图。在桌子和地板上散放着古老的巨册，其厚厚的皮质封面上画有一些神秘的符号。地上放着研磨盐类用的大钵、一大堆沙和人类骨头，还有装着“活”水的容器，桌子上放着的水银滴闪着光，除此以外，还有薄薄的杯子和蒸馏瓶，以及黄色的、褐色的、红色的和绿色的溶液。

在古老炼金实验室的陈设之间能够看见白发炼金术士的身影，他已与世隔绝多年。他一直在探索将银变成金，以及使用神秘的燃烧力量来将一种金属变成另一种金属的方法。

他用上千种方法溶解盐类和人骨、蒸发动物和人的尿液，并一直在寻找贤者之石，这是一种能让人返老还童，并将普通金属变为黄金的石头。

17世纪的炼金术士就是在这样神秘又复杂的环境中解决化学问题的，但用水银炼金、从骨头中分离出贤者之石这样的尝试无疑是徒劳的。尽管多年过去，实验也没有取得成功。越来越多的奥秘环绕着那些藏有制法和写有笔记的厚书册的炼金术士。

但在1669年德国汉堡的一位炼金术士十分走运。他在寻找贤者之石的过程中，把新鲜的尿液蒸发至干透，再加热黑色的残余物。先是用小火加热，然后转成大火，随后在短管上方聚积了白色的蜡状物，并且其还发着光，这让炼金术士十分惊讶。

这位炼金术士名叫亨尼格·布兰德，他在很长一段时间内都严守着自己的发现。许多其他的炼金术士想要进入他的实验室中，结果都失败了。当时有权势的人们和亲王们都来到了汉堡，想要买走他的秘密。这个新发现在当时带来了十分巨大的影响，17世纪的天才们都对它产生了极大的兴趣，他们都认为，贤者之石被找到了。这石头闪烁着冰冷而柔和的光芒，于是它被称为“冷火”，而这个物质本身则被称为“磷”（意为带着光的）。

波义耳——最伟大的英国化学家之一，和哲学家莱布尼茨对布兰德的发现十分感兴趣。波义耳的一名在伦敦的学生兼助手很快就制出了磷，并且在杂志上刊登了公告：

“住在伦敦某某街上的化学家汉克威兹会制作各种药物。以外，还在此通知各位好事者，伦敦城只有他会制作不同种类的磷，以每盎司三英镑的价格出售。”

直到1737年，磷的制作方法都还是炼金术士的秘密。炼金术士想要利用这种非凡的元素，却没有得到任何结果。他们都以为贤者之石被找到了，于是想用闪耀的白磷将银变成金，但都无果而终。贤者之石的性质尚未被人揭开，爆炸倒是经常在实验过程中发生，这可把研究者们吓到了。磷依旧还是保持着自己的神秘性，而人们也没能找到磷的正确用途。200年过后，在化学家尤斯图斯·李比希简陋的化学实验室中发现了磷和磷酸的另一个秘密，即它们对于植物有着重要意义。一切都变得十分明了，磷的化合物是田地生命的基础，这也是首次在农业化学家的实验室中指出，需要在田地中撒上“冷火”的化合物来增加作物的收成。

我们知道，当时的人们是如何地不相信李比希所说的话的。他曾想用硝石作为肥料，但是最后没有成功，他雇船把这种盐类从南美洲运了回来，但是却找不到买主，于是不得不把这些硝石抛入大海。这种“冷火”盐类可以被用来增加黑麦和小麦的收成，并为有价值的纤维草——亚麻提供良好的发育条件，但这在很长一段时间内都被视为异想天开的幻想。在磷还没有成为国民经济重要元素的这段时间内，人们又坚持不懈地进行了许多科学工作。

## 故事二

第二个故事发生在1939年。人们在北方被雪覆盖的山脉一侧正开采着一种亮绿色的石头——磷灰石，这是一种珍贵的矿物。它的开采量十分巨大，甚至可以与地中海岸、非洲和佛罗里达州开采的纤核磷灰石相媲美。这种绿色的石头被运往大型选矿厂，人们将其研磨，并筛选出有害成分，最终制成像面粉一样干净、松散柔软的白色粉末。然后它们会被装到数十辆火车的车厢中，再从北极圈内运到位于列宁格勒、莫斯科、敖德萨、文尼察、顿巴斯、莫洛托夫和古比雪夫的工厂，就是为了利用磷灰石与硫酸混合来获得新的物质，一种白色粉末——水溶性磷肥，并将其用作肥料。几百万吨的水溶性磷肥被特制的机器撒在我们国家的土地中，用来增加亚麻、甜菜和棉花的产量，并提高甜菜中的糖分，增加棉花的棉铃数，提高菜园作物的繁殖力。

## 磷的用途

被撒在土地中的微小磷原子进入面包、蔬菜和一系列我们食用的食物之中。计算结果显示，每100克面包块中含有多达$10^{22}$个磷原子，这是我们无法用普通语言表达的庞大数字。

世界上每年有超过千万吨的磷肥被开采出来，这其中有200万吨的磷被撒在了田野上。

但是磷不仅被用作肥料，这种物质在不同的工业领域所发挥的作用正在逐年加强，在此很难一一列举出120种在生产过程中使用这种“冷火”的工业领域。

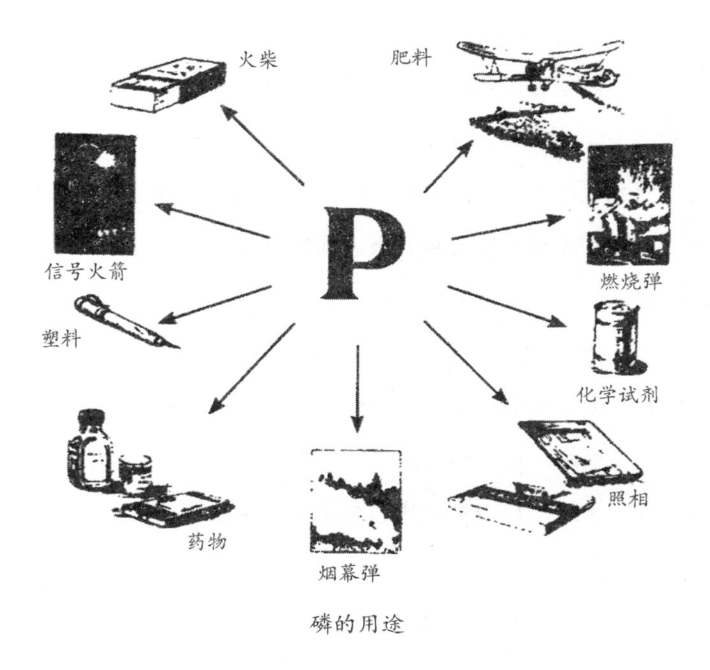


磷的用途

磷是生命和思考的元素，骨头中所含有的磷决定了骨髓细胞的生长和正常发育，归根结底，磷的存在是生物保持结实的先决条件。脑髓中磷的高含量意味着它在大脑工作中扮演着极重要的角色，而缺磷则会导致整个机体的衰弱。

所以难怪存在着大量含磷的药品和制剂，而它们常被用来治疗虚弱的或是康复中的病人。需要磷的不仅仅是人，动物和植物也需要大量的磷。如今人类不但学会了用磷肥给陆地施肥，还学会了给海洋施肥。在封闭海湾中，给海水用磷施肥，可以加速微小藻类及其他微型有机体的繁殖和生长，这样就能促成渔业大丰收。我们曾用磷给列宁格勒旁边的一个池塘施肥，结果是这个池塘里的鱼变大了两倍。最近磷在生产不同种类的食品方面也扮演了重要角色，尤其是矿泉水。高级矿泉水都是人们在磷酸的帮助下制成的。磷酸盐，特别是含锰的和含铁的磷酸盐，能够形成坚固、稳定的镀层。我们知道，最好的不锈钢就是用特殊的磷酸盐镀层制成的。著名飞机的表面就是由带有磷酸盐镀层的不锈钢制成的。磷的冷火在以往创造了最大的工业领域之一，也就是火柴工业。我们的年轻读者已经完全不记得那种含磷火柴了，在现代火柴被发明之前，人们用的都是含磷火柴。

我现在还记得我童年所使用的装有含磷火柴的盒子，火柴头是红色的，摩擦某种东西便能被点燃。我尤其喜欢用皮鞋鞋底来摩擦含磷火柴，可是磷危险的特性迫使人们不得不发明出我们现在所使用的这种火柴。

磷在火柴中的应用给了人们启发，即不将其用于制作冷火，而是将其用于制出冷雾。磷在燃烧的时候就会变成磷酸，它能够在空气中悬浮很久并且难以下沉。

军事技术利用了磷酸的这种特性来制造烟幕。人们将大量的磷放在燃烧弹中，现代战争中的恐怖武器之一是可以释放出白色冷雾的白磷弹，它已经成为一种常规的袭击和破坏手段。

我们不会讲述磷所经历的复杂的化学变化，只是简单讲讲。磷先是出现在深处熔融物中，然后结晶，并形成磷灰石的细小针状物，最后在海水稀溶液中被生物过滤器（微生物）捕捉并过滤。

磷在地壳中的迁移也十分有趣。磷的命运与复杂的生死进程息息相关，磷通常聚积在大量生物死亡的地底深处，或洋流汇集处——在此通常会形成水下墓地。

磷在地球中有两种聚积方式：一种是聚积在磷灰石矿产地，这种磷灰石是从炽热的岩浆岩中分离出来的；还有一种是聚积在动物的骨骼残余物中。磷原子在地球历史中进行着复杂的循环。磷原子漫游的某些环节已经被化学家、地球化学家和工艺师发现了。磷曾经的命运已经消失在了地底深处，而它的未来则蕴藏在世界工业之中，在技术进步的艰难道路之中。

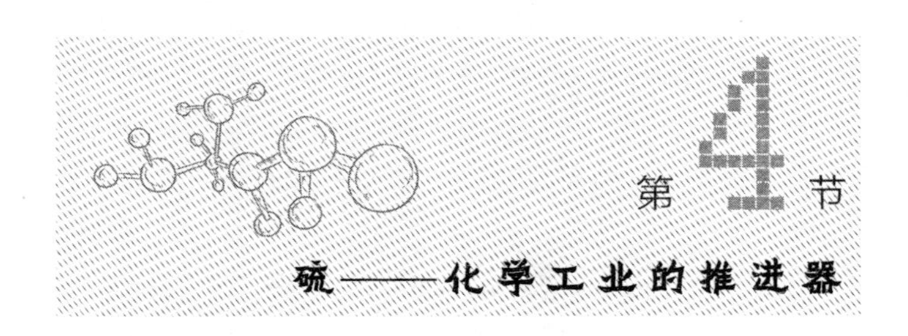

## 第4节 硫——化学工业的推进器

### 自然界中的硫

硫是最早为人类所熟知的化学元素之一。它在地中海沿岸的很多地方都有分布，当然，它也没能逃过古代希腊人和罗马人的注意。火山喷发经常携带出许多的硫，并且二氧化硫和硫化氢释放的气味被认为是地下**武尔坎神**活动的标志。纯净透明的硫晶体几百年

武尔坎神：罗马神话中的火神，维纳斯的丈夫，据说火山是他为众神打造武器的铁匠炉。

前就被发现了，它们分布于巨大的矿产地中，这种岩石能散发出窒息性气体的能力被视为其一种不寻常的特性，硫在古人的认知之中也是组成世界的基本元素之一。

所以，在古代的自然主义者，特别是炼金术士的认知中，硫在火山活动中或是山脉和矿脉形成的过程中扮演着重要作用，也就毫不为奇了。

中世纪熔炼硫示意图

同时，在炼金术士看来，硫在燃烧时能够产生新物质这一特性十分神秘，所以硫应该是贤者之石的构成成分，贤者之石就是他们苦苦寻找的，能产出人造黄金的石头。

在罗蒙诺索夫于1763年撰写的知名著作《论地层》中，很好地表述了人们对硫在自然界中特殊作用的认知。我们在保持罗蒙诺索夫语言丰富性的前提下，援引几处：

在谈及地底下有大量的火时，思绪就不自觉地转到对于它所包含物质的认知上……

有什么物质比硫更易燃呢？又有什么比硫火中所含的物质和原料更加强劲呢？……

有什么地下喷出的可燃性物质的含量比硫更多呢？

因为不只是火山会喷出硫，从地底涌出的沸泉也会将硫携带出来，并且在干燥的地下风孔中也会有硫大量聚集。没有任何一块矿石，没有任何一块岩石，在与其他岩石摩擦时会不产生硫的气味，这告诉人们它们是含有硫的……大量的硫在地底燃烧之后，会产生大量的重气并聚集在深渊之中，然后它们会向上顶住地表，将其抬升，在不同的方向做着强度不一的运动，并有震动伴随发生，结构脆弱的地方会先出现开裂，地表中较轻的部分会飞向空中，然后会下落到附近的土地上；而其他的部分由于自身十分庞大，火焰无法将之烧尽，于是崩解，形成了山。

我们了解到，地球深处的火是无穷多的，并且供给火焰的燃料的硫也是十分之多的，足以为地震和大型地表变化提供动力；这些变化既是灾难性的，又是有益的；既是可怕的，又是带来喜悦的。

的确，地底深处蕴藏着大量的硫，并且在硫自身冷却时会产生出大量易挥发的化合物，它们是金属与硫、砷、氯、溴、碘结合的产物。我们可以依靠火山喷出物独有的气味来分辨它们，意大利南部的硼酸喷气孔或是堪察加半岛火山喷发形成的二氧化硫云都带有这种令人窒息的气味。此外，硫还存在于熔浆和裂缝之中并形成矿脉。硫还可以与滚烫熔浆中的砷和锑一道形成矿物，而人类从很早起就从这些矿物中开采锌和铅，以及金和银。

矿石中的硫通常会与空气中的氧气发生反应，被氧化为二氧化硫，我们可以在含硫火柴里闻到二氧化硫的气味。二氧化硫可以和水组成亚硫酸和硫酸。

经过一系列反应后，硫和硫化物从最初的矿石中分离出来，并破坏周围的岩石，与较为稳定的元素结合，最终形成石膏或是其他矿物。需要说明的是，在硫化物或是在开采天然硫酸的矿中形成的硫酸是具有破坏性的。

这使人想起了位于南乌拉尔的梅德诺戈尔斯克矿山，此处由硫化物氧化而形成的硫酸十分之多，以至于没有任何办法逃避其毒性，劳作在这座矿山的工人的衣服很快就被腐蚀成了破洞。

在卡拉库姆沙漠工作时，我们不知道硫矿有这种特性，小心翼翼地将矿石用纸包住，后来却发现纸已经被完全腐蚀掉了，只剩下一些细小的碎片，甚至装样品的箱子都有好几处被腐蚀了。这些事故的肇事者就是硫酸，所以不得不将它作为一种独特的液态矿物来看待。卡拉库姆沙漠硫矿石的独特性在于，它是由沙子和硫混合而成的。为了使它们分离，化学工程师沃尔科夫提出了自己的方法。在充满强大气压的锅炉中放入小矿石，加水，然后将锅炉盖好密封，在5~6个大气压的情况下，从蒸汽锅炉向密封锅炉释放蒸汽。当压热器内的温度超过120 ℃时，硫就会熔化并在锅炉下方聚积，而沙粒和黏土则会被蒸汽冲到锅炉上方。

一段时间过后，拧开锅炉的水龙头，硫就会一道道地平缓流入特制的托盘中。整个熔炼的过程约持续两个小时。苏维埃的工程师们就用这样简单的方式解决了卡拉库姆沙漠硫矿石的提纯问题。

硫保持原始状态的时间不会太久，它会很快地与不同的金属结合，在火山附近形成明矾石的聚集，呈白色的斑点状或是条纹状辐射在活火山周围。

有些天文学家认为，正是明矾石组成了环绕在月球火山口附近的白色光圈和光线。

很大一部分氧化的硫都藏在和钙组成的化合物之中。这样的化合物就是自然界中的石膏，在实验室的条件下很难将其溶解，尽管这种化合物在陆地中较为活泼。相当多的石膏以厚层的形式冷却于咸水湖或是干涸的海域。

但是硫在地壳中的历史并没有就此结束。有一部分硫酸又分解重新回到了气态，许多微生物使硫恢复了原貌，由硫化盐溶液能生成二氧化硫和其他的易挥发气体，石油中通常携带有大量的此类气体，沼泽气体中亦是如此，而且这些气体还在咸沼和湖中形成了大量的黑色淤泥，我们称之为治疗用泥，并在克里米亚和高加索地区广泛地用于疗养病人。

很大一部分硫以二氧化硫的形式逸入空气中，再次回到活泼的状态。这种元素在地球地质史中循环的某一环节就以这样的方式结束了。

## 硫的用途

人类改变了硫在地球中循环的轨迹：硫被视为一种最重要的元素而被用于工业之中。世界范围内纯净硫的年开采量只不过百万吨而已。从硫铁化合物中获得的硫可以制作硫酸，它的年开采量是数千万吨。

硫是化学工业的基础，并且很难一一列举需要用到硫的工业部门。我只简单地列举其中最主要的几个部门，而从这些例子中也可以看到，没有硫的话，工业是没法存在的。

硫能被用来制作纸、赛璐珞、染料，大部分药物、火柴，还能用于汽油、醚和油脂的提纯，以及磷肥、明矾、碱、玻璃、溴和碘的制造。如果没有硫，则很难制成硝酸、盐酸和醋酸，显而易见，从19世纪初化学工业史之初起，硫就扮演着十分重要的角色。硫酸在制作甘油炸药的过程中是不可或缺的，用于制造火器的黑火药中也少不了它的身影。

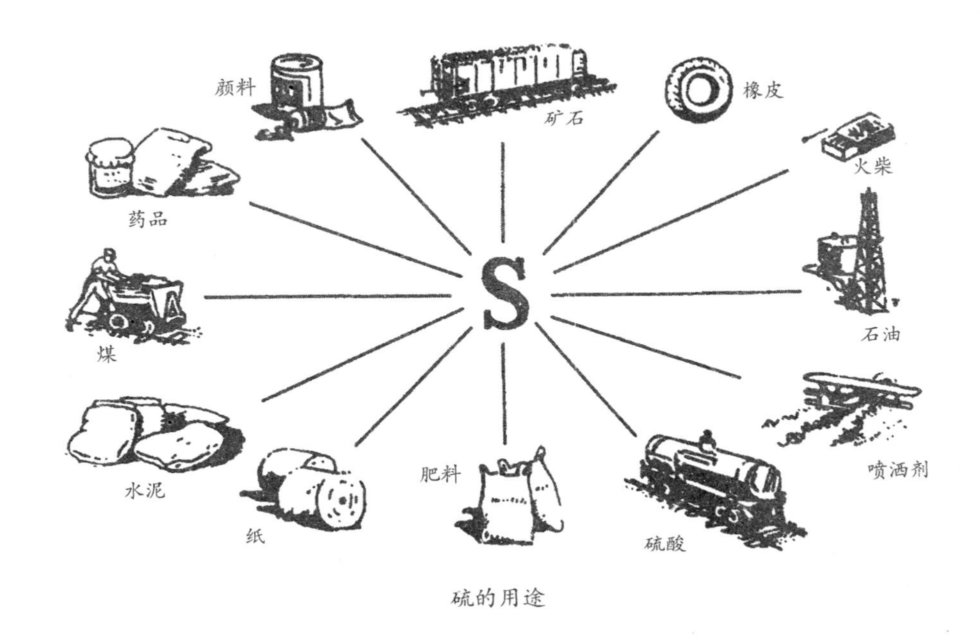


硫的用途

所以，为硫而起的斗争贯穿了整个18世纪的历史。在很长一段时间内，西西里岛都是唯一的硫供应地。它处于意大利王国的掌控之下，从18世纪初起，英国的巡航舰队曾多次炮轰西西里岛沿岸，目的就是得到这些财富。但后来瑞典人发现了从硫化物中制得硫和硫酸的方法。西班牙的巨型硫化物很快就成了欧洲各国的关注对象，英国的巡航舰队又再次出现在了西班牙沿岸，就是为了夺取这个硫和硫酸的源产地。西西里岛被人们抛弃了，所有的注意都集中到了西班牙。为了提高生产力，有人提出了一个乍一看不太令人信服的方法：向地底深处泵满过热蒸汽，得益于硫的低熔点，过热蒸汽会将硫熔化在地底，再将熔化的硫压出地表。

随后人们修建成了第一个用于抽取熔化硫的装置，但是到最后它还是被人们抛弃了，像小山丘一样呆立在地面上。

这个方法是卓有成效的，正是利用了这个方法，美国开采出了数量庞大的硫。意大利和西班牙的矿产地也因此退居次要位置。

还有一项技术改进诞生在瑞典极圈内的硫化矿地区：有一家工厂能在加工硫铁矿石时顺便生产制造硫。硫化金属再次变成了硫的来源，硫酸的命运再次被改变。

我说这么多，是为了让你们了解到，技术的创造性思想能使工业中的材料使用发生复杂的改变。新的技术方法会被载入历史，因为它们从根本上解决了提炼硫的方式，并打破了一系列的生产方式。难怪一家意大利的杂志说道：新的技术方法“扼杀”了西西里岛的居民，让他们过上了吃不饱饭的生活，让他们只好在贫瘠的种植园种种橙子，在被太阳晒枯的牧场上放牛。

这就是资本主义条件下技术进步带来的后果。但是在社会主义制度下，我们可以利用这种创造性思想，通过自然资源来为全人类、全世界谋福祉。

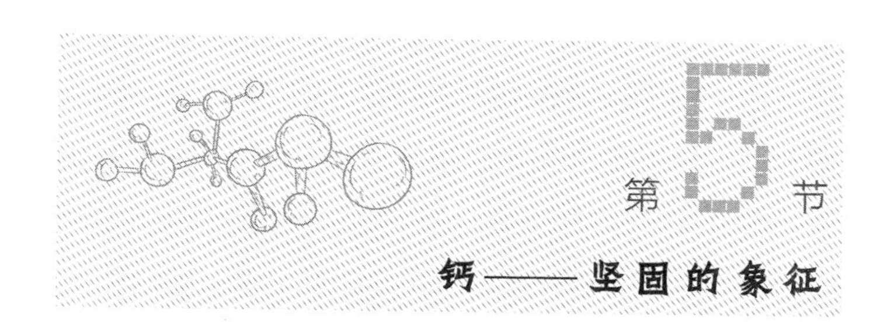

# 第5节 钙——坚固的象征

## 钙原子在宇宙中的经历

记得有一次我途经新罗西斯克，有一群在市区旁边一家大型水泥厂工作的工程技术员工要求我为他们开办一个关于石灰岩和泥灰岩的讲座，这些矿物恰好是生产水泥的基本原料。

但我却只能回答他们说，我完全不了解这些矿石。我十分清楚，石灰和水泥的原料是很多种不同的石灰岩，我也很了解石灰和水泥的价值所在，于是我就讲述了在北方工地开采这两种生活所需的矿石时所遇到的困难。

普通石灰一般都是从距此1 500千米的瓦尔代高地订购来的，而水泥则是从新罗西斯克经由黑海、爱琴海和地中海、大西洋和北冰洋，以绕远路的方式运向各地；我还说，我十分了解石灰在生活和建设中所具有的极其特殊的意义，但是我从来没有研究过石灰岩，所以我对它们真的是一无所知。

“那么请给我们讲讲钙吧，”其中一位工程师说道，并强调金属钙是所有石灰岩的基础，“请讲讲，从地球化学的角度来看这到底是一种什么样的金属，它有什么特性，又有什么样的命运，它在哪些位置，又以什么方式聚积，为什么正是它创造了大理石、石灰岩、水泥的美和丰富的工艺特性。”

于是，我讲述了以下关于钙原子在宇宙中的经历：

●化学家告诉我们，钙元素在门捷列夫元素周期表中占据着十分特殊的位置，它的序号是20，这就意味着，它是由核组成的，进一步说，它是由最小的物质——质子和中子组成的。此外，还有20个自由的带负电粒子参与了构成，我们称之为电子。

●数字40代表着钙元素的相对原子质量。钙位于元素周期表中的第二族，也就是第二列。钙在它的化合物中，需要失去两个负电荷来生成稳定的分子。正如化学家所说的，钙的化合价为+2。

●钙原子的性质非常稳定，想要将钙这种由微小的核和20个飞速旋转的负电荷组成的坚固结构摧毁，是很难的。随着天文物理学家开始了解世界的构成，钙原子也就会逐渐显现出其越来越大的作用。

日食期间的日冕，以及肉眼都能见到巨大的日珥，都是由炙热的，并且快速移动的金属粒子组成的抛出物，这些抛出物通常能被抛出几十万千米远，而钙在这些抛出物中扮演着巨大的作用。天文学家利用最精确的方法成功了解到了星际空间中的物质组成。散乱分布的星云之间的所有空间都被某些轻元素的原子所贯穿，在这些地方，钙和钠扮演着同样重要的角色。

看，宇宙中高速飞驰的粒子受到引力影响，刻画出复杂的轨迹，并朝着我们飞来。它们以陨石的形式掉落在地球上，为地球带来了许多钙元素。

很难想象出在我们的地球上还有什么别的金属在地壳形成、创造生命以及技术进步的过程中发挥着比钙更重要的作用。

在熔融物质还在地表沸腾之时，当重重的蒸汽不断冒出并形成大气层之时，最早的水完成了凝结并汇聚成了大海，钙和自己的朋友镁，这种同样紧密坚硬的金属，并且原子序数同为偶数的元素（镁的原子序数为12），一起成了地球上最重要的金属。

在那个时代的岩石中，不论它们是流出地表的，还是在地层中冷却的，钙和镁都发挥了极其重要的作用。广阔大洋的底部，特别是太平洋，现在都被玄武岩层所覆盖，在这之中，钙起到了意义非凡的作用。我们也知道，我们的板块正是在玄武岩层上漂移着，玄武岩层凝成了位于地底熔融物之上的独特薄壳。

地球化学家计算得出，地壳中含有的钙和镁按百分比来算的话，分别为3.4%和2%。钙的分布与原子自身的非凡特性，以及这种完美结构具有的惊人稳定性和呈偶数的电子数联系紧密。钙原子复杂的漫游之路在地壳形成之后也就马上开始了。

遥远时代的火山喷发携带出了大量的碳酸。在充满着水蒸气和二氧化碳的大气层中产生了厚重的云层，它包围了地球，并摧毁着地表，将炙热的地表物质卷入猛烈的原始风暴之中。钙原子漫游史中最有趣的阶段就此开始了。

## 石灰岩

钙和二氧化碳一道形成了十分坚固且稳定的化合物——碳酸钙，碳酸钙会被沸水带走，在地壳温度较低的位置再冷却成白色的晶体颗粒。石灰岩厚层就是这样形成的。在地表冲积层中聚积着淤泥残渣的位置往往会凝成泥灰岩层。炽热的地底物质活跃地运动着，它们侵入到石灰岩层，并且用几千摄氏度高温的蒸汽灼烧它们，使之变为雪白的大理石山，这些山顶与积雪融为一体。

但是从某些碳化合物的复杂组合中产生了最早的有机物团块。这种像变形虫的凝胶状物逐渐复杂化，在它们体内出现了一些新的特征，即活细胞的特征。伟大的进化定律，以及为了生存和种族进化而做的斗争都使这些分子越来越复杂，迫使它们形成新的组合，接着又出现了基于有机世界的新规律而产生的新特征。生命逐渐产生，先是在高温的海洋中出现了简单的细胞，然后出现了更加复杂的多细胞组织，这样的过程一直持续到了地球上最复杂的有机体——人类的出现。在有机体逐渐复杂化和生长的过程中，一直都存在着为创造更坚固稳定的物质而起的斗争。动物那柔软而有弹性的躯体在很多情况下都不能用于对抗那些将它们撕裂或是消灭的敌人。活质在自己的进化史中变得越来越需要保护自己：需要在柔软的躯体外生长出一副坚不可摧的外壳来作为防护铠甲，还需要坚硬的内部支架，也就是我们称为骨骼的东西，用来支撑柔软的躯体。

生命的历史告诉我们，在这些坚固的材料之中，钙发挥了十分特殊的作用。起初是磷酸钙被吸入小贝壳之中，在地壳史中出现的原始小贝壳就是由这种磷灰石材料构成的。

但这不是最正确的。生命本身也是需要磷的，但不是每个地方都有巨大储量的磷能被用来形成坚硬的贝壳，所以大自然在进行无意识的自然选择时，以另一种方式构建了动物世界和植物世界：使用其他微溶化合物——蛋白石、硫酸锶和硫酸钯来构建坚硬的部分，而碳酸钙是不可或缺的。

磷同样也是很需要的。在那个时候，各种各样的软体动物和虾，还有一些单细胞的组织，都广泛地使用碳酸钙来构建自己漂亮的外壳，而地面生物的骨骼则开始利用起了磷酸钙。在两者中都发挥了极其重要作用的是钙，区别仅仅在于人类的骨骼是由钙的磷酸盐构成的，而贝壳则大多是由碳酸钙构成的。

当自然研究者走近岸边，例如地中海沿岸时，很难想象有比展现在他面前的景象更加美丽的事物存在。我还记得，当我作为一名年轻的地质学家第一次来到位于热那亚的奈尔维沿岸时的场景。在这里我见到了贝壳、五颜六色的水生植物、背负美丽石灰质小屋的寄居蟹、各种各样的软体动物、完整的苔藓植物群落和千奇百怪的石灰质珊瑚，并深深地被它们的美丽和多样性震惊到了。

我完全沉浸在了这个位于清澈海水中的奇妙世界里，由钙组成的不同化合物透过蔚蓝的海水闪耀着彩虹的色彩，一只突然游来的章鱼却打断了我对这个新世界的惊讶，于是我开始用棍子来戏弄它。

钙聚积在海底贝壳或是骨骼中的形式多达几十万种。有机物死去后留下的奇异残余物形成了一座座的碳酸钙坟墓，这是新岩石的开端，为未来的山脉埋下了伏笔。

当我们现在陶醉于作为建筑装饰物的大理石的多样性花纹时，或是在发电站欣赏漂亮的灰色或是白色大理石配电盘时，再或是沿着铺有产自谢玛尔金斯克的黄褐色石灰岩台阶的地铁楼梯走下去时，我们不应忘记，正是小小的活细胞构成了这些岩石里面石灰岩聚积的开端，那些海水中的复杂化学反应捕捉着分散的钙原子，然后将它们变为坚硬的晶体骨架和钙质纤维，也就是被称为方解石和霰石的物质。

但我们知道，钙原子的漫游至此并未结束。

## 金属钙

水又再次将它们溶解，钙原子的球状离子也再次开始了漫游，在复杂的水溶液中，它们会形成所谓的富钙硬水，有时会与硫一起以石膏的形式出现，有时则会结晶为奇妙的钟乳石和石笋，或是复杂且奇异的石灰质洞穴。

然后就开始了钙原子漫游史的最后一个阶段：被人类占有。人类不仅会利用纯净状态下的大理石和石灰岩，还会在水泥厂的大炉子里和石灰烧制炉中将钙从二氧化碳的掌控下解放出来，这样一来，人类就能得到大量的水泥和石灰，没有这两者，我们的工业也就不会存在。

在药物化学、有机化学和无机化学最复杂的进程中，钙始终都发挥着非常重要的作用，它还决定着化学家、工艺师和冶金家的实验进程。但对于人类来说还远远不够。人类身边的钙十分丰富，这种稳定的原子可被用于精确的化学反应；人类将数万千瓦的电力用在了钙上，不仅从石灰岩中释放出钙的氧化物，而且还撕裂了钙与氧的联系，得到了纯净的钙，这是一种有光泽的，闪耀着的，柔软且有韧性的金属，它能在空气中燃烧，并覆有一层白色的石灰镀膜。

人类利用的正是钙与氧结合的趋向性，还有金属钙与氧原子之间紧密且牢固的关系。人类将钙的金属原子带入熔化的铁中，以此取代各种复杂的脱氧剂，并取代掉一系列去除生铁和钢铁中有害气体的方法。人类将钙的金属原子放入平炉和高炉之中，迫使它们来完成这项工作。

钙的金属离子还没闪耀多久，其原子的迁移就这样又一次开始了，它们再次变为复杂的氧化物，变为我们地表中较为坚固的物质。

你们知道，钙原子的历史要比我们所认为的复杂得多，甚至难以找到另一种在宇宙空间内经历了更加复杂途径，并在世界形成时和我们的工业生活中起着更为关键的作用的元素来作为例子。

不应该忘记，钙是宇宙中能量最大且最为活泼的金属之一，它拥有无限的可能性来构成世界上的晶体结构，在人类掌握使用这种活泼的小球来为经济和文化发展建造新的，甚至是空前坚固的建筑后，我们一定还能得到许多新发现。

当然，我们还要为此做出很多努力，需要就这种对称结构的性质展开思考，还要成为善于思考的化学家和物理学家，成为一名优秀的地球化学家，还应成为地球化学领域的专家，来探索地质学的新方向。也应该好好地掌握化学、物理学和地质学的相关知识，来成为一名卓越的工艺师，并了解还未被发现的工业领域，恰恰是这些领域能带领我们取得征服自然的新胜利。

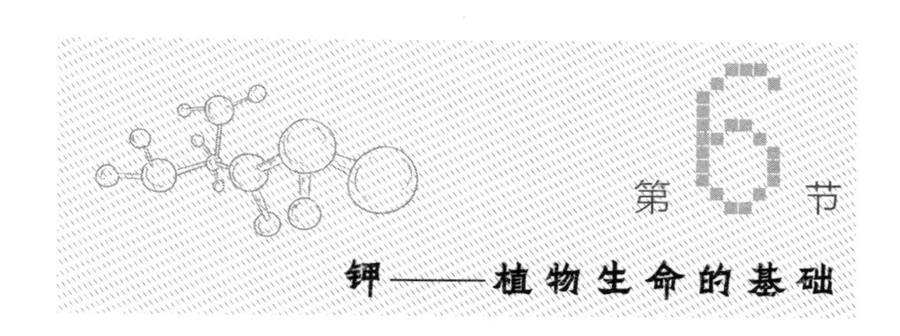

## 第6节 钾——植物生命的基础

### 钾的旅程

钾是一种极具代表性的碱元素，它在元素周期表中位于第一族，是典型的奇数元素，因为它的所有指数都是奇数：原子序数，也就是电子数为19，相对原子质量为39。每个钾原子只会与卤族族元素的一个原子建立稳固的关系，比如说氯的原子；正如我们所说的，钾的化合价为+1。作为奇数元素，钾同时还具有带电粒子尺寸较大的特点，于是这个特征与钾原子的奇数性一起决定了其具有漫游的趋向性，以及带电粒子活泼性较强的特征，所以钾在地表中的历史跟它的朋友钠一样，都与复杂的转换紧密连接在一起。它在坚硬的地表中形成了超过一百多种矿物，并且在几百种其他的矿物之中也有少量存在。它在地壳中的平均含量接近于2.5%。这个数字是十分大的，它表明钾和钠、钙都是主要的元素。

在整个地球复杂的地质史中，钾的历史是十分有趣的。关于它的研究已经十分详尽了，所以我们接下来为大家讲解钾原子所走过的全部旅程。

当地底的熔融岩浆还在冷却之时，元素按照自身的活泼性——组成易挥发气体，或是活泼的易熔粒子的能力——分布开来，钾属于后者。它不会融入地球深处最早形成的晶体之中，我们在绿色的深层橄榄岩中几乎见不到钾，我们地球深处的实心地带就是由这种岩石构成的。甚至在覆盖着大洋的玄武岩中，钾的含量也不超过0.3%。

在熔融岩浆进行复杂的结晶作用时，在其上方会聚积地球上较为活泼的原子，这里也聚积着更多的硅和铝的强带电离子，还有很多的如钾和钠这些奇数原子及水的挥发性气体。由这些熔融的残余物组成了我们称之为花岗岩的岩石。它们覆盖了地表的多数区域，是漂移在玄武岩上的大陆。

花岗岩通常在地壳深处冷却，钾在花岗岩中的含量约达0.2%，并是我们称为正长石的岩石的主要组成部分。钾还是黑云母和白云母的组成成分。在别的地方，钾会更多地聚集，并形成一种白色矿石的巨大晶体——白榴石，这种岩石在意大利的富钾熔岩中尤为多，白榴石通常被用来获取钾和铝。

可见，钾原子在地球上的发源地就是花岗岩中的酸性熔岩。而这类岩石在地表很容易被水、空气所侵蚀，植物根部也会深入到岩石之中，并利用分泌的酸来侵蚀它们。

到列宁格勒近郊的人都能看见，在巨石中的或是裸露的花岗岩是多么容易遭到破坏，它们的矿物是多么容易被风化，并失去光泽，最终只剩下曾经巨大的花岗岩山岭所剩残余物形成的纯净石英沙丘。在此过程中遭到破坏的还有长石。地表中含有的地下水将长石中的钠原子和钾原子剥离出来，并逐渐形成一种独特而复杂的岩石，也就是我们所说的黏土。

从此时开始，我们的两位朋友——钾和钠就开始了新的漫游。可是它们的友谊也就到此为止了，因为在花岗岩被破坏之后，它们也就各自开启了自己的生活。钠很容易被水冲刷掉，钠的球形离子不能固定于周围含黏土和残余物的淤泥之中，它们会被溪流或是河流带往大海，并在那形成氯化钠，也就是我们称为食盐的东西，这是主要的工业原料。

但钾的命运就是另外一副模样了。在海水中只含有少量的钾。在岩石中，钾原子和钠原子的含量几乎一致，但是1 000个钾原子中才会有2个进入海底，而998个原子都会被吸附在表面土壤、淤泥、海盆地的沉积物、沼泽和河流中。正是土壤吸收了钾，才使得它有神奇的魔力。

著名的俄罗斯土壤学家格德罗伊茨首次看透了土壤的化学特征。他在土壤中找到了含有各种金属的微粒，特别是金属钾，并证明土壤的肥力在很大程度上取决于钾原子。钾原子在土壤中的分布十分自由，以至于每个植物细胞都能轻松地将它们吸收并应用到自己的生命中。植物吸收着像是自由挂在细线上的钾原子，然后长出嫩芽。

不仅仅植物需要钾，钾在动物体内也同样是不可或缺的。例如，在人类的肌肉中，钾的含量比钠的更高，尤其在大脑、肝脏、心脏和肾脏等器官中。不难发现，钾在有机体的发育时期显得尤为重要，而成年人类对钾的需求会少许多。

钾作为心脏工作刺激物在人类的身体中起着特殊的作用，但这种作用尚未完全被人类研究透彻。相反，钠元素则起到缓和心脏活动的作用。所以，有机体一直都会在血液中维持一定浓度的盐。人类一天内所需摄取盐的含量与他所排出汗和其他分泌物中盐的含量相当。

为维持人体内盐分平衡，我们常要做一些匪夷所思的事情。比如在燥热的车间内，工人们喝水解渴时就通常会加一小撮盐或是吃一小块鲱鱼。

钾的一种迁移循环从土壤开始。它先是被植物的根吸收走，然后聚积在死去的残渣里，其中有一部分重新进入动物或是人类的有机体中，然后再次变为腐殖质和土壤，也就是它被吸收走的地方。

很大一部分钾正是以这种方式循环的，但也有某些原子能够到达大洋并与其他盐类共同决定了海水的含盐度。在海洋中，开始了钾的第二种循环。

当大部分海洋受地壳运动的影响而开始干涸时，就会形成浅水海，或者是湖泊、咸沼、礁湖、海湾，位于黑海沿岸萨基和叶夫帕托里亚的盐湖就是这样形成的。蒸发活动在炎热的夏季月份表现得十分强烈，以至于盐类会不断地从水中析出，被海水抛到岸边，有时则会像发光的白布一样在完全干涸的湖底聚积。然后盐类会经历一些特定的沉淀步骤：先是有碳酸钙在湖底结晶，然后是石膏（硫酸钙），之后是氯化钠，也就是食盐，然后在湖底会剩下充满盐分的卤水，这种卤水就是在俄罗斯南方被称为拉帕（Рапа——Rapa，意为天然盐水）的东西，它含有百分之几十的不同盐类，尤以钾盐和镁盐居多。

随着钾含量的提升，它的巨大球形原子的特征也开始显现，待太阳灼热的呼吸将湖底蒸干，而且在其表面析出白色或是红色的钾盐时，钾矿床也就这样形成了。

在地壳中有时会出现钾盐大量聚积的现象，而人类则会寻找这些钾盐来用于工业。

## 钾的开发和利用

100年前，李比希在观察钾和磷在植物中的作用时，说了一句名言："没有这两种元素，我们的土地也就没有肥力。"他的脑中顿时闪过一个在当时来说十分荒诞的想法，那就是要给土地施肥，人工地在土里撒上各种盐类——钾、氮以及磷，并计算出了植物生存所需盐类的量。

20世纪40—50年代的农业界并没有选择相信他的想法，并认为这是“科学家的心机”，更何况他所推荐用于施肥的这种钾硝石是产自南美帆船上的，由于价格高昂而根本找不到销路。当时磷的来源也没有找到，因为李比希所建议的用碾碎的骨头来作为肥料也是比较昂贵的。当时的人们不知道钾盐，也不知道如何使用它们，只是有些时候会收集植物燃烧后的灰，然后将它们撒在地里。在乌克兰，很早以前就燃烧玉米秸秆，然后将秸秆灰撒在地里，他们完全是靠个人的智慧掌握了这种灰对于庄稼收成的意义，没有一星半点的科学指导。

在那之后，过了很多年，施肥的问题成了每个国家都重点关注的问题；土壤的肥力很大程度上取决于人类能否在土壤中补充足够多的被植物吸收掉的物质，能否将种子、秸秆、果实所汲取的物质再补充回去。而现在看来，钾已经成了和平劳动和农业所不可或缺的一种元素。

只要举以下例子就能说明。像荷兰这样的国家，1940年仅1公顷土地就消耗了42吨氧化钾。当然，在其他国家这个数目会小一点，在美国，每公顷仅仅消耗几吨而已。

我们伟大的农业化学家说，应每年向土地施撒不少于100万吨的氧化钾。人类正面临着一个问题——找到大型的钾盐矿产地，并掌握开采以及加工成肥料的办法。

很长一段时间内，整个世界的钾盐工业都是被德国掌控的。人们在德国哈茨山的东侧发现了施塔斯富盐矿地，德国北部出产的钾盐就这样被几十万辆火车运往世界各国。

而那些以农业为本的国家是无法容忍这种状况的。当北美投入了很多的时间和精力在寻找钾盐矿上，才仅仅在自家发现了一处并不大的钾盐矿产地时，法国人则获得了一些成功，在莱茵河的河谷发现了一些钾盐矿床；而意大利在寻找钾的过程中则开始利用岩浆来获取含钾矿物。但是这些根本无法满足那些贫瘠耕地的要求。

俄罗斯的研究者花了许多年致力于在本国土地上找到钾盐矿。但不是所有的尝试都有结果，直到年轻化学家在尼古拉・谢苗诺维奇・库尔纳科夫院士的带领下发现了世界上最大的钾盐矿床才宣告胜利。发现这个钾盐矿床也属偶然，但是科学工作中的偶然性往往与长期的准备工作密不可分，而“偶然的发现”也往往是长期思索的最后一个步骤，也是对孜孜不倦求索的奖赏。

随着钾盐矿的发现，库尔纳科夫在盐湖研究上耗费了数十年的时间，他也在不断地思索着，在地底的哪个位置可以找到远古钾湖的残留物呢？在化学实验室研究彼尔姆边疆古老盐地中盐类的成分时，库尔纳科夫发现在某些情况下钾的含量高于常量。

在造访了其中一个盐地后，他将注意力转向了一种小块的褐红矿物，这使他想起了红色的钾盐——德国矿产地中的光卤石。工作人员们在盐地中却不确定这个小块矿石从何而来，它会不会就是在德国收集到的那一系列盐类的样本。但是库尔纳科夫院士捡起了这块矿石，将它放在了口袋中并返回了列宁格勒。分析的结果让他大吃一惊，这块矿石居然就是氯化钾。

第一个发现已经完成了，但还是远远不够，还需要证明这个钾是从索利卡姆斯克边疆区的深处挖出的，以及那儿还含有大量的钾。需要打出一个钻井，还需要在20世纪20年代的艰苦条件下从深处开采出钾盐，并研究它的成分。

地质勘测委员会最伟大的地质学家之一——巴维尔・伊万诺维奇・普列奥布拉任斯基主动请缨，承担起了这次开采的重任。他指出了打出深钻井的必要性，并且很快这些钻井就进入了厚厚的钾盐层中，开创了地表钾元素史的新纪元。

但是这种元素还存在着一个小小的特征，并值得引起我们的注意。有趣的是，钾的其中一个同位素具有放射性的特征，但放射性十分微弱。正常钾原子的相对原子质量是39，而放射性钾原子的相对原子质量为40。也就是说，这个同位素是不稳定的，它本身会释放出不同的射线，变成其他物质的原子，这种物质在不断地聚积下会形成钙原子。

很长一段时间内这个现象都没有被证明，但后来发现，$^{40}K$在地球的生命中发挥着重要的作用，因为在不稳定的$^{40}K$原子转变为钙原子的过程中，会释放出大量的热能。我们的放射学家认为，地球中至少有20%的热能是原子裂变的时候产生的，这个在讲到钾盐的时候会更加详细地介绍。由此看来，钾原子裂变在地球的发热中发挥着十分重要的作用。

生物学家和生理学家尝试将这种特性应用到植物的生命问题中去，并说出了这样的想法。植物对钾有着神奇的偏爱和需求，这与钾原子在植物的生命和生长过程中，利用自己的辐射所扮演的某种特殊角色有关。

在这个研究方向，人们做了许多实验，但是至今都没有得到明确的结果。想必钾包含的这种放射性原子及其辐射在细胞生命中的作用十分重要，并导致了有机体细胞及有机体自身的生长发育的一系列特点。

这就是钾在地球化学史中的一些片段，是其在地球上形成复杂封闭循环的漫游历史。

对于任何一种元素，都可以讲述其在地底、地表和人类工业中的漫游历史，但是其中有许多元素的某些历史环节暂时脱离了研究者的视线；对于有些元素，人类只能描写其中一部分历史，地球化学家的任务就是严整、连贯地叙说元素的历史。对于钾来说，它的历史就比较清晰，因为这个重要元素的每个时期对于我们来说都是十分显而易见的。

我们不仅掌握了钾元素历史的知识，还拥有了寻找钾矿及其使用方法的强大工具，唯有它在活有机体中的作用尚未明确，看来这既是钾元素历史中最有趣的，也是最重要的一页吧。

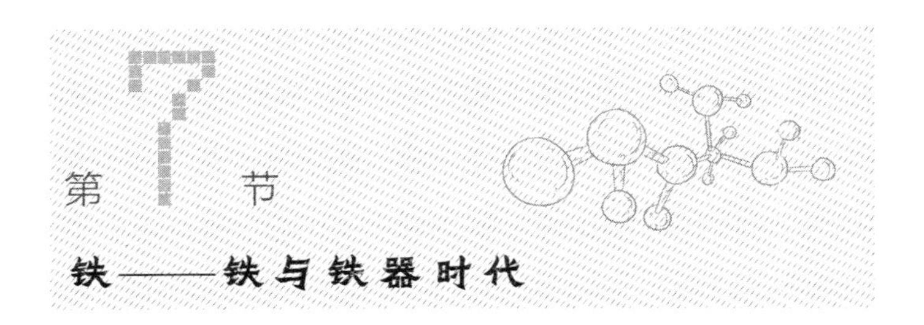

## 第7节 铁——铁与铁器时代

### 铁的开发和应用

铁不仅是我们周围大自然中最主要的金属，而且还是文化与工业的基础，它既是战争的武器，又是和平劳动的工具。很难在元素周期表中再找出另一个与人类过去、现在和将来的命运连接如此紧密的元素。古罗马最早的矿物学家之一大普林尼曾很好地叙述过铁，他于公元前79年在维苏威火山爆发时不幸死去，100多年前矿物学家瓦西里·米哈伊洛维奇·谢韦尔金翻译了他明亮而富有哲理的文字：

是铁矿工人给人类送来了最上乘的，也是最恶毒的工具。因为我们利用这种工具来开垦土地、栽种灌木、耕作果园、修剪杂乱的葡萄藤，使得它们能年年发新芽。我们还能利用这种工具修房子、破碎石头，总之，可以将铁用于满足类似的需求。但是利用它我们也可以进行战争、战役和掠夺，不仅可以将它用在近战中，还可以将它抛向远方，有时从枪眼被发射出去，有时是从手中被抛出，还有时被制成羽箭射出。在我看来，最为恶毒的是人类的阴谋诡计。因为人类会给铁插上翅膀，使之可以飞翔，从而更快地夺人性命。所以这个罪恶是属于人类的，而不是属于大自然的。

为铁而起的斗争贯穿了整个人类历史，它起于公元前3000—4000年，也就是人类刚刚掌握这种金属的使用之时。可能一开始人类是从天外来石——陨石中收集铁的，然后将它们加工成不同的制品，这与我们在墨西哥的阿兹特克人、北美的印第安人、格陵兰岛的因纽特人，以及近东原住民那儿所见的类似。所以存在着关于铁是来自天际的古老阿拉伯传说是有理有据的。在科普特语（古埃及语言发展的最末阶段，形成于纪元前）中，铁被称为“天石”，阿拉伯人重复埃及人的古老传说，说从天而降的金滴落在阿拉伯沙漠上，然后地球上的黄金就会变成银，再变成黑铁——就是为了惩罚因争夺上天馈赠而挑起争端的民族。

在很长一段时间内，铁都没有得到广泛的应用，因为从铁矿石中炼出铁是十分困难的，而陨石又十分稀少。

只有到了公元前1000年，人类才掌握了用铁矿石炼出铁的方法，铁器时代也就顺理成章地取代了青铜时代，人类文化史上的铁器时代才正式开启。

人们像找金子似的找铁，但无论是中世纪的冶金家，还是炼金术士，都没能真正掌握铁。这一情况直到19世纪才有所改变，铁也逐渐成了工业上最为重要的金属。随着冶金业不断发展，高炉取代了小型的矿砂炼铁炉，兴起了耸立在马格尼托戈尔斯克那样的巨大冶铁炉，产量能达好几千吨。

在战争年代，被用来制作炮弹的铁量相当于一整座铁矿。比如，在凡尔登战役期间（1916年）的防御工事区就成了一整座铁矿区。

在夺取铁的斗争过程中，一些新的冶金方式正逐渐发展。

铁经常被一些新品种的优质钢，或是含有稀有金属——铬、镍、钒、钨、铌的合金所取代，将这些元素以千分之几的量加入合金之中，就会增强金属的特性，使之在生产过程中保持坚硬，不易变形，并且稳定。

人们还发现了铁的一个特性：铁会从人类手中逃走。这不是黄金，即使将黄金放在保险柜和银行中，也只是会有很不起眼的一小部分雾化。而铁在地表，以及在我们的周围环境中是不稳定的，我们知道，铁是很容易被铁锈覆盖住的。将一块十分潮湿的铁放在空气中，那么它很快就会被铁锈斑点覆盖住；如果铁制的屋顶不刷油漆，那么一年过后它就会被锈蚀出许多大洞。我们在地里找到的古老铁器无一不是变成了褐色：矛、箭、铠甲等都会被锈蚀，都是因为铁在空气中被氧原子氧化。所以，在人类面前出现了如何保存铁这一相当重要的任务。

人类不仅仅是利用我所说过的添加剂来优化金属的特性，还会利用锌和锡制成的涂层来将铁覆盖，或是将铁做成马口铁，还可以将机器的相应部分镀铬或是镀镍，用各种涂料涂满铁，抑或是在铁中加入磷盐。人类运用不同的方法来防止铁在潮湿的环境中被氧化。不得不说这很难办到，人类于是想了新的办法——应用锌和镉等替代品来取代锡。但是自然的化学进程是自发产生的，人类越是更多地从地底开采铁，越是更加广泛地发展钢铁冶金业，就会更加需要研究出储存这种金属的方法。

当铁在我们周围还有很多时，说到保护铁时总是有点奇怪。地质学家预言，再过50~70年，地球上的铁矿将会枯竭，人类将不得不用另外的金属来替代铁。地质学家还说，混凝土、黏土和沙粒将在建筑、工业和生活方面替代铁。过了多年，似乎已经到了资源衰竭的年代，但是地质学家一直都在不断发现新的铁矿产地。苏联的铁矿石储量可以完全满足我们的工业所需，并且很显然的一点就是，我们还没有完全将铁矿石勘探完毕。

## 铁在宇宙中的旅程

铁是宇宙中最为重要的金属之一。我们可以在任何宇宙天体中看到铁的光谱线，它在炽热星体的大气层中闪耀着光芒，在太阳表面飞驰，它每年都会以微小宇宙尘埃或是陨铁的形态飞向地球。在美国的亚利桑那州、南非以及苏联的通古斯地区，都掉落过自然铁，这是宇宙中最重要的金属。地球物理学家确定，地球球心是由大量的镍铁组成的，并且我们的地壳也是像高炉中熔炼生铁产生的玻璃状熔渣一样的氧化皮。

但是宇宙中的巨型铁块，以及地底深处的矿床都还不能为工业所用，因为我们居住于地球最薄的地层上，我们的冶金学也只能估算到几百米深的地方，我们目前的采矿技术还只能在这样的深度开采出铁矿石。

同时，地球化学家也为我们揭开了铁的历史。他们说，甚至4.5%的地壳都是由铁组成的，并且在我们周围自然的金属中，只有铝的含量比铁的多。我们知道，铁还是那些熔融物质的组成部分，这些熔融物质冷凝之后就是橄榄岩和玄武岩，它们是地底深处最重，也是最初始的岩石（硅镁层）。

硅镁层是由富含硅、镁和铁（以玄武岩的形式）的岩石构成的。

硅铝层是由富含硅和铝（以花岗岩的形式）的岩石组成的。

硅镁层以下是矿层和铁核。

我们还知道，留在花岗岩（硅铝层）中的铁相对较少，它们的花纹颜色较浅，并且呈白色、粉色、绿色，这正说明铁在花岗岩中的含量较低。但是地表的复杂化学作用使得不少铁矿石聚积在了一起。这之中有一些是在亚热带形成的，那里热带的雨季与酷暑的烈日相互交替。可溶物质是从岩石中冲刷下来的，并且会形成规模巨大的铁矿层和铝矿层。

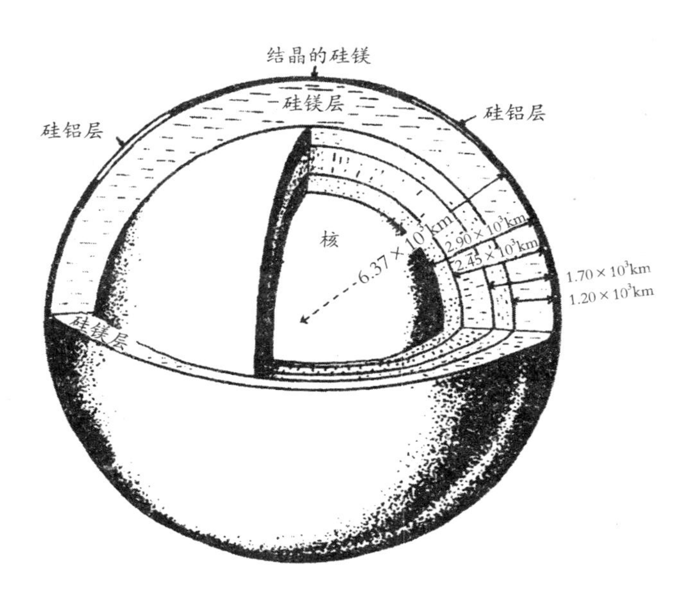


地球结构示意图

我们知道，在北方地区的湖底，湍急的水流是如何从不同的岩石中携带走大量铁的，而在特殊铁菌的作用下，铁颗粒或是整块的铁结核体会沉积于湖底，例如在加拿大，或是我们的卡累利阿–芬兰苏维埃社会主义共和国。在地球漫长的地质史中，于沼泽中、海水深处、酷热沙漠表面都形成了铁矿石的聚积，毫无疑问，在很多情况下动植物的生活对这些矿产地的形成也是产生了影响的。

位于刻赤的铁矿石作为世界上最大的，也是最纯净的铁矿石，便是这样形成的。毋庸置疑，克里沃罗格和库尔斯克磁力异常区的巨大矿区也是这样形成的。

但是这些矿石在很久以前就在古代海洋的水流作用下沉积下来了，海洋深处的热气还来得及改变它们的结构，所以我们现在所看到的是已经被改变了的由辉铁矿和磁铁矿构成的黑色矿石，正是它们取代了像刻赤出产的那种褐铁矿，以及帕米尔出产的红色硬壳矿。

铁的漫游并不是在地表就终止了。但它在海水中真的很少聚积，准确地说，海水几乎不含铁。尽管在某些特殊的情况下，在某些浅水湾中会有铁的沉积，或者是整个铁矿床，这种矿床在古代的海洋沉积物中很常见。霍皮奥尔、刻赤和阿亚特的铁矿就是这样形成的。但是在地表——小溪中、河流中、湖泊中和沼泽中都有铁原子在漫游，植物也一直在寻找这种重要的元素，缺少了铁，就不可能有植物生命存在。

可以尝试中断盆花的铁供给，我们很快就会发现花朵失去了自己的光泽和气味，叶子也会变黄，并且会开始枯萎。充满生气的叶绿素，不仅为活细胞提供能量，还将碳从二氧化碳中汲取出来，然后将二氧化碳转化为氧气释放到空气中，就是这种叶绿素，没有铁就生存不下去。

铁就是以在植物中，以及活质中这样的方式在地球继续漫游的，人类血液中的红细胞是这种金属众多漫游环节中的一环，没有这种金属，也就没有生命，没有和平劳动。

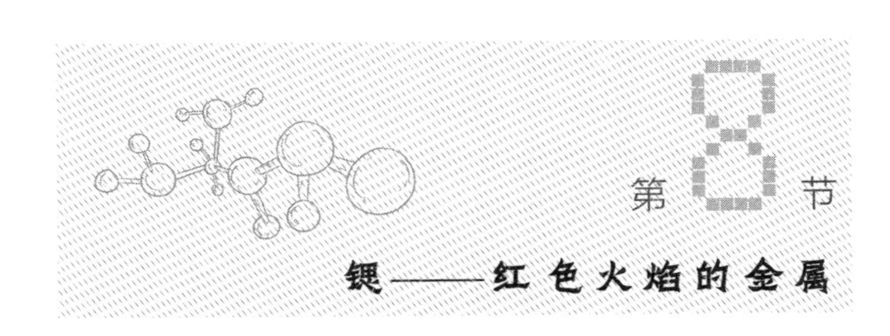

## 第8节 锶——红色火焰的金属

### 锶在地球上的旅程

没有谁不知道美丽的电光花或是明亮的爆竹，其漂亮的火花在空中缓缓熄灭，再幻变成明亮的绿色火焰。

在一些盛大的节日里，空中美丽的烟花交织绽放，把夜空装点成红色、绿色、黄色、白色。此外，这些漂亮的火焰会在危急关头从船上升至海上，或是从飞机上被作为信号弹抛出，在打仗时，还可被用作军用信号。

鲜有人知道这种来源于印度的明亮“孟加拉”火焰是如何制成的。在举行仪式时，寺庙或是圣地的祭司会突然地在寺庙的半暗处燃放毫无生气般绿色或是血红色的火焰来吓唬祈祷者，并非所有人都知道这些火焰正是用金属锶和金属钯的盐制成的。这是两种特殊的重土，人们很长一段时间内都不能将它们区分开来，直到发现一个在燃烧时呈黄绿色，而另外一个则是呈亮红色。在此之后，很快人们就掌握了从这两种金属中获取易挥发性盐类的方法，并将它们与氯酸钾、木炭、硫黄混合，再把这些混合材料压紧，做成球形、圆柱形以及金字塔形，爆竹和烟花管少不了这些东西。

这是锶和钯这两种元素漫长又复杂历史最后几页的内容之一。如果我详讲锶原子和钯原子所走过的漫游轨迹，即从大理石岩浆和碱性岩浆开始，到它们在制糖业、国防工业、烟花制造业和冶金业中所起的作用的话，想必大家一定会感到十分无聊。

## “天青石”

当我还是一名莫斯科大学的学生时，我在某一伏尔加的报纸上读到了一篇关于含锶矿物的极好文章，是由喀山的革命家兼科学家写的。这位天才的矿物学家讲述他和好朋友在伏尔加河沿岸收集到了一种天青石的蓝色晶体。他还叙述了这些蓝色晶体是如何由二叠纪的石灰岩中的分散原子形成的、它们有什么特性以及如何使用它们。这个故事在我脑海中留下了十分深刻的印象，以至于在过了许多年后，我都还记得这种蓝色天青石矿物。“天青石”一词来源于拉丁语“Caelum”，意为天空，因为这种矿物的色彩是天蓝色的。

多年以来，我都梦想找到这种矿物，在1938年我走了运。一次无意中我找到了它，并使得我回想起了那个故事。

我们在北高加索的基斯洛沃茨克疗养时，大病初愈的我甚至连去山上散步都去不得，只好上峭壁、采矿场和石崖边去看看。

在我们的疗养院旁边修了座新的休养院。它是用产自亚美尼亚阿尔蒂克村的玫瑰色火山凝灰岩粉刷的，这种凝灰岩也被称为阿尔蒂克凝灰岩。围墙和大门则是用淡黄色的白云石砌成的，人们小心翼翼地将这种石头削平，然后绘刻出美丽的图案和装饰。

我经常去这个疗养院，驻足观赏，多么熟练的工匠才能把柔软的白云石打磨得如此好啊，还敲掉了较为坚硬部分的。“在这种石头里，”其中一位工匠说道，“有一些没用的矿瘤，我们将其称为‘石头病’，因为它们会妨碍我们加工石头，所以我们会把它们撬掉，然后丢到那一堆里。”

我走近一瞧，突然在一个被撬掉的矿瘤里看到了某种天蓝色的晶体，噢！这就是天青石！奇美的透明天蓝色小针，像锡兰岛的蓝透明宝石，像被太阳灼伤的，明亮的矢车菊。

我借了把工匠的锤子，敲碎了这颗矿瘤石，立马就欣喜得说不出话来。在我面前出现了许多天青石的漂亮晶体。它们就像一把把完整的梳子铺满了矿瘤石中的空隙。这里面还有白色的透明方解石晶体，而这颗矿瘤本身就是由石英、灰色的玉髓，还有坚硬的天青石环构成的。

我向工匠们打听这种用于建筑的白云石是在哪儿开采到的。随后他们给我指了去往采石场的路。还没过两天，我们就坐着典型的高加索敞篷马车沿着布满尘土的道路去开采白云石的矿场去了。

我们沿着湍急的阿利卡诺夫卡河行驶着，经过了“背叛与爱城堡”的美丽建筑。峡谷慢慢地收窄了，变成了隘口，陡峭的山坡像石灰岩和白云石飞檐一样向下垂着，而在远处，则是旁侧岩石的碎片和石块。

一开始我们还没走运。费尽力气砸碎的巨大岩球要么是带有石英晶体和水晶的，要么是带有白色或灰色蛋白石的凝状物的，以及半透明的玉髓的，最终我们才来到了正确的地方。我们一个接一个地卸下亮蓝色天青石矿物，小心翼翼地将它们往下运，再细致地将它们用纸卷好，再沿着废石堆一边慢慢地走，一边收集奇美的矿石样本。我们欣喜地将它们带回了疗养院，然后把它们依次放好，洗净，我们觉得还是太少了。过了几天，我们又骑在马上颠颠簸簸地去找天青石去了。

我们的房间已经摆满了一大块一大块长着天蓝色眼睛的白云石，我们却还是不断地拿进来新的样本。我们的举动引起了邻居和其他疗养者的好奇。他们全都对这些蓝色的石头产生了兴趣，有一些甚至还搭我们的便车去了白云石矿场，带回来了许多样本，让我们都心生羡慕。

但是没有任何人明白，我们收集这种石头是用来干什么的。

碰巧在一个无聊的秋天傍晚，和我们一起疗养的同志们要求我讲一讲这种天蓝色的石头到底是什么，为什么它会形成于基斯洛沃茨克黄色的白云石中，这里面到底有什么说法。我们聚在了一间舒适的屋子里，把这些样本依次摆放在听众面前，而我则因为突然聚集的听众而感到有些窘迫，因为他们之中有许多人既不懂化学，也不懂矿物学，无论如何，我都还是开始了我的叙说。

好几千万年以前，侏罗纪时期的海洋让自己的海浪一直翻滚到了当时已经形成了的高大的高加索山脉。海洋时退时进，冲刷着山脉的海岸，摧毁了巨大的花岗岩山崖，并使得那些红色的沙粒沿岸沉积，我们疗养院旁边的小路就是用这种沙铺砌的。

在一些小河湾中，以及发源于古高加索山山顶的湍急河流的泛滥地区形成了巨大的盐湖；海水退回了北方，而在此处，河岸边、湖底、咸沼湖底，以及小海海底，都沉积了黏土冲积层，细沙、石膏则成层沉积，有些地方甚至还有石盐沉积。

在一些更深的地方，沉积了连续不断的黄色白云岩层，这是基斯洛沃茨克人极为熟悉的一种矿石，我们能通过通往红石隘口的楼梯和煤炭工业部所属疗养院的美丽建筑来认识这种矿石。这种白云石能够组成一些带有黄色、灰色和白色对等花纹的巨大岩层。

那个沉积出了这些物质的海洋有着十分复杂的命运。在其海岸边生活着各种生物，我们甚至可以在此欣赏形形色色的生命图景，现今我们在地中海旁的峭壁上，甚至是在温暖的科拉湾都能见到这些图景，并且会为之大吃一惊。

各种各样蓝绿色的和血红色的藻类，还有带着红色甲壳的寄居蟹，形态及花纹各异的蜗牛与贝壳，这一切的一切都像五光十色的毯子一样将峭壁覆盖住了。带着红色棘刺的海胆、硕大的海星，以及形态各异的水母在水中时隐时现。

在滨海带的底部以及岩石中生活过无数微小的放射虫，其中有一些是透明的，像玻璃一样，并且是由蛋白石组成的，形态为不超过1毫米大小的白色小球，并长有微小的内茎，其尺寸要比躯干本身大3倍。它们就栖息在石头、苔藓虫美丽的胡须上，有时还会覆盖在海胆的棘刺上，随着它们一起遨游海底。

这就是了不得的针棘放射虫，它们的骨架上长有18~32根细刺。很长一段时间内都没人知道这些细刺是由什么构成的，但人们偶然发现，这些细刺不是由二氧化硅构成的，更不是蛋白石，而是由硫酸锶构成的。

这些无数的放射虫在复杂的生命过程中从海水中分离出了硫酸锶的盐，并将其聚积在了一起，慢慢地就形成了自己的结晶状小刺。死去的放射虫则沉到了海底。

作为稀有金属之一的锶就是这样聚积的，锶来自破碎的花岗岩石和白色长石，然后沉积到了高加索海滨带的海水之中，而那种白色的长石，想必大家应该十分了解，它们是高加索花岗岩的构成成分。

如果在那些遥远的地质年代，侏罗纪海洋的平静没有被打破的话，可能我们永远也不会想到在侏罗纪的海洋中有这种针棘虫存在，化学家也不会想到在采石场的纯净石灰岩中寻找锶。

高加索开始经受新的一轮火山活动高潮。熔融物质的岩浆再次喷发，并开始形成新的山脉，滚烫的蒸汽和泉水开始沿着裂口和断面向地面流出，而在矿水城地区，开始隆起白垩纪和三叠纪的岩层，并出现了著名的岩盖，形成了别什塔乌山、铁山、马舒克山以及其他的山。

地底滚烫的蒸汽浸透了石灰岩、石膏和盐类的沉积物，它们组成了完整的地下海和地下河，海和河里的水有时是冰冷的矿泉水，有时则是还冒着蒸汽的热水，这些水沿着裂口渗入早已沉淀的白云石和石灰岩中。水利用自己的溶液迫使这两种岩石再次结晶，然后变为美观且坚固的白云石，基斯洛沃茨克的房子正是用这种材料建成的。

在复杂化学反应的影响下，锶微小且分散的原子，以及针棘放射虫的残余物会转变为溶液，并会沉淀于侏罗纪时期白云石的空隙之中，发育成天青石的美丽晶体。

在几千年的时间内，我们的天青石晶洞逐渐形成了，只是现在再有地表的冷溶液浸入它们时，天青石晶体就会变得暗淡，并且不透明，其明亮的平面也会被腐蚀，而锶原子则会在地球表面再次开始漫游，并寻找新的，更加稳定的化合物。

这就是我为你们描绘的基斯洛沃茨克天青石历史中的景象，它实际上在我国许多区域都重复着。凡是有地壳历史中的海洋变为盐湖的地方，凡是有大海区域消失变为浅水海和盐湖的地方，以及凡是针棘虫球体死去的地方，就会有来自针棘虫小刺的锶晶体在几千万年间内不断堆积。

有一个连续不断的天青石岩环束缚着中亚的山脉，在雅库特共和国还出现了远古志留纪海洋的晶体，二叠纪海洋沉积了大量天青石，而与之相关的最大矿产地还是在伏尔加河和北德维纳的石灰岩中。

我不会再向你们讲述接下来天青石结晶在地表经历了什么。正如我们所见到的，它们中有许多重新开始溶解，它们的原子会进到土壤内，然后会被水带入无边无际的大洋，并且溶解在内，最后再次聚积在盐湖中和海洋咸沼中，并再次形成针棘虫的细刺，经过几百万年后，又会形成新的天青石晶体。

在这化学进程的不断更迭中，在复杂的自然现象链中，矿物学家和地球化学家仅仅捕捉到了零散的几页、零散的环节。科学家们需要利用阅历丰富的眼睛、准确的分析和深刻的科学思想来渗入原子在宇宙中的漫游途径中。根据这些片段、科学家能还原完整的书页，而科学家根据这些完整的书页能够构建出整本地球化学史的书，这本书将会向我们从头到尾地讲述，这种原子是如何在自然界中漫游的，和什么元素一起同行，它会在哪儿以稳定晶体的形式死去，或者是分散的原子在哪儿会频繁地更换自己的同行者，或是重新变为溶液，或是在巨大的自然空间内无限地分散着。

地球化学家必须理解这种原子复杂的漫游路径。

他必须像沿着细针一样去沿着最小的晶体到达线团的末尾。难道我们现在已经可以讲述锶原子历史的开头了吗？

它们是如何，又是从哪儿出现在宇宙历史中的？

为什么在某些恒星中锶的光谱线总是闪烁着特别的光亮，太阳光线中锶的光谱线又是从何而来的？这种金属是如何在地壳表面聚积的？又是如何聚集在花岗岩岩浆中的？是如何在白色的长石晶体中与钙聚集的？

这都是地球化学家还不能回答的问题。他们还不能像我叙述基斯洛沃茨克城郊天青石的天蓝色晶体一样，那么详细地叙说锶的历史。

地球化学家也还只能浅显地叙说锶原子历史中的最后几页。

很长一段时间内，人们都没有将注意力放在锶身上。有时人们利用锶来制作美丽的焰火，但是为此还需要添加一些采自地底的锶盐。有一名化学家成功找到了锶在制糖业的应用：他发现，锶和糖会形成一种新的化合物——锶糖，它可以被用来提取糖蜜中的糖。锶开始得到广泛的使用，在德国和英国的开采量十分巨大。但是另一位化学家发现，锶可以用更为廉价的钙来替代。于是锶这种金属又被遗忘了，矿山也被关闭了，只是还在某些地方能够找到锶盐的废弃物，用它来制作红色火焰。

1914年，第一次世界大战开始了，人们需要大量的信号弹。此外，能够穿透云层的红色火焰对于航空摄影来说十分需要，它可以被用来照亮空间。同时，人们也开始利用稀土和锶的盐来浸泡探照灯上的碳棒。

锶又找到了新的应用。

然后冶金学家掌握了获得金属锶的方法。类似于金属钙和钯，它能够将黑色金属中的有害气体和杂质清除掉。

锶开始被应用于黑色冶金业中。化学家、冶金工艺师和生产者都对锶产生了极大的兴趣，而现在，当我讲述天青石的天蓝色矿物时，地球化学家又在寻找锶的矿产地了，并且研究锶在中亚岩洞中的聚积，大工厂也在制备锶的盐，将它们从矿泉水中提取出来，总而言之，锶又重新变成工业和经济所需的元素了。

锶未来的命运将会如何，我们不得而知。我们地球化学家还不了解这种金属历史的来龙去脉……

我在疗养院向听众叙述的蓝色石头的故事就这样结束了。

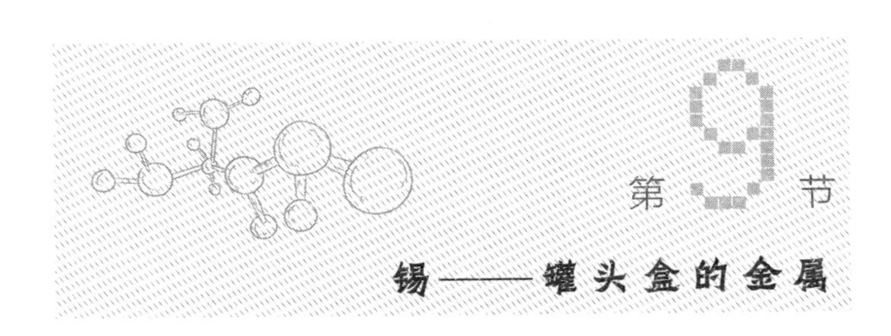

## 第9节 锡——罐头盒的金属

### 锡在地球上的旅程

人类在很早以前就知道锡了。人类在公元前5000—6000年，青铜时代之初就已经掌握熔炼锡的技术了，这比人类掌握熔炼并锻造铁的技术要早得多。

锡在自然界中主要是以氧化锡的形式存在，它们往往能形成像硅那样美丽且带有方形截面的坚硬晶体——锡石。它所含有的微量铁杂质使得矿物呈现出黑褐色，这是锡石的典型特征。在自然界中，这种矿物最初是形成于有裂缝的花岗岩中的，而裂缝正是被氟酸蒸气浸透过的。显而易见，正是氟促进了锡以易挥发的四氟化锡的形态显现，四氟化锡在遇到水蒸气时会发生分解现象，并形成锡石。

含锡的花岗岩以及石英——锡矿脉都可能会消失殆尽，但是锡石在此过程中不会发生改变，并会落入冲积矿床之中，得益于其较大的密度（锡石的密度是水的7倍），锡石会聚积在沙层之中。因此，会出现锡的次生矿床，或是具有重大工业意义的冲击矿床。

## 锡的性质

如果将锡石和碳一起加热，则锡石会恢复到金属形态，并在温度不高的条件下熔化。工业中这种古老的锡开采方式一直保留至今。锡的熔点比铁低得多，这也解释了为什么人类先是掌握了熔炼锡的方法，而不是熔炼铁的方法，以及青铜时代会先于铁器时代的原因。

纯净的锡是柔软且不坚固的金属，不适用于生产。但是含有10%的锡，并泛有金色的铜合金，即“青铜”，则有着十分优良的特性：它比铜更坚硬，易浇铸、锻造和加工。青铜的这些特征使得它在当时得到了十分广泛的应用，以至于考古学家专门划出了一个时代——青铜时代，也就是说，在当时，绝大多数的劳动工具、武器、家用器具和装饰物都是用青铜制成的。人类用青铜不仅制作出了器具、艺术品，还利用它们冲制硬币、浇铸钟和枪炮。

在对古城或是古村落进行考古发掘时，人们时常会在一堆物件中找到保存十分完好的青铜制品——日常用具、铜币、铜塑。但是需要确定的是，这些青铜制品是当地出产的，还是被运到这儿来的。而化学分析可以给出恰当的说明。

古时提纯这种金属的技术不够完善，以至于利用现代准确方法可以在青铜器中找到微量的杂质，这其中包含了多种元素。根据这些杂质的成分，有时可以猜到出产青铜器中铜和锡的矿产地。如果历史学家或是考古学家成功证实这些青铜物件就是产自该地的话，那么地质学家、地球化学家就会立马开始在这片地区搜寻锡。这样一来，就能找到被遗忘的锡矿产地。

金属锡可以以不同的形态存在，就像碳可以以金刚石、石墨和炭的形态存在一样。这种我们称之为灰锡的物质在低温时不稳定，并十分脆弱，会崩碎成金属粉末。所以锡制物品在长期的冷却过程中会逐渐消逝，这就是所谓的锡疫，它毁灭了不少的珍贵物品。所幸现在人类已经将这种再结晶的过程研究透彻，并成功地战胜了它。

现在锡的意义已经不在于青铜器中了，这种合金早已被铁和其他金属在日常使用中淘汰出局，仅仅4%的青铜还被使用到汽车轴承中。全世界每年开采的锡多达10万吨，其中4万吨的锡（40%）被用于制造马口铁，2万吨的锡（20%）用于钎焊。如此一来，锡曾经是铜的附属品，而现在则是铁的附属品。可以说，锡已经度过了自己的“青铜时代”，变成了用于制作罐头盒的金属。

随着罐头工业的不断发展，马口铁的需求量也在急速增长。马口铁是一种镀有薄薄锡层的铁皮，锡层厚度约为百分之一毫米。镀有锡层的铁皮或是铁罐头能够免于生锈。纯净的锡不会被罐头中的液体溶解，并且对人体健康也没有害处。没有其他的镀层可以与锡在稳定性上相媲美。现在人们会消耗许多锡来制作罐头的镀层，就是为了防止它们生锈。

在人类开始使用罐头之后，就逐渐开始抛弃传统的罐子。一方面，人类完成了勘探和开采锡的艰巨工作；另一方面，人类又使得锡以及马口铁盒到处分散。铁会生锈，而锡则会回到地底。同时，搜寻锡又十分困难。锡的存在形式并不算多（已知的只有15～20种），并且十分难以发现。锡在地壳中的平均总量约为十万分之六，它的储量与稀有元素铍的储量差不多。

最早的锡矿产地在亚洲，以及欧洲的南英格兰岛屿（也被称为“锡岛”。锡石这种矿物的名称是否来源于这个岛，这不好说，这个岛的名称来源于希腊词汇“Kosmoteros”，这个词语在荷马的《伊利亚特》书中代指某种带有锡的合金）。在英国的康沃尔半岛，锡石常常与含铜矿物黄铜矿一同出现，所以，在熔炼这种矿石时，可以直接获得青铜。

但是最主要的锡矿产地位于中南半岛的马来半岛，世界上一半的锡开采量都源于此，那里有超过200个位于花岗岩中的锡矿床，以及大量的富锡冲击矿床。人们通常运用水力来开采锡矿，将高压水柱或是水炮对准矿床。含有好几种矿物混合物的稀泥流入了特殊的沟渠，当地的工人（主要是儿童）就会用力地搅拌它们。沉重的锡石留在了沟渠出口的门槛边上，人们会将这些锡石运走。锡石的开采过程就是这样的简单。含有60%~70%锡石的精矿会被运到工厂进行进一步精制。

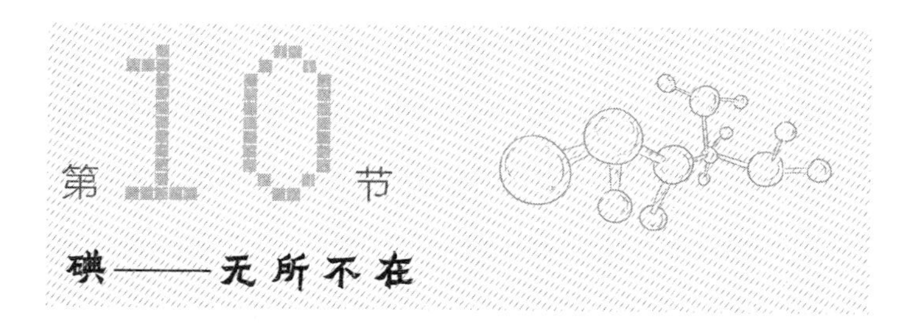

## 第10节 碘——无所不在

### 碘的特性

所有人都知道碘酒，以及如何在划伤手指的情况下使用它，其实最开始是将红褐色的碘液与牛奶混合使用的。很多大众所熟悉的药物中都含有碘，但是我们对碘本身，以及它的命运却了解甚少。

很难找到另一种比碘包含更多奥秘和矛盾的元素了。况且，我们也不了解碘这个元素，不了解其漫游历史中的基本阶段，甚至于我们用碘疗伤的原因，以及它从何而来都属于未知。

不得不说的是，就连伟大的化学家门捷列夫也与碘令人不快的特性产生了一些矛盾。门捷列夫按照相对原子质量升序将元素依次排列，但是碘和碲却破坏了整个秩序：碲排在碘前面，但是碘的相对原子质量更大。这样的排列一直延续至今。

碘和碲是唯二破坏了门捷列夫周期律的元素。现实状况就是，现在我们正尝试找出这种现象产生的原因，但是从多年研究看来，这都只是令人不解的例外，而人们也不止一次地批评了门捷列夫的杰出理论，说他只是按照自己的想法排列了元素周期表。

碘是一种坚硬的固体，它是一种带有真正金属光泽的灰色晶体。它像一种透着紫色光芒的金属，如果我们将碘的晶体放于玻璃瓶中，就能在瓶子上方看到紫色的烟雾：碘易升华，不经过液体形态。

这是碘的第一种矛盾特性，接下来为大家讲讲它的第二种矛盾特征。即碘升华出的烟雾颜色是暗紫色的，碘本身是泛着灰色金属色泽的，可碘盐却完全是无色的——看起来就像普通的食盐，只是某些碘盐会带有些许淡黄的色调。

碘还有一些其他的奥秘。它是一种极其稀有的元素：我们的地球化学家计算得出，碘在地壳中的含量仅为千万分之一或是千万分之二，而同时碘又无处不在。若是采用最精确的分析方法，我们在周围世界中到处都能发现碘原子。

## 碘的分布

碘无处不在，坚硬的陆地和岩石、清澈水晶，甚至冰洲石的纯净晶体中，都蕴含着非常多的碘原子。还有许多碘原子位于海水中，而在土壤、流水中也有大量碘原子分布，除此以外，在植物、动物和人体之中还分布着更多的碘原子。我们从空气中获取碘，空气中充满着碘升华所产生的烟雾，或是通过食物和水来将碘摄入机体。没有碘，我们就没法活下去。以下这些问题依旧没有弄懂：为什么碘无处不在？它的本源在哪儿？这种稀有元素是从什么深度的地底来到我们身边的呢？

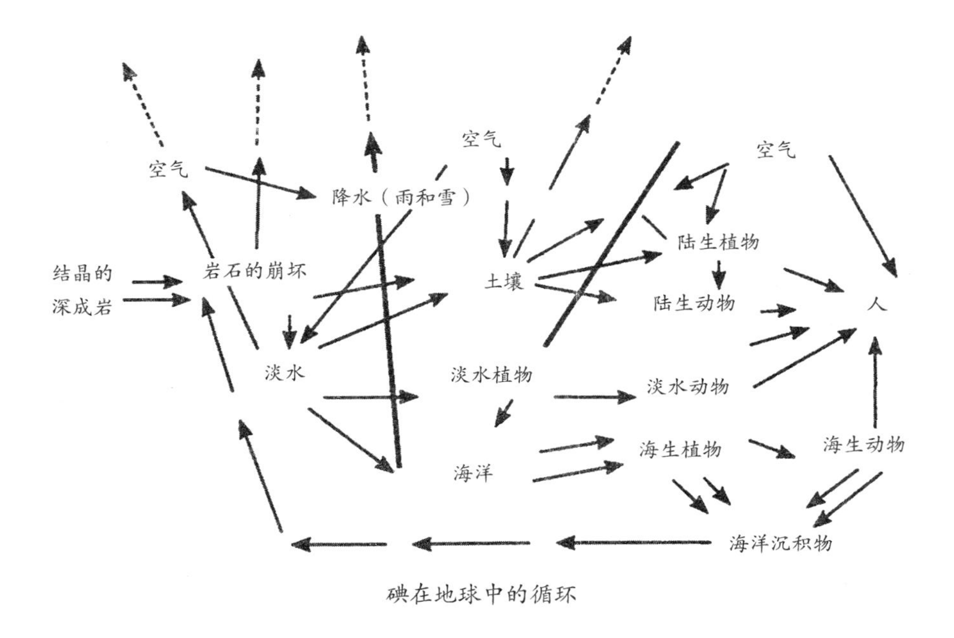


碘在地球中的循环

就算是我们利用最准确的分析和观察，也不能发现碘那神秘的本源，因为不论是在深层的熔融岩浆之中，还是在涌出岩浆内的熔融物中，都找不到矿物碘。地球化学家描绘出了这样一幅地球上碘的起源图景：在很久以前，在地质史尚未开始之时，那时我们的地球刚被一层硬壳包围着，包含着各种物质的烟雾以紧密云层的形式包裹着炙热的地球。就在此时，碘和氯从地球内的熔融岩浆中分离了出来，被正在下沉的水蒸气流捕捉，于是将大洋从大气层获得的碘汇聚了在了海水之中，而后这些大洋又形成了今天的海。

事实究竟是否如此，我们无从得知，但是我们知道，碘在地表中的分布充满了谜团。在北极圈内地区中，以及高山内，碘的含量要少很多；在低洼地区，以及海岸岩石中，碘的数量则要多出不少；在沙漠中，这个数量还要更多；在非洲南部沙漠以及南美阿塔卡马沙漠所产的盐类中，甚至可以发现真正的碘化合矿物。

碘能够在空气中溶解。精确的分析表明，碘是按照严格的规则分布的：在帕米尔以及阿尔泰超过4 000米的高度所含有碘的量，要比莫斯科和喀山等低处含有的碘量少许多。

碘不仅存在于地球，来自未知宇宙空间的陨石中也有碘的存在。科学家已经开始利用新的方法在太阳及其他恒星的大气层中搜寻碘的踪影，但还没有任何结果。

海水中的含碘量十分庞大，每一升海水中便含有两毫克的碘，这已经是十分巨大的数值了。海水在岸边、咸沼和近岸的湖泊中会发生浓缩作用，所以在这些地方会有盐类聚积，并且像白布一样覆盖着浅岸。我们很详细地研究过克里米亚的黑海海岸，还有中亚湖泊中的盐类。但是碘在这些地方均无分布，看来碘已经消失在了某处。很显然，有一部分碘聚积在了淤泥底部，而大部分则蒸发掉了，跑到了空气之中，只有很小的一部分被保留在了残余的盐溶液中。而聚积着钾盐和硼盐的地方则几乎看不到碘。

有时在咸水湖岸和海岸边生长着植物，甚至还有各式各样水藻形成的水藻林，它们覆盖着岸边的石头。这些水藻中聚积着碘，这是某些令人费解的生物化学过程的结果，每一吨的水草中就有好几千克的碘。而在某些海绵动物体内，碘的数量更多，能达到动物体重的8%～10%。

我们针对太平洋沿岸的研究十分透彻。在几十万千米的沿岸区域内，特别是在秋天时，海浪会送来超多的水藻、海带——超过30万吨。这些海藻含有几十万千克的碘。人们会对水藻进行收集，有一部分拿来吃，而另一部分则会被小心翼翼地焚烧，从中提取出碘和钾碱。

碘在地壳中的历史至此尚未结束，某些火山也能从神秘的地底带出碘。

## 碘的应用

这种元素的命运具有多样性，于是又产生了新的谜题：我们用碘疗伤，用它来止血，杀灭细菌，防止伤口受到感染，但碘同时又毒性十足，碘蒸气会刺激到黏膜。过量的碘滴或是碘晶体会置人于死地。而最使人惊讶的就在于，缺碘对于人的健康是有害的。人体中含有一定数量的碘，动物体中亦是如此，这是毋庸置疑的。我们知道，缺碘在某些地方会表现为一种特殊的疾病——甲状腺肿大。高山居民一般会患有这种病，这种病在某些位于中高加索和帕米尔高原的山村里十分常见，在阿尔卑斯山亦是如此。

最近美国研究者发现，这种甲状腺肿大的病在美国境内也有分布。如果我们打开甲状腺肿大病例分布图，以及碘在水中含量的百分比图，则不难发现，这两者往往能够相互对应得上。

人体对碘尤其敏感，空气中或是水中的碘含量减少都会在健康上反映出来。人们已经掌握了治疗甲状腺肿大的方法，即食用碘盐。

碘被用于工业的途径亦是有趣，碘的工业用途逐年广泛、多样。一方面，人们发现了碘与有机物结合成的化合物，它们可以被制成无法穿透的铠甲；另一方面，若是将这种化合物注入有机体中，则可以将内部组织清晰地照出来。

我们了解到，近几年来其他一些领域也开始应用碘。碘在赛璐珞中的运用有着特殊的意义，含有微小针状晶体碘盐的赛璐珞能制成很好的偏光镜。很多年来，我们制造的偏光显微镜都是十分特殊且昂贵的，而现在得益于这种新型偏光镜的出现，在莫斯科设计出了一种极好的放大镜，其可以取代显微镜。我们可以带着这种放大镜去田间勘察。将2~3个偏光镜放在一起可以增加画面的鲜艳色彩，我甚至能想象到在观看被灯照亮的装饰墙画，或是电影荧幕时，转动两片偏光镜，便会出现色彩鲜明的特效，以及快速移动的太阳色谱。若是将偏振片镶在汽车玻璃上，就能在灯火通明的街道上行驶，且不会被快速驶来的汽车的前灯弄得目眩眼花，因为在偏光镜的作用下，你看不到如烈火般的鲜艳光晕，汽车在这样的条件下也只是带着两个小光点罢了。

当飞机在漆黑的城市上空飞行，并向下投放由镁制造的照明弹时，用偏光镜就能看见照明弹下方的城市。

正如你们所看见的，这种元素有着多么多样且广泛的应用，但同时它身上还有多少未解之谜，它的来源、它的漫游命运还有着很多矛盾，还需要许多深层次的研究，来弄清楚它的特征，理解这种无所不在，贯穿着我们整个世界的元素的本质。

有趣的是，这种元素的发现史同样充满着矛盾。碘是于1811年被药剂师贝尔纳·库尔图瓦在植物灰中发现的，他拥有一座将植物灰加工成硝石的小工厂。这个发现在当时并没有给科学家们带来特别的影响。100年后，这个发现才得到了其应有的评价。

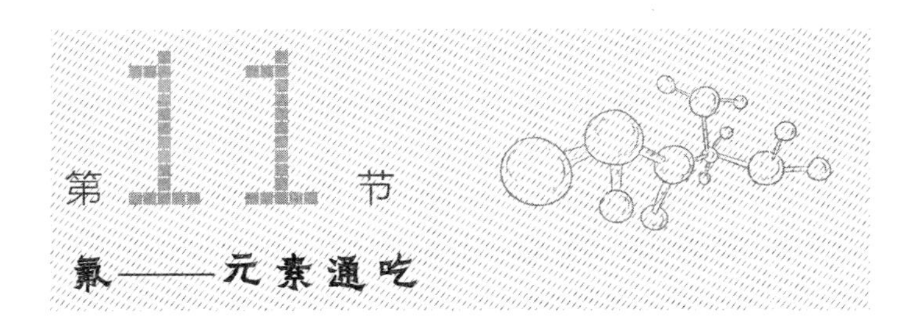


## 科学家是怎样工作的

我在考虑成书计划时，拟定了有关氟及其优秀特性的章节，但当我要着手编撰章节时，却不得不在此停顿。因为我从来就没有研究过氟及其化合物，我对氟组成的出色的矿物，以及氟在工业中的作用都不感兴趣，所以才陷入了如此困境。

为此，我不得不求助于我的笔记，整理出有关化学元素的摘录，最后我找到了几张记载氟的资料，我便是用这些资料完成了这一篇的论述。

达尔文（1809—1882年），英国生物学家，进化论的奠基人。重要著作《物种起源》。

**达尔文**曾在自传中指出科学家应如何工作。他说，科学家不需要把所有东西都记住，比如说每一个有趣的观察，或是在书中看到的新奇之事，而是应该将这些都记在小纸片上，至于有关其研究问题的每一本书，都应该和摘录一起被置于单独的书柜里。

达尔文认为科学家没必要有一个面面俱到的大书库。他在做研究时先是拟出近几年的任务，然后目标明确地去解决它。为了解决一个问题，会多次地翻阅资料，并将每个问题的资料放置在书柜中的1~2个格板中。

经过几年后，有时甚至是经过了数十年后，他关于每个问题都积攒了大量的事实资料。然后整理这些资料和书籍，将它们按条理摆放，并编撰相应的论文标题。正是这些资料，奠定了现代生物学的开端。

以这种顺序来编写书籍和专题论文是十分方便的，我承认，20年前我开始效仿达尔文的方法，并且以同样的方式为我的研究准备资料和书籍。我与那些被运去科拉半岛的书道了别，只留下了与我近几年的研究课题相关的书籍。在这些课题中，有一个最主要的问题，就是要描写地球上所有化学元素的历史，向地质学家、矿物学家和化学家展示某个金属的原子在宇宙空间所走过的复杂漫游轨迹，讲述它在地球上及人类手中所展示出的特征和性状。

## 关于氟的五段记录

瞧，当我准备写一篇关于氟的文章时，我就在关于“氟”的文件夹里找到了五段记录。现在就按照原样给大家展示一下。

### 第一段

我很早就想着去看看外贝加尔的著名矿产地，曾有人从那儿为我寄了一些极好的黄玉晶体，这是一种稀有的矿石，里面含有氟，还有一些其他的五颜六色的晶体，以及色彩丰富的萤石晶簇，人们开采这些黄玉晶体来满足工业所需。

终于，我们下了火车，这趟列车是开往西伯利亚的。在火车站旁有三匹马，于是我们骑着马沿着外贝加尔的草原飞驰，此时草原已被毯子一般的火绒蒿覆盖着。随着我们逐渐爬上山顶的缓坡，眼前的景色也变得越来越迷人。雪白色的、浅黄色的和天蓝色的黄玉就是从裸露的花岗岩中开采出来的；在伟晶花岗岩的空隙和晶洞之中，我们看到了萤石美丽的八面体结构，萤石的主要成分就是氟和金属钙的化合物。最令我们震惊的是，一个小山谷里竟有这样富含萤石的矿产地。

这里的萤石不是花岗岩冷却时灼热水溶液中沉淀出的单个晶体，而是各式各样色调的萤石在此大量聚集，有玫瑰色的、紫色的以及白色的。它们在西伯利亚的阳光下闪闪发光。采石场将这种珍贵的岩石开采出来，就是为了将其经过整个西伯利亚运往位于乌拉尔、莫斯科和列宁格勒的冶金工厂。在我的眼前立马浮现出了这样的场景，气体从地下深处的古老花岗岩熔浆中喷出，其中的一些冷却下来，凝聚成了萤石。也就是说，这些萤石的形成展示了花岗岩在地底冷却的某一阶段，那时花岗岩正被蒸汽和各种挥发性气体笼罩着。

我想起了关于萤石那些令人神魂颠倒的色调的描写，以及那些用这种石头制作昂贵的萤石花瓶。我还想起，在英国有过专门加工这种岩石的工业，现在在博物馆里都还能看到这种岩石的漂亮制品。

此外，我还记起了一些往事。当我还是莫斯科第一人民大学一名年轻的矿物学老师时，我给我的学生们布置了一项任务：一同鉴定莫斯科周边的矿物。在这些矿物中就有一种紫色石头。人们在100年前就已经在小小的拉托夫山谷中发现了它，称它为拉托夫石。

这种岩石蕴藏在石灰岩的某些夹层之中，呈紫色夹层状，这种岩石的小立方体沿着伏尔加河支流——奥苏加河岸和瓦祖扎河岸分布。我们积极地投入到了对这种紫色岩石的研究之中，这是一种纯净的氟化钙，也就是我正在讲的萤石。这种紫色卵石的数量十分之多，在石灰岩夹层里排列得又那么整齐，以至于很难将它们的构成归结为灼热的气体，也就是说，它与外贝加尔黄玉和西伯利亚萤石矿床的形成方式迥然不同。

这些沉积物与古老的花岗岩相隔2 000多米，这些花岗岩是莫斯科岩石带的基础，我们则需要找到这些美丽的岩石沿着伏尔加河支流分布的原因。最终在卡尔平斯基院士的帮助下，我们这些年轻人找到了该岩石的来源：拉托夫石与古莫斯科海的沉积物有着密不可分的联系。在这种岩石的聚积过程中，有一些生物发挥了极大的作用，那就是海中的贝壳，它们在自己的细胞中，特别是石灰质的外壳中，收集了氟化钙的晶体。

## 第二段

下面简短地概括描写一下我出差去参加地质大会时，在哥本哈根度过的一天。

大会结束后，我们参观了位于哥本哈根城郊的知名冰晶石工厂。像冰一样的雪白石头，是从格陵兰岛的山顶上运来的。由于某种奇怪的纯天然巧合，这种石头无法从外观上与冰块区分开来，并且在地球上只有一个地方存在着这种岩石，那就是位于格陵兰岛西海岸的极圈地区。这里的冰晶石开采规模十分巨大，人们将冰晶石装船，运至哥本哈根。然后送至特别的工厂，这些工厂能从冰晶石中提取出别的矿物，包括铅、锌和铁的矿石。剩下的就是纯净的，像雪一样的粉末。这种粉末会像宝石一样被放在特制的箱子中运至化学工厂，在这儿等待它的是全新的命运：它与铝矿石一起在电炉中熔化；闪着光的金属熔流会被倒入事先准备好的大池内，这就是铝。几乎所有现代的制铝工艺都必须要用到冰晶石。如今人造氟化铝和氟化钠的复盐已经取代了自然的冰晶石，但是这始终还是冰晶石，只不过是由人类在工厂制得的罢了。

## 第三段

在位于塔吉克斯坦绝美湖泊中的陡直峭壁上，人们发现了纯净透明的萤石碎屑。人们对于透明萤石[1]的需求量实在太大了，所以派遣一支考察队去往湖泊的悬崖上进行勘探。我们兴致勃勃地读了有关开采这种蕴藏在紧实石灰岩中的透明萤石时所遇到

---

1 光学萤石是一种极其娇弱的矿石，它不仅会在受到撞击时破裂，还会在温度急剧变化时破裂。如果将萤石放置于水中，即便水与空气只有几摄氏度的温差，它也会出现裂纹，而这种裂纹会降低萤石本身具有的极高的光学价值。

的困难。

在长期劳动之后，通往湖泊上方矿床的小路终于铺好了。但更难的是，要将这些宝贵的碎片运到位于湖岸边的村庄去。塔吉克山民一块一块地用手往下传递，费了很大的劲才将这种珍贵的岩石运了下去，然后在石头下塞满软草，装进驮箱被运到撒马尔罕。这些异常纯净的萤石，可以用来制作最薄、最纯净的透镜，以及其他精密的光学仪器。

## 第四段

在捷克斯洛伐克某所疗养院疗养时，我们受邀去参观城市附近的一家用最新技术建成的机械化玻璃工厂。我们参观了生产大型平板玻璃的车间，那里的平板玻璃的尺寸可真是大得出奇。一块又一块带状窗户玻璃板被接连不断地熔炼出来，在另一些车间则制作着高级的精制玻璃，它们被稀有金属和铀盐染出了各种色彩。但是最有趣的当属制作艺术画的车间。由精致玻璃制成的花瓶被镀上了一层薄薄的石蜡，有经验的雕刻艺术家会用工具在蜡层上雕出精美、复杂的花纹。他们用手术刀刮掉某一处的蜡层，然后又在另一处划了几道细线，在我们眼前便呈现出了一幅森林猎鹿图。然后这个样本会被复制下来。这个图的轮廓会在特殊仪器的帮助下被勾描，接下来会在一个大大的房间里被刻在几十个镀有石蜡的花瓶上。在这些花瓶上会逐渐显露出森林和被狗追逐的鹿的轮廓。然后所有的花瓶都会被放在涂有铅的特殊炉子中，接着将氟化盐蒸气通入炉内。生成的氟酸会腐蚀未被镀蜡的玻璃，有深有浅，于是花瓶表面就变成了磨砂状。然后把花瓶置于热酒精或热水中使蜡层熔化，呈现在我们眼前的便是一幅美轮美奂且细腻的画了。只需要借助快速转动的刻刀将画的某些地方修整修整，或是加深一下，一切就大功告成了。

第五段

终于，在有关氟及其化合物的纸片和回忆中，我找到了大学化学课上的一段摘录：

氟——一种带有气味，能使人眩晕的气态元素，化学性质十分活跃。它几乎可以与所有元素结合，并伴随爆炸和放热，它甚至可以与金结合。因此，它的制备也是十分困难的。纯净状态下的氟在1886年才被制成，尽管在此之前，1771年它就已经被卡尔·舍勒发现。

## 氟的用途

在自然界中，氟以氢氟酸或盐类的形式为大家所熟知，最主要的还是氟化钙，即带有美丽花纹的矿石——萤石。萤石在拉丁语中称“Fluere”，即流动之意，如此命名是因为它有使金属矿石更易熔的特性。

氟在自然界和其他化合物中分布极广，磷灰石中就含有高达3%的氟。

在地球化学史上，氟是由花岗岩熔浆中的易挥发性物质生成的，但也有少量的氟产生于由海洋中的有机物聚体形成的沉积氟化物。

片状萤石可以用于制作光学玻璃，这种玻璃与普通玻璃不同，可以透过紫外线；色彩美丽的萤石还可以做成装饰品。但萤石的主要用途还是作为金属的助熔剂，或是被用来制备氢氟酸，这种酸具有很强的腐蚀性，能够腐蚀玻璃，甚至是水晶。

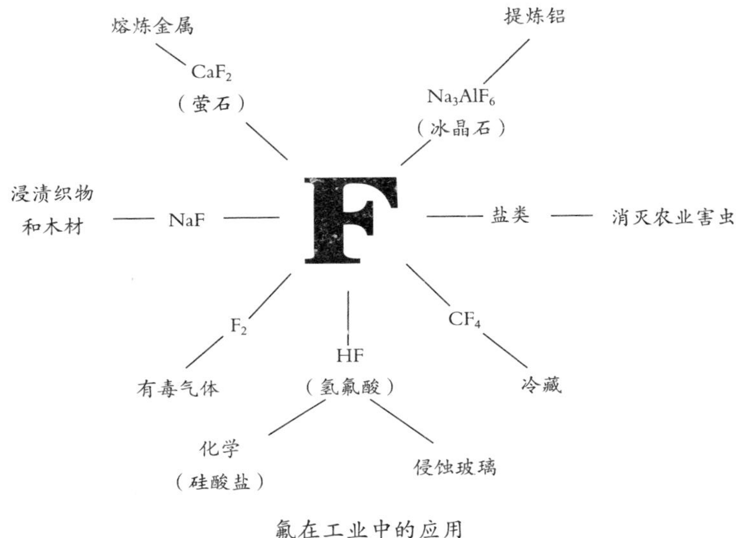


氟在工业中的应用

氟与钠和铝的复盐形式即冰晶石，这种矿石能被用来电解金属铝。氟在植物和活有机体中扮演着重要的角色，是生命必不可少的一种物质，但是过多的氟对健康是有害的，并会导致一系列的疾病。

在海水中，氟在生命活动中被聚集起来（贝壳、骨骼、牙齿），有一部分以碳酸盐的形式存在，其他的则以磷酸盐形式存在。每1升海水约含有1毫克的氟。牡蛎壳中所含有的氟是海水中的20倍。在巨大的珊瑚礁中藏有好几百万吨氟化物。此外，在火山喷发口也能找到氟的踪迹。

近几年，科学家在门捷列夫周期表的基础上分析氟化物的性质时，发现了一种氟的全新用法：科学家们得到了一种特殊的物质——四氟化碳，它无毒，并且在与空气混合时不会爆炸，十分稳定，而且从固态升华成气态时，会吸收大量的热。正是这种特性使四氟化碳被大量用于冷藏设备，使人们保存食物的愿望变为现实。

我用自己的话讲述了这几页纸的内容，它们都是在我的书柜中找到的。这些纸好像把这种自然界的杰出元素介绍完了，但是它的未来要比这儿说的广阔得多。没有比氟化物更危险的毒素了，也不存在比四氟化碳更优秀的制冷剂了，利用它可以防腐储存食物，避免浪费，还能维持所需温度，最低能达到零下100 ℃。

人们对于氟的研究还不够多，在氟身上还藏着有关其复杂化合物独特性质的问题，我们现在还很难预测氟在国民经济中会得到多么广泛的使用，以及它未来的命运如何。

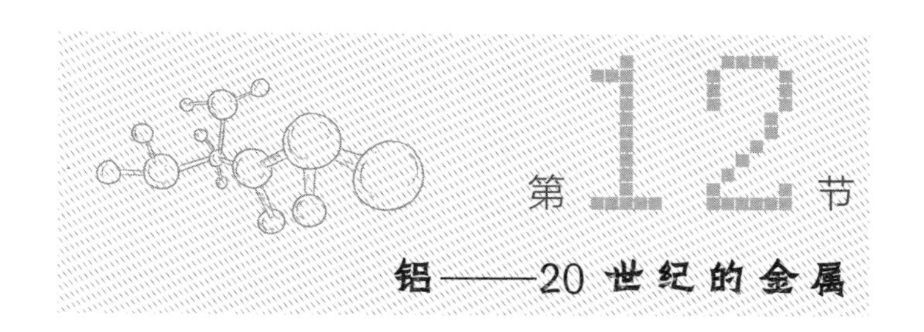

## 第12节 铝——20世纪的金属

### 铝的性质

我们大家都很了解，由于岩石在不同的时期被风化和破坏而形成黏土、沙砾等沉积物，在它们的下面是覆盖着整个地球的岩石地层，也就是我们常说的地壳。

地壳的厚度达几十万米，现在更有科学家猜测，其厚度可能要大得多。地壳往下深入就是含铁和其他金属的矿层，最终在地球的中心是铁质的地核。

我们现在感兴趣的是岩石地层，也就是地壳，在地表会形成一些巨大的凸出物——大陆板块，或者说是大陆。在大陆上又会形成长长的褶皱状的山脉。在山脉的群峰里，或是海洋的悬崖岸上，至今都还存在着原始的，混沌的石头王国。

作为大陆及其山脉基底的岩石地层，是由硅酸铝和硅酸盐组成的。硅酸铝，顾名思义，是由硅、铝以及氧构成的，因此人们将该岩石地层称为硅铝层。

而构成该地层的主要成分为花岗岩，按照重量计算的话，氧占到了总重量的50%，硅为25%，铝则约为10%。如此一来，铝在地球中的含量位居第三，在金属含量排名中位列第一。它在地球上的含量比铁更多。

铝、硅和氧是构成地壳的主要元素，在这里它们组成了各种不同的矿物，并且在这些矿物中的相对分布都恰到好处。这些矿物，包括硅酸铝，都属于硅原子或是铝原子居于所有原子中心的化合物，氧则在它们周围分布在四角，呈方锥体规则分布。

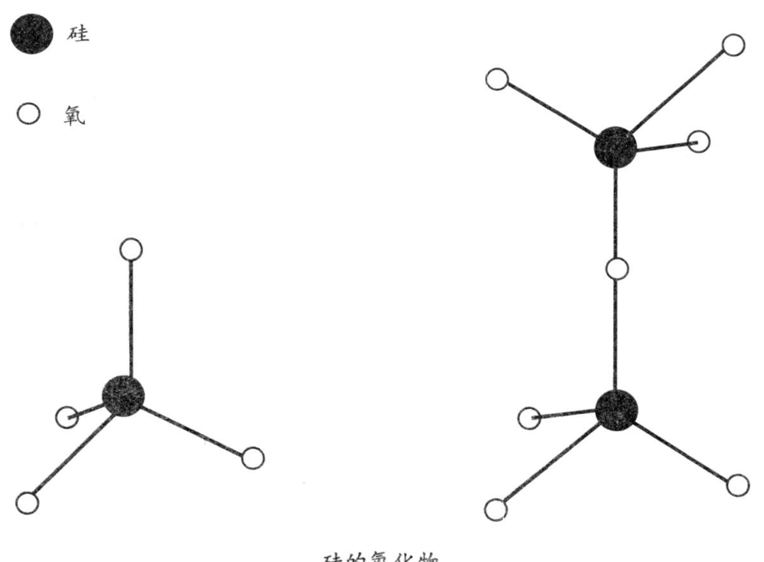


硅的氧化物

这些硅和铝的方锥体就是这样构成的，由它们又形成了各种各样的硅酸铝，这类矿物也一直被我们提到。大家请观赏由这些原子绘成的图形。看到这些图形的第一眼，容易使人想起纤细的花边和地毯的花纹。这幅地壳矿石中的铝原子、硅原子和氧原子的排列图多亏了X射线的运用才为人类所知的，因为这种射线能够拍摄出石头的内部结构。

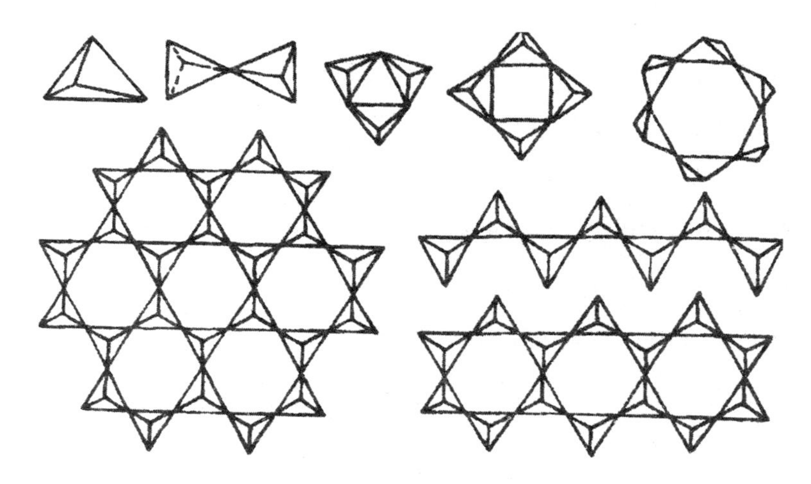

铝和硅的四面体模型

## 铝的存在形式

在人类文明伊始，这些暗色的、亮色的和多彩的岩石——花岗岩、玄武岩、斑岩还有其他由硅酸铝构成的岩石，就在人类手中得到了十分广泛的应用，被用于修建房子、制作艺术品和器具，人类还用它们建造城市，利用黏土（硅酸铝岩石遭破坏后的产物）烧制陶器、陶瓷和瓷器。

但是几千年来，人类都没有想到铝自身便含有一些卓越又不可思议的特性，它是一种能在白黏土、灰花岗岩和另外一些其貌不扬的岩石中找到的金属。

在自然界中，无论如何都不可能存在金属形态的铝，它永远都是以氧化物或是矾土的形式存在的，也就是说，它是以与氧结合而成的化合物形式存在的，其氧化物在外观和性质方面都与金属铝完全不同。

人类约在125年前首次分离出了少量泛着银色光泽的金属铝。当时谁也没想着这种金属会在人类的生活中扮演什么角色，因为它的制取十分困难。在19世纪初，有一批科学家通过电解高温熔化铝化合物（例如冰晶石）的方式成功地获得了铝，分离出的铝位于熔渣层之下的负极处。熔炼出来的铝呈纯净银色金属状，当时它被称为“黏土银”。

这种制备铝的方法辗转来到了工厂，铝便迅速得到了十分广泛的应用。铝的特性也十分优良，并且有着像银一般的光泽。

铝的相对原子质量是铁的三分之一，同时拥有着相当好的延展性。裸露在空气中的铝会从表面开始氧化，而这层薄薄的氧化膜会阻止接续的氧化作用，从而避免铝受到进一步的破坏，也就是说，铝不会像铁那样生锈。

最开始铝是被用来制作首饰的，但是后来铝的产量上升，导致它开始贬值，人们便开始将其用于制作锅、茶壶、杯子及其他餐具。

对于建造坚固的飞行器、机身、机翼或是全金属飞机来说，铝都是再好不过的材料了。之后铝还进入了汽车业、机器制造业和其他工业领域，它在许多情况下取代了铁与钢的地位。铝的使用在军舰制造业甚至带来了翻天覆地的变化，使得人类有能力造出“袖珍战列舰”（此类战舰有着轻型巡洋舰的大小，却具备无畏战舰的威力）。与此同时，人类也掌握了从自然矿物中大量获取这种“银”的方法。

现在纯净的氧化铝不是从黏土中开采得来的，而是从铝土矿的类黏土矿物中提取出来的，这种铝土矿中含有50%～70%的氧化铝。

金属铝的炼制步骤：

第一步，利用溶解的方式来净化铝土矿中的杂质，从而得到纯净的无水氧化铝。

第二步，将氧化铝添加到熔融的冰晶石中，氧化铝会完全溶解，再释放电流，就能在负极分解出纯净的铝金属了。

近来，人们尝试使用霞石矿物（$Na_2Al_2Si_2O_8$）和蓝晶石来代替铝矿石，这两种矿物分别含有33%和50%～60%的氧化铝。

铝在加热时会贪婪地与氧结合，变为氧化铝，并在此过程中释放出巨大的热能。它的这种性质被用于熔炼金属的技术之中，称为“铝热法”，即同时将相应的金属氧化物和金属铝粉末相互混合，用镁条引燃，金属铝会剧烈反应夺去其他金属氧化物中的氧，并将这些金属还原为单质。

人们用这样的方法来熔炼钛、钒和其他金属。因为在利用铝热法的过程中，会释放出大量的热，所以铝和氧化铁的混合物，也就是铝热剂，还可以被用于焊接钢铁。相信我们每个人都见过这是如何工作的，比如说在焊接有轨汽车的铁轨时。

我们已经说过，铝在氧气中燃烧时会产生铝的氧化物，也就是氧化铝，它也是刚玉的主要成分。刚玉是一种十分坚硬的矿石，常被制为磨刀或是研磨器械。刚玉的微小晶体与磁铁矿和其他矿物相结合，就得到了所谓的金刚砂，我们所有人都很了解这种材料。想必，你们也不止一次利用它打磨过自己的折叠小刀。

不论是硅酸铝、黏土、铝土矿，还是刚玉，外观都平平无奇。它们都是暗色的、灰色的或是白色的岩石状，并且没有任何鲜艳的色彩。但是大自然在很多情况下都对天然的氧化铝有所着色。这些被着色的氧化铝就成了宝石。

那么这一些都是如何发生的呢？

正如科学家所解释的，需要有微量的其他金属，例如铬、钛、铁，来使得天然的氧化铝闪耀出不同的色调。因为所含元素及元素含量的不同，我们能得到各种各样的刚玉宝石：蓝宝石、黄宝石、紫水晶，以及绿色的祖母绿。

各种各样微量的杂质在氧化铝中创造出了多么丰富多样的色彩啊！人类弄清了这些岩石拥有绚烂色彩的原因，并掌握了高温条件下在特制的火炉中制备这些宝石的方法。现在这些宝石不仅被用于装饰，还被用于工业技术之中。

此外，自然界中的氧化铝和硅酸铝在深度破坏之下形成的黏土，是瓷器的重要组成成分之一，而人们又用瓷器制造出各种不同的产品。

在有酸存在的情况下，氧化铝会与之结合形成化合物，例如与硫酸反应生成铝矾。铝钒在远古时期便为人类所熟知，并作为媒染剂被应用于织物染色之中。

铝矾中还含有其他金属元素，其中含钾的被称为明矾[$KAl(SO_4)_2 \cdot 12H_2O$]。明矾和其他的可溶解化合物会进入土壤，并在此被植物吸收。有些植物会在自己体内聚积大量的铝，例如大家熟悉的石松。有趣的是，在生长着八仙花的土壤中加入明矾，会导致花朵颜色发生改变。

为什么我们将铝称为20世纪的金属呢?

因为由于其优良的特性，铝的应用正逐年增长，而其储量庞大，取之不尽，也就是说，所有现象都说明，铝正在像当时的铁一样进入人类的日常生活之中。而这段时期也会被称为铝器时代。

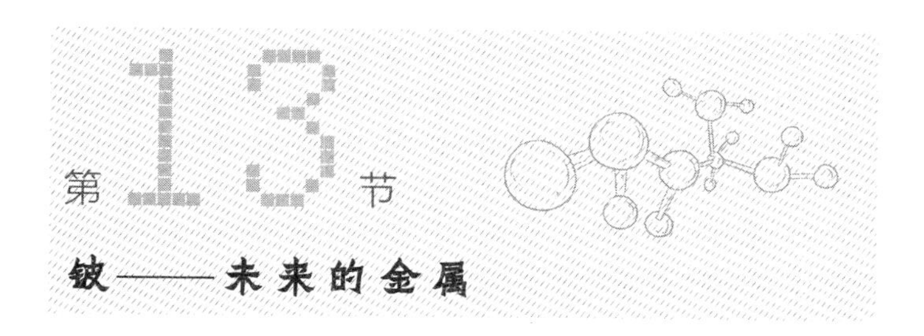

# 第13节 铍——未来的金属

## 铍在地球上的旅程

历史学家说，罗马皇帝尼禄很喜欢透过祖母绿的晶体在竞技场看角斗士角斗。

当罗马按照他的命令熊熊燃烧时，他隔着祖母绿玻璃观赏着，在这玻璃中，火焰的红色透过岩石的绿色，看起来像极了可怕的黑舌头，而他却陶醉于这一切。

当尚不知道金刚石存在的古希腊、古罗马艺术家，想在石头上刻下某个人的面容，使之流芳百世，以表达对他的敬仰时，便会选择产自非洲努比亚沙漠的纯净祖母绿。

和祖母绿一样，很早以前金绿宝石就引起了人们的重视，这种宝石是在印度洋锡兰岛上的沙粒中被发现的，除此以外，还有黄绿色的、翠绿色的绿柱石，海洋色的海蓝宝石。后来人们又发现了极为稀有的蓝柱石，也就是珠宝商口中温柔的“蓝水”；还有火红色的硅铍石，这种宝石在太阳下暴露几分钟便会褪色。

2 000年前，在努比亚无水沙漠下面地道内古怪的蜿蜒小道中，人们正为埃及艳后克利奥帕特拉挖掘绿柱石和祖母绿。从地底开采出的绿色岩石被骆驼驮运队运到红海海岸，继而进入印度王公、伊朗国王和奥斯曼帝国统治者的富丽堂皇的宫殿之中。

在美洲被发现之后，在16世纪，品相与大小均优的墨绿祖母绿从南美洲进入了欧洲。西班牙人和葡萄牙人掠夺了哥伦比亚当地人的多座庙宇，虽然当地人极力掩藏，但侵略者们还是找到了大山中的宝石矿场。

18世纪，人们开始从阳光强烈的巴西沙地中开采拥有绚丽色彩的海蓝宝石。这种岩石获得“海蓝宝石”的名称，并不是无缘无故的，因为它们的颜色变幻莫测，就像南部的海洋一般，其色彩华丽而又多变，在黑海海岸生活过的，或是观赏过艺术家艾瓦佐夫斯基画作的人应该十分熟悉这种颜色。

各种亮色的岩石被从地球内部分离了出来，但却只有亮绿色的宝石得到了加工，而其余的则被直接抛弃。

所有这些岩石很早就以其变幻的美丽、迷人的光泽和纯净的色彩不断地吸引着人们的注意力，尽管很多化学家都尝试弄懂它们的化学本质，但一直没有任何发现。

## 科学家对铍的研究

直到1798年，这种漂亮的浅色岩石的秘密才被揭开。

法国大革命历Ⅵ年雨月26号（也就是公元1798年2月15号），在由法兰西学术院举办的隆重大会上，法国化学家路易·沃克兰宣布了令人震惊的消息，他说一系列曾被认为是氧化铝或是含铝土的矿物，实际上是一种全新的元素——铍，并且他还提议将此元素命名为“Glucine”，来源于希腊单词“Glykys（甜）”，因为它的盐在这位化学家尝来是甜的。

很快这个消息便被其他化学家的大量分析所证实，但是这种新物质在矿物之中的含量只有区区4%～5%。当化学家开始对铍的分布展开细致研究之时，发现这是一种十分稀有的金属。它在地壳中的含量不超过百万分之四，虽然还是比铅或是钴多两倍，却是它的同志——铝的两万分之一。

我们的化学家和冶金学家已经开始着手研究这种金属，并且20年来在我们眼前已经展开了一幅全新的画面。我们现在把铍称为未来的伟大金属也不是没有根据的。

这种银色的金属比我们熟知的铝还要轻。铍的密度是水的1.85倍，铝的密度是水的2.7倍，铁的密度是水的8倍，铂的密度是水的20倍。

铍可以用来制造铍铜合金——铍青铜。铜的弹性和抗腐蚀性并不强，但加入铍的铍青铜，机械性能优良，不仅硬度提升，而且弹性好、抗腐蚀性能强。由铍青铜制成的弹簧，可以压缩几亿次。的确，铍的广泛应用还处于保密之中，并且属于国家的军事机密，但是我们现在已经很清楚，这种金属的合金正越来越广泛地渗入所有国家的航空事业之中。

铍的确是未来的金属，勘探铍矿产地的工作也在逐年增多，工艺师也正在研究将铍从矿石中分离的方法，冶金学家则在研究铍在飞机建造中的应用。

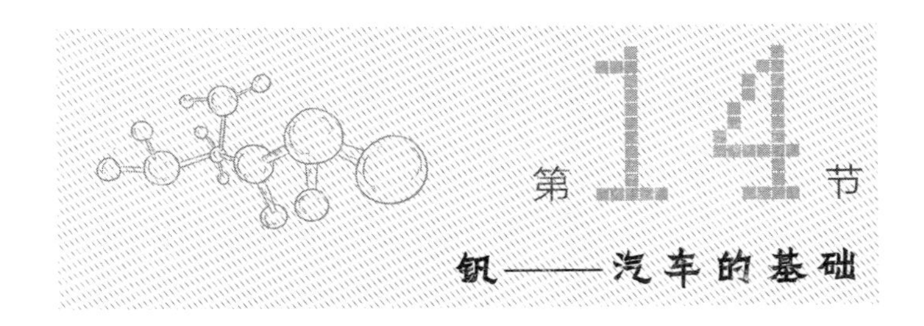


## 钒的发现

亨利·福特曾说："没有钒就没有汽车。"而他本人也正是以用在汽车轴承上的钒钢发家的。

著名的莫斯科矿物学家萨莫伊洛夫曾说："没有钒的话，就会有几种生物消失。"他在某些海参类生物体中发现了这种金属，含量多达10%。

有些地球化学家认为："如果没有钒，就没有石油。"在他们看来，钒对石油的形成产生了特殊影响。

在很长一段时间内，这种不凡的金属都不为人类所知，人们围绕这种金属的制备争论和斗争了好几十年。

很久很久以前，在遥远的北方生活着女神凡娜蒂斯，她美丽且为众人所爱。有一天来了一个人敲她的门。女神舒服地卧在沙发上，心想着："让他再敲一次吧。"结果敲门声停止了，门外悄无声息。女神突然很感兴趣：这位谦虚又迟疑不决的访客到底是谁呢？她打开了通风窗并向路上望去。原来是个叫弗里德里希·维勒的人，他正着急地离开。

过了几天之后，这位女神再次听到有人敲门，但是这次的敲门声一直持续到她起身开了门才停下来。在她面前站着的是俊美的尼尔斯·加布里埃尔·塞弗斯特瑞姆。很快他们就彼此相爱，并生下了一个儿子，名字就叫作凡那蒂。这就是这个新金属的名字，它是被瑞典的物理学家兼化学家塞弗斯特瑞姆在1831年发现的。

在瑞典化学家约恩斯·贝尔塞柳斯的信中便是这样开始讲述钒和它的发现史的。但是他在自己的叙说中忘了，在此之前，杰出的安德烈·曼纽尔·德·里奥便敲过女神凡娜蒂斯的门。这是旧西班牙最为星光熠熠的一位人物，他是墨西哥自由的热烈拥护者，也是一名为墨西哥的未来奋斗的战士，还是一位出色的化学家、矿物学家、矿业工程师、矿山测量员，他善于接受当时先进科学家的卓越思想。早在1801年，德·里奥在研究墨西哥的褐铅矿时，便发现了在这种矿物里面似乎有一种新的金属。因为这种金属的化合物带有各种各样的颜色，所以这位化学家称之为全色软片，或是全彩金属，随后又改为“Eritronie”，即红色的金属。

但是德·里奥却没能证实自己的发现。他把样本寄给了一些化学家，但是都说这种在褐铅矿中的元素是铬。维勒也犯了同样的错误，他犹豫不决，没能敲开凡娜蒂斯的门。

在长久的质疑和失败尝试之后，年轻的瑞典化学家塞弗斯特瑞姆终于找到了证明这种金属独立性的方法。当时在瑞典的各个地区都在大张旗鼓地建设炼钢炉。同时，人们发现，某些矿山的矿石产出的铁十分脆，而其他的矿石则恰恰相反，产出的金属韧性很强。在研究这种矿石的化学成分时，这位化学家很快就从产自瑞典塔贝里山的磁铁矿石中分离出了一些特殊的黑色粉末。

后来，他在约恩斯·雅各布·贝尔塞柳斯的指导下继续自己的研究，并证实这种黑色的粉末与一种新的化学元素有关，这种元素还存在于产自墨西哥的褐铅矿中，也就是德·里奥提到过的。

在这项毫无争议的成功之后，维勒还能做什么呢？在一封寄给朋友的信中，他写道：“我真是实实在在的蠢货，我居然没有注意到褐铅矿中的新元素，当我不坚决地敲女神凡娜蒂斯的门，在没成功之前就离去时，贝尔塞柳斯怎么可能不嘲笑我呢？”

### 钒在工业上的应用

现在钒这种出色的金属已经成了工业上最重要的元素之一。当然，在很长一段时间内，它没有为人类所用，因为一开始每千克的钒值5万金卢布——而现在同样的质量只值10卢布了。在1907年，钒的总产量只有3吨，没有人关注它，而现在全世界的国家都在不懈地争夺钒矿产地！在1910年便开采出了150吨的钒，并在南非发现了矿产地，而在1926年，钒的产量达到了2 000吨，现在它的产量已经超过了5 000吨。

现在钒已经是制作汽车、铁甲和穿甲弹的重要金属，还是制造钢制飞机、制造精密化学仪器、制备硫酸，以及调制多彩的染料的必不可少的原料。

钒的优点数不胜数。它能够影响钢铁的性质，使之更加有韧性，不那么脆弱，还能让其在受到打击时避免再结晶，这正是一直处于震荡中的汽车轴承和马达轴心所需要的。

这种金属的盐类多种多样，能呈现出绿色、红色、黑色、黄色，甚至像青铜一样的金黄色。利用它们能做出一整个用于瓷器、照片纸染色的调色盘，以及各种颜色的墨水。此外，钒的盐类还能被用来治病。

在工业上，钒能够帮助制备硫酸，而硫酸是整个化学工业的主神经。在这个过程中，钒十分狡猾，它只会促进其他物质的化学反应，而自己却保持原样，不会有任何损耗。这便是化学上所说的“催化作用”[1]。

钒是一种这样重要的金属，为什么我们对它的了解如此之少？甚至我们大多数的读者都没有听说过这种元素。因为它的年开采量十分少，只有约5 000吨。这样的开采量是铁的年开采量的1/20 000，只比金的开采量多5倍。

显然，在寻找钒矿产地和开采钒时不太顺利，为了回答这个问题，我们需要向地质学家和地球化学家请教。下面就是他们为我们讲述的关于钒在地壳中的性状。

金属钒在地球中的含量并不少。地球化学家算出，钒在地壳可触及部分的平均含量多达0.02%，这样的数目并不算小，铅在地壳中的含量是钒的含量的1/15，银的含量是钒的含量的1/2 000。所以，事实上钒在地球中的含量相当于锌和镍的含量之和，而后两者的年开采量为好几十万吨。

钒的分布也很广泛，它不仅仅存在于地壳可触及部分，只要是天然铁存在的集中区域，就一定蕴藏着大量的钒。坠落在地球的陨石向我们讲述了这一切——钒在陨石中的含量是地壳中的2~3倍。可以说，无处不蕴藏着大量的钒，在宇宙中的任意地方都有这种金属存在。但是大量聚积，并且能够轻易开采用于工业的钒却不多。实际上，钒含量能达到1/1 000的地区就会被工业开采，但人们不得不从上千吨的铁中去提取这种珍贵的金属。

当化学家发现钒含量为百分之一的矿石时，报纸便会报道有关发现富钒矿产地的消息。显然，存在着内部的化学力量在不断地分散这种金属的原子。而我们科学的任务就是弄清楚什么物质能将它们聚集起来，什么环境能使它们聚积，有什么办法能够阻止它们不断漫游、分散以及迁移。在研究这些之前，让我们来读一读有关化学进程的几页文字。

1 由于催化剂的作用，加速或者减慢化学反应速率的现象就是催化作用。在催化反应中，催化剂与反应物发生化学作用，改变了反应途径，从而降低了反应的活化能。

钒是一种沙漠中的金属，它怕水，因为水能轻易地将钒溶解，并将它们散布于地表之中；它还害怕中纬地带和高纬地带的酸性土壤，在这种环境下钒难以聚集起来。在罗德西亚的炙热沙漠中，以及在墨西哥充满阳光的龙舌兰和仙人掌丛中，钒会形成黄褐色的帽状物，像士兵的铁盔一样盖在硫化物矿石上。

我们在科罗拉多的古老沙漠中，以及乌拉里达山脉东部的古彼尔姆沙漠中，都能见到钒的化合物。钒盐会在被太阳灼烧的地方形成，在沙粒中聚集着由分散原子组成的矿产地，这对工业来说价值巨大。但是这样的储藏量还是比较小的。还有一些更加强大的力量，能够抓住钒并不让它分散，这就是活质的细胞和组织。有些组织中的血球不是由铁，而是由钒和铜构成的。

钒还会聚积在一些海洋生物的体内，尤其是海胆、海鞘和海参，它们聚集在海湾里和海岸边，占据好几千平方米。关于它们是从哪儿捕捉到钒原子的，很难说清，因为在它们生活的水中并没有找到这些原子。很显然，这些生物拥有着某种特别的能力，它们能够从食物、淤泥和其他一些地方提取出钒来。没有哪种化学试剂能像活的有机体一样如此精准且纯净地将钒提取出来，这些有机体能够将几百万分之一克的钒聚积在体中，而在它们死亡之后，会留下如此庞大的遗产，使得人们能够开采它们以用于工业之中。

不论生命的力量多么强大，这种金属的矿产地始终很少，钒的含量也是微乎其微。对于科学家们来说，钒的聚集之路依旧是个秘密，他们还需要进行大量的工作来揭开提取钒的谜团，并掌握叙说钒的历史的能力。

到那个时候，我们不仅会了解到这种金属过去的命运，还能知道到哪儿去寻找它们。深奥的理论结果会转化为巨大的工业胜利，汽车会得到轴承所需的金属，在装甲舰和坦克中，钒的含量也会上升。人们借助于钒催化剂能够在工厂中进行十分精密的化学反应，食用、经济以及文化所需的上千种新型的复杂有机化合物也会一一出现。

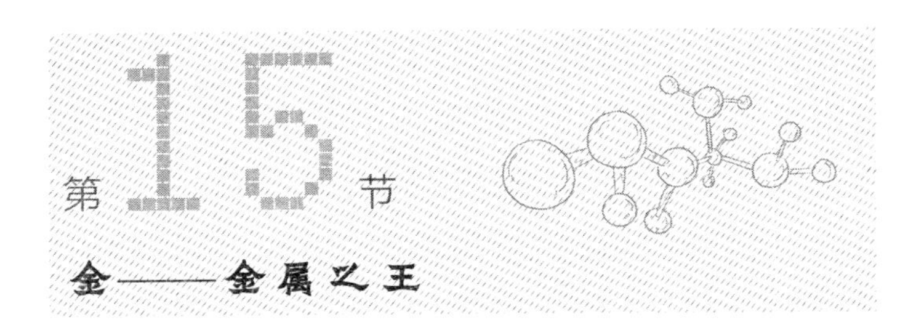

# 第15节 金——金属之王

## 关于金的故事

金在很早以前就被人类注意到了，想必它应该是在河沙中以闪光小黄粒的形式出现的。

在不断追寻金在人类复杂发展途径中的使用历史时，我们就会了解到许多值得注意和有借鉴意义的事件。从人类文明伊始，至帝国主义战争，金与征战、大陆争夺、上百年的斗争、罪恶与鲜血都息息相关。

金在古斯堪的纳维亚民间史诗中扮演着极其重要的角色，尼伯龙根为保护圣杯而发起的斗争就是为黄金而斗争。威廉·瓦格纳的《尼伯龙根的指环》讲述的便是将世界从黄金的诅咒和统治中解救出来的故事。利用莱茵河的黄金锻成的指环象征着邪恶的开端。而齐格弗里德的一生都在为将世界从黄金的统治中解放出来，以及推翻瓦尔哈拉众神而斗争。

在古希腊的史诗中，有关于阿耳戈船英雄远航至科尔基斯去寻找金羊毛的神话。在黑海岸边的科尔基斯有一张象征荣誉和胜利的宝物——那是覆有金羊毛的羊皮，勇士们历尽艰险从看管羊皮的恶龙手中夺取了金羊毛。

在古希腊传说和埃及古代的手写本中，都可以读到为了地中海的黄金而斗争的故事。所罗门王在耶路撒冷修建辉煌的神殿时就需要开采大量的黄金，并为此远征古国奥菲尔（Ofir）。为了确定这个古国的位置，历史学家们一会在尼罗河源寻找，一会又去古埃塞俄比亚所在地寻找，但是都没有任何结果。一些学者认为，“Ofir”一词的本意便是“富有”和“黄金”。

还有一则关于蚂蚁掘金的传说。这个传说有多种注解，而且拥有众多版本。它主要讲述的是有一支印度的民族生活的沙漠之中，还生存着狐狸大小的蚂蚁。这些蚂蚁会从地底深处开采出黄金和沙粒，然后将它们一同抛掉，而当地居民则会骑着骆驼收集这些黄金。古希腊历史学家希罗多德、斯特拉波的作品中都有类似的记载，古罗马人普林尼也向我们展示了另一个版本。总之，在中世纪时，从欧洲到阿拉伯的作家便推崇这个故事。但是迄今为止这个传说都没有任何真正意义的解释，最可信的就是理查德的解释，他举了几个梵文的例子，并指出，梵文里“蚂蚁”一词与“金粒”一词发音完全一致。传说就是因为这个缘故而演绎出来的。

在俄罗斯南部的古老埋藏物中，保存着斯泰基时期制成的精妙的黄金制品。这些便是神秘的斯泰基珠宝匠所制的绝美雕像，他们经常雕刻激烈运动的野兽。这些雕塑与西伯利亚的超薄金制品一同保存于埃尔米塔什博物馆中。

在古人的观念中，黄金一直都扮演着极其重要的作用。炼金术士将它视为太阳的标志。金这一词语的词根来源于几千年前。在那个时候，斯拉夫文中、日耳曼文中和芬兰文中，金这个词的词根里都有G、Z、O、L（Zoloto，Gold）；印度文和伊朗文中，在这个词的词根中有A、U、R这些字母，拉丁文的金（Aurum）一词就是从这儿来的，后来化学家用拉丁语中的黄金一词来表示元素金（Au）。

语言学家曾针对金的名称和此词词根的定义问题开展过专门的研究。这群研究者们尝试过寻找黄金在古代世界分布的源头。在此过程中发现，在古埃及的象形文字中用的是方巾、麻袋和盆来表示黄金，很显然，这指代着在沉积矿床中开采黄金的方式。

黄金存在质量和色彩的差异。古埃及的黄金矿产地被十分详细地记载在了文物之上，在文物上指示着黄金源于埃及西北部分，以及红海沿岸和尼罗河之间的沙漠之中，尤其是克塞尔地区。古代文献中记载，人们在公元前3000年至公元前2000年便找到了金矿山。

在后来的文献中，有许多记录者十分杰出地描绘了采金场。文献中表明，金与一种闪耀的白色岩石相关，很显然，这是石英矿脉，某些作者错误地用希腊词语称这些矿脉为“Marmoros”，从这些文献中我们还能获悉有关黄金价格、开采方法以及一些其他信息。

15世纪美洲新大陆的发现是黄金史上的新篇章。西班牙人将大量的黄金从美洲运至欧洲，他们运用军事劫掠的方式抢夺了黄金，并使黄金大量涌入欧洲。

18世纪初（从1719年开始），人们在巴西的沙粒中发现了含金量巨大的沉积床，世界各处都兴起了“淘金热”，人们开始在各个国家寻找黄金。18世纪中叶，在俄罗斯靠近叶卡捷琳堡的地方，人们首次在石英石中找到了黄金晶体。100年后的1848年，人们在美国有了重大发现，在遥远的西部，落基山脉以外，太平洋沿岸，有个叫约翰·奥古斯都·萨特的人在当时还不为人知的加利福尼亚发现了黄金矿产地，但此人随后却在贫困中死去。

淘金者的目光迅速集中到了加利福尼亚的金矿上，他们整队整队地驾着套上公牛的大车朝西部开去，去寻找幸福。还没过50年，人们又在阿拉斯加半岛的克朗代克发现了黄金。从杰克·伦敦的叙述中，我们能够得知发生在克朗代克的黄金争斗究竟是一番怎样的情形。通过那时的照片，我们能看到：人们修建的道路，如蜿蜒的黑蛇般越过雪山顶和极地山区；道路上是熙熙攘攘的人流，在人的肩膀上或是小雪橇上都是家什物件，所有人都沉浸在掘金成功的幻想之中。

1887年，在南非的德兰士瓦省人们首次发现了金砂矿床。但是这并没有给发现金矿的布尔人带来幸福。在长期的流血斗争之后，英国夺取了这个国家，并导致这个爱好自由的民族——布尔族几乎灭绝。现在在德兰士瓦开采出的黄金占到世界产量的50%有余。黄金在澳大利亚也有分布。

我们国家开采黄金的历史是多种多样的。1745年，一位名叫马尔科夫的农民在乌拉尔山，靠近叶卡捷琳堡，沿别廖佐夫卡河河岸的地区发现了矿脉金。1814年，采矿工长布鲁斯尼岑首次在乌拉尔山中发现了金砂矿床，这位工长还组织起了研究其工业用途的活动。如此一来，俄罗斯采金业的摇篮就是乌拉尔山。19世纪下半叶，在西伯利亚的勒拿河里发现金砂矿床的事件轰动一时。这简直就是唾手可得的财富，所有国家的冒险家都跑到那儿去了。一些人设立了路标，并贩卖了自己的申请书；另一些人则在原始森林的艰苦条件下淘金，摇身一变成了财主；还有一种人已经淘到了金，但是又在淘金地喝酒作乐，将财富挥霍一空；最后一种——绝大多数的人由于身患坏血病，在恶劣的天气条件下死掉了。

在20世纪20年代初，人们在阿尔丹也发现了大量的财富。

我曾与一位手工淘金者交谈过，他在阿尔丹矿地被发现的几年后在那里工作过。他讲述了阿尔丹的过往，以及从白军中逃出来的探险者在此云集的故事，这些人抛弃了所有，就是为了深入阿尔丹上游，掘金发财。他还讲到了一位神父，这位神父抛下了自己的信徒，凭借着不懈的努力终于到达了阿尔丹河的上游——他编了一只木筏，然后深入到了这个难以企及的地方，在这里他淘到了25普特（苏联质量单位，等于16.38千克）的黄金。这位手工淘金者还继续讲，到后来苏联政府来了，这些黄金矿地也就成了我国的货币生产车间。

在人类的历史中，一直都不断有为了黄金而发生的斗争。迄今为止，黄金的总产量超过了5万吨，其中约有一半储存在银行之中，这些黄金的价值超过100亿金卢布。技术上的进步使得人类有可能开采出越来越多的黄金，从富矿逐渐开采到黄金含量不高的贫矿。

一开始人们采用的是简单的，手工的开采方式，用勺子和淘金盘洗沙子，后来用的是“美式淘沙盘”[1]，这种淘沙盘从加利福尼亚的金矿被发明之后便风靡全球。

后来人们开始利用液压法来开采黄金。液压法其实就是用强劲的水束将金矿石击碎为细小的颗粒，然后再用氰化合物溶液提纯。最后，人们又掌握了从坚硬的基岩中开采黄金的技术，并在大型的选矿厂运用着最为完善的方法。

## 金在地球中的旅程

人类想尽办法来保存这些开采来的黄金，将它们锁藏起来，存放在国家银行的坚固库房里，运输黄金的轮船也通常由军舰组成的护卫队保护着，黄金被禁止流通，也不再被制成硬币，因为它容易被磨损而损失价值。

其实在过去的几千年中，人类开采的黄金不多于地壳内黄金总量的百万分之一。那么人们为什么会如此看重黄金并将其视为财富的基础呢？毫无疑问，黄金有着许多出色的特点。它是“惰性金属”的代表，也就是说，这些金属的表面不会发生改变，能够保持自己的光泽；不溶于一般的化学试剂，只有游离态的卤化物，例如氯，以及含有四分之三浓盐酸和四分之一浓硝酸的王水，还有一些有毒的氰化盐能够溶解金。

金所拥有的密度相当大。与铂系金属一样，金是地表中最重的元素之一，其相对密度达到19.3。金的熔点不高，只要被加热到1 000 ℃以上就能熔化，但不易气化。

---

1 一种长窄盘，带有用于收集黄金的横板。

要使金达到沸腾状态，则需要加热到2 600 ℃。金质地柔软，适合锻造，它是硬度最小的矿物之一，单质的金甚至可以被指甲划出印痕。

现在化学家已经能够十分精准地测定金，只要在十亿其他金属的原子中存在一个金原子，那么化学家就能在实验室中将其找出。这样数量的物质是不能用任何现代的称量技术称出来的。

金在地壳中的含量并不少，化学家计算得出，金在地壳中的平均含量约为百亿分之五。要知道，被视作较便宜金属的银，它在地壳中的含量也只有金的两倍多而已！最有意思的是，金在自然界中无处不在。我们甚至可以在太阳大气层的炙热蒸汽中发现金的存在，陨石中也有金（但确实比地球中的含量少很多）。金在海水中的分布也很广泛。近期的准确实验指出，金在海水中的含量为十亿分之五，也就是说，每一立方千米的海水中就含有五吨金。

金还藏在花岗岩中。它聚积在最晚形成的花岗岩岩浆熔体中，深入滚热的石英石矿脉，在这个地方，它与其他的硫化物，特别是铁、砷、锌、铅、银的硫化物在相对低温的条件下（150~200 ℃）形成结晶。大量聚积的金就是这样形成的。在花岗岩和石英矿脉遭到破坏时，金就会进入矿砂之中，得益于自己的稳定性和密度，金会在沙层下方聚积。循环于地壳层中的化学性水溶液几乎都影响不到金。

地质学家和地球化学家花费了多年的劳动来弄懂金在地表的命运。准确的研究表明，它在地表也在漫游着。

金会被机械性地磨成小颗粒，然后被西伯利亚的河流以这种形态大量带走，其中有一部分会被溶解，特别是在南方含氯的河流中。之后再次结晶，进入植物和表层土壤之中。实验表明，树根会将金吸收到自己的木质之中。早在几年以前，科学家就已经证明，玉米粒中含有金。在某些煤的灰烬中，金的含量会更多，有时每1吨灰中就会含有1克金。

如此一来，很显然，当金还没有被人类提取出来并储存在银行之前，它在地壳中的漫游路径是十分复杂的。尽管人类已经为了金斗争了2 000年有余，尽管有一些黄金企业的规模十分之大，但是对于这种金属的全部历史，我们所知的依旧微乎其微。

我们所拥有的关于金如何漫游的知识还是太少，以至于不能组成一条完整的漫游链。金在巨大山脉和花岗岩断崖被冲刷出来，又被带入了海洋，然后它们会去往何方呢？乌拉尔山下，大彼尔姆海沉积了许多盐类、石灰岩和沥青，可其中的金又去了哪儿？

地球化学家和地质学家还要做许多的工作，在西伯利亚含金地区上百万平方千米的空间中，他们的科学思想可以自由翱翔！

黄金的未来并不在金库之中，也不在投机商和资本家的交易所游戏之中，而是在这种金属的新兴使用方式之中，其无与伦比的优雅特性应该被转换成精确工业——电气工程、无线电工程的利器，一切需要拥有强大导电性，并且能够对抗大自然界所有化学活动的稳定金属的工业都能用到金。

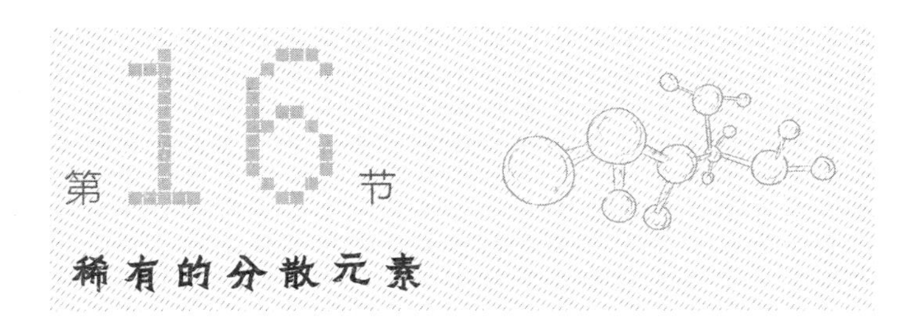

# 第16节 稀有的分散元素

## 什么是分散元素

地壳是由上百种元素组成的。但是在此之中只有15种元素相对来说是常见的，我们几乎可以在每一种岩石的成分中发现这15种元素，而其余的元素则较为稀少。

有一些较为稀少的元素在矿层中以矿石的形式形成了聚积，例如金和铂，这两种金属在地壳中的含量十分之少，它们只能够构成微小至极的，勉强能看见的天然金属颗粒，只有在极其罕见的情况下才能生成较大的天然金属块。

但是无论多么的稀少，它们都还是属于独立矿物的范畴。与它们相比，有另外一些化学元素，它们在地壳中的含量不但十分稀少，还不能形成自己的独立矿物。这些元素的化合物分散于其他更加常见的化合物之中，就像盐或者糖溶于水中一样，依靠外观你是无法判断它们是否存在的。

如果想知道水中到底是含糖还是含盐，只需尝一下水的味道即可，但要将矿物中的化学成分分析出来，就难得多了，至于将其中的化学元素分离出来，则更是难上加难。

化学元素在岩石中或是矿脉中汇聚成坚硬的矿物，形成最为稳定的化合物之前，它们在熔融物中和溶液中已经历了十分复杂且漫长的漫游旅程。在复杂的漫游路径中，它们经历了多次形态变化，只有彼此最相似的元素才能一路相伴，守在一起。

两种元素的化学性质越是相似，就越难以找出能够将它们分离的化学反应。有些稀有元素不是以独立矿物的形式出现的，而是溶解、分散于与它性质相似的化学元素的矿物之中，所以我们将其称为分散元素。

那么分散元素究竟包括哪些呢？我们在日常生活中，甚至在中学化学课堂上都没有听说过它们，尽管随着技术的发展，这些元素越来越多地进入了我们的日常之中。它们便是镓、铟、铊、镉、锗、硒、碲、铼、铷、铯、镭、钪和铪等。我们在此仅仅列举出了最为典型的元素，当然，还有其他的。

这些稀有的分散元素分布在自然界的哪些地方？又是如何分布的呢？人类是如何在矿物中发现它们的？又将它们用在哪些地方了呢？

## 闪锌矿

看，在我们的面前摆放着一块黄褐色的矿物，它们经常形成平滑的断面。这种矿物十分重，从外表来看，它一点也不像是矿石，尽管它就是矿石。这种矿物就是闪锌矿。

闪锌矿的主要成分看起来十分简单：一个锌原子对应一个硫原子。可如果我们仔细研究，就会发现它的简单性只是假象。因为这些样本显然是多种多样的，有黄褐色的，有深褐色的、暗褐色的、黑褐色的，甚至可能完全是黑色的，纯黑色的闪锌矿具有真正的金属光泽。

这是为什么呢?

闪锌矿深色的色调是由溶解于其中的硫化铁杂质所决定的：不含铁的闪锌矿近乎无色，或是黄绿色的、亮黄色的。闪锌矿中所含的铁越多，其色调就会越深。可以说，铁是闪锌矿色调的指示器。利用X光对闪锌矿的研究表明，在它内部含有的锌原子和硫原子呈四面体结构排列：1个锌原子被4个硫原子环绕，同时，1个硫原子也被4个锌原子环绕。

在晶体的某些地方，铁原子取代了锌原子的位置，它们相对平衡地分布着：或是每隔100个，或是每隔50个，每隔30个、20个、10个锌原子就有1个铁原子分布。看，好客的主人锌正在跟铁说话呢："你难道要把我的房间占满吗？"当然，它的担心是没必要的——尽管自然中的铁比锌多得多，但是在闪锌矿中铁取代锌的能力是有限的，科学家将这种特征称为有限可混性。

关于类似的结构，我们还可以做一个有趣的比喻，就像老鼠和熊不会找一个空空的狐狸洞作为住所。狐狸的家对于老鼠来说太大了，对于熊来说又太小了。所以，能够利用这个洞穴的只有体型相近的野兽。在闪锌矿中，锌原子的地位也只有尺寸与之相近的原子才能占据。

我们在闪锌矿中能看到镉、镓、铟、铊和锗等稀有分散元素。可以看出，锌是十分好客的主人。其实，硫也十分好客，但是它仅对两种稀有的分散元素——硒和碲展现出好客的态度。

正如大家所看到的，闪锌矿的组成成分实际上要比我们最初想象的复杂得多。黝铜矿、黄铜矿以及其他的矿物也是这样的。

地球化学家还弄懂了其他的一些附加的规律性：富含铁的黑色闪锌矿几乎不含有镉，但是却富含铟，有时还富含锗；镓主要聚集于亮褐色的闪锌矿中，而镉则聚积于蜂蜜黄的闪锌矿中；一般暗色调的闪锌矿中含有较多的硒和碲。

正如你们所见到的，化学元素之间的友谊并不都是一样的，不同的条件、不同的邻居决定了哪个元素可以替代为锌预留的位置。

发现稀有的分散金属并不是一件易事，并且需要特殊的方法。但这些元素超高的价值使人们心甘情愿费尽心思寻找它们，即使在含量十分稀少的时候也不例外。为了寻找它们，我们不仅采用已经相当完善和成熟的化学分析法，还会利用光谱学和放射化学分析法。

新方法不需要化学分离，就能立马知道闪锌矿中含有哪些化学元素，以及它们的数量。只要是含有千分之一铟的闪锌矿，就已经不是锌矿石了，而是铟矿石。因为尽管铟的含量不高，其价值却要远超过同时存在的锌。

稀有的分散元素是依靠什么吸引着注意力呢？为什么人们对它们如此感兴趣？它们的高价值体现在哪儿？主要的原因就是其应用的特殊性，也就是这些金属本身或是其化合物形成的产物所具备的独特性质。例如，钍的氧化物会在灼热时散发光彩夺目的光线，所以人们将它用来制作煤气灯罩。铷和铯可以制成容易通过电子的玻璃，进而制作光电元件。

## 稀有金属如何被利用

让我们来仔细研究一下，这些稀有金属，以及其从闪锌矿中被开采出的化合物是在哪儿或者以什么方式被利用的。

### 镉

镉是亮褐色，相对柔软、易熔的金属，在321 ℃的条件下便会熔化。一份金属镉、一份锡、两份铅，以及四份铋（每种金属都会在200 ℃以上的高温下熔化），混在一起能制成被称为伍德合金的材料。这种合金在70 ℃的条件下便会熔化。

请想象一下，如果用这种合金制作茶匙，然后用这把茶匙搅拌倒入热茶中的糖的话，那么这个茶匙就会熔化……在杯底茶水层的下面居然是液态的金属！如果将上述四种元素的相互关系稍做调整的话，则可以炼出一种名为黎波维奇合金的材料，它在55 ℃的条件下便会熔化！这样的熔化金属甚至不会将手烫伤。

镉的用处广泛，它不仅可以被用来制作珍贵的易熔合金，还能被应用于电车工业之中。

不知大家有没有见过电车的弓形滑接器？它在与电线摩擦的时候，会形成极深的轮缘槽！与此同时，电线也会被磨破。只要添加1％的镉，便会使电线的磨损程度大大降低。镉在电车工业中还能被用来制作信号灯的彩色玻璃。在玻璃中加入硫化镉，就能使之拥有漂亮的黄色；若是加入亚硒镉，则玻璃会呈现出红色。

### 镓

许多的技术领域都会利用易熔金属。有一种金属拿在手中便会熔化，而且是纯净的金属，而不是合金。这就是镓——存在于闪锌矿中的分散稀有金属之一（除此以外，镓还存在于云母、黏土和某些矿物之中）。

镓是最易熔的金属之一，只要在30 ℃的条件下便会熔化，在应用中，它成功地取代了汞。虽然汞的熔点更低，只有零下39 ℃，但它的蒸气是有毒的，而镓就没有。所以镓和汞一样，能够被用于生产温度计，而且镓温度计的测温范围更大一些，因为汞的沸点不到360 ℃，而镓的沸点在2 300 ℃。

如果用于制作温度计的玻璃是特制的耐火玻璃，那么这样的镓温度计就可以测量火焰或是熔化状态金属的温度。

顺便一提，镓有一个十分有意思的特征：就像水重于冰，所以冰会浮于水面上一样，固态的金属镓会比熔化的金属镓更轻，从而可以漂浮在熔化的镓上。铋、生铁也具有这种罕见的特征。其他的金属则恰恰相反：固体会沉于熔化液之中。

## 铟

铟的运用在趣味性方面比镉毫不逊色。

众所周知，含有铜的合金在咸海水的作用下会很快受到强烈的破坏，然而人们又找不到化学性质更稳定的物质代替铜合金来制造潜水艇和水上飞机。后来人们发现，如果将数量不多的铟添加于铜合金之中，则铜合金在应对咸海水作用的稳定性方面会显著提升。

将铟添加于银中会提升银的光泽度，即能够提升银的反射能力。这个特性被应用于探照灯反射镜的制作上：含铟的反射镜能够显著地增强探照灯的光线。

## 硒

硒是硫的近亲，它一般少量存在于硫化矿石中。这种稀有的分散元素拥有出人意料的特性。

随着照明度的不同，硒会急剧地改变自己的导电性。电报传真和无线电传真正是基于这个特性。硒还能被用于许多自动控制器之中，它们能记录传输带上的零件是亮是暗。最后，多亏了硒，我们才能准确地测量光照度。

硒的另一种应用方法是生产无色的纯净玻璃。一般来说，玻璃是用石英砂、石灰和碱（苏打或是硫酸钠）炼出来的。人们尽量挑选更加纯净的，特别是不含铁的沙粒，因为玻璃中的铁会使之呈现出淡绿色的色调，就像酒瓶玻璃那样。为了得到纯净无色的窗户玻璃、质量更好的眼镜片玻璃、完美无瑕的光学仪器玻璃，可以将亚硒酸钠添加到熔化的玻璃之中，则硒就会与铁形成化合物，然后再将它们从熔化的玻璃中析出，就能够得到无色的完美玻璃。

## 锗

锗是一种稀有的分散元素，它与硒一样，少量存在于几类闪锌矿之中。此外，在某些煤中也有微量的锗。

锗的应用同样在光学领域。为了制出特别的光学仪器，例如高亮度的，能够放大到极致的望远镜，以及强透光的照相机，玻璃还要具备许多特殊的特征。这就需要添加少量的二氧化锗。

我们已经了解到了这些稀有的分散元素是如何在矿物中和矿石中存在并表现的，还了解到了这些金属的某些特征和它们的特殊应用。

这些应用的重要性向我们解释了为什么地球化学家会如此关注这些稀有的分散元素。

# 03

# 自然界中原子的历史

# 导读

王凤文

静谧的夜晚，仰望星空，忽然美丽的流星雨从天边划过，那一刻，即便来不及许愿，也会把惊奇带入梦乡。它从哪里来？它的成分是什么？经过科学家长期的研究和激烈的争论，秘密终被揭开，原来你有幸看到的“流星”是外星球掉落到地球的宇宙物质和宇宙尘，在大气层高速运动时与空气摩擦燃烧而发出的光线，还没有烧完而落下来的固体被称为“陨石”。

这个奇异的“天外来客”，由于身上载有大量地球上无处可寻的“天外信息”，因而备受科学家的宠爱。陨石又被称作宇宙空间的天然“探测器”。然而研究证实：从太空到地球，元素基本一致，如此惊人的吻合如何解释？

从科幻小说《地心游记》到《向月飞行》，无不体现出人类对宇宙的好奇心！为了满足这种好奇心，人们同时展开向上和向下的探索，苏联科考团登上了帕米尔的雪峰，莫斯科钻井队深入到地下1 500多米的地方，年轻的地质学家爱德华·修斯研究地球的分层问题，在分析岩石化学成分的基础上分离出了地心圈。为了弄清楚地层、陆圈的秘密，化学家、物理学家、地球化学家和地球物理学家便开始不断地研究。

空气，竟然是巨大的化学宝藏，是矿物原料的来源，并且不会衰竭。世界上庞大的化学工业也将建立在丰富的氮和氧的基础之上，这两种元素对于地球生命意义非凡。二氧化碳和稀有气体与生产、生活、生命息息相关，与社会、科技发展一脉相承。

水，是地球上最普遍的物质。河流、海洋和大洋的水，地下岩层间水以及泉水一同构成了地球上的水圈，水无数次地重复海洋→大气→地面→海洋的循环，并且水每次都会从坚硬的岩石中提取出新的物质。地壳岩石的“水成论说”和“火成论说”需要合作，因为水和火都参与了地球岩石的形成。

作者以他丰富而广泛的物理学、化学、天文学、生物学、地理学等知识，在我们面前展开了一幅幅极其壮丽的画面，从地球深处到遥远的星空，从极地到亚热带，从人体的原子到所有活细胞的原子，还有战争中的坦克、炮弹，又从莫斯科的天空、俄罗斯大地、斯瓦尔巴群岛周围的冰、科拉半岛上的岩石、极地的荒漠、喜马拉雅山脉遨游到孟加拉国血红色的红土型土壤，无时无处不透露着关于新的化学反应的信息。原子四处迁移，并在沙粒中找到了新的平衡。地表最伟大的法则之一，就是“化学氧化过程法则”，也正在不同的纬度以不一样的方式发生着。“原子在物理化学和结晶学法则的支配下又再次开始了自己的漫游”。看似平凡的景象在科学家的眼中总能引发无限的思考，作者以行云流水的笔法为我们揭示大自然无尽的奥秘。

作者从不同的空间场所和不同的时间尺度讲述了宇宙空间、大气层、气候带、水体、地球表面与地下深处，以及人类史与地球史中元素的历史。文中系统论述了地球化学发展过程，从中我们能真切地体会到“地球化学这门科学的诞生和建立，经历了众多杰出学者的艰苦探索与积累，通过全世界的科学先驱们各自独立的工作与相互协作，在严格的观察、实验和严密的科学综合与推理基础上发展起来”。

作者以很强的逻辑性层层展开，带领我们探索、思考着这个奇妙的物质世界，阐释着“原子一直都在寻找宁静，但是自然界中不存在宁静，只有永恒的物质处于永恒的运动之中……”在自然的历史中，原子始终在寻找新的形式——晶体稳定平衡形式，生命蕴藏能量的形式，“在我们周围世界，各种元素的原子都能够构建一部生命的历史，从地球第一部分开始凝结到在活细胞中漫游”。

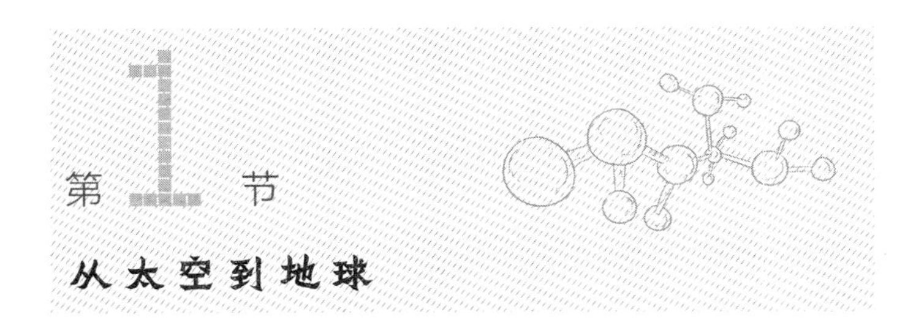

# 第1节 从太空到地球

## 陨石是怎么来的

有些夜晚我们能在天空中看到转瞬即逝的光亮。“星星掉下来了，许个愿吧。”迷信的人总会这么说。假如这些流星，或者说是“火球”，降落的地点离我们不是太遥远，那么我们就能欣赏到真正壮丽的景象。天空变得像白天一样明亮，这样的现象会持续几秒，流星就像一个散发着火星的大火箭，火星颜色或是绿色的，或是鲜红色的。突然，从这个火箭中分离出了小碎片，它们四处飞去，就像爆炸时的情形一般。这些碎片在空中留下微微发光的光带，或是闪烁着划过云层，有时它们划过的轨迹甚至还能持续一刻钟之久。多数情况下我们会听到枪声一般的声音，少数时候会听到轰隆声。

这些落到地球的流星碎片就是陨石，陨石的数量十分之多。据计算，每天掉入大气层的这些宇宙微粒有600万~800万个！它们穿透大气层的速度为每秒1万米到8万米之间，这要取决于这些微粒冲向地球的方向和角度。

在陨石刚刚接近地球，还是冷却状态的时候，它们是不可见的；但是到了120~150千米高度，大气层密度陡然升高，所以陨石会被灼烧至发光，然后变为可见；在30~60千米高度，大气层施加的阻力会变得十分巨大，陨石会推动并压缩其前面的空气，就像压缩弹簧一般，这最终会导致飞行停止。如果陨石的温度达到几千摄氏度，它还会发生爆炸，碎片以较慢的速度坠落到地球上。

在八月初、十一月中以及四月末，会有特别多的陨石掉落。这种周期性的陨石雨告诉人们某些宇宙物体的碎片也在沿着固定的轨道环绕太阳旋转。它们可能源于由于彗星或小行星的解体而聚积在轨道上形成的陨石环。

当地球轨道与陨石环相互交错时，就会有大量陨石掉落到地球上。陨石掉落数量最多的时候是日出之前的早晨。

在某些年份，会有大量的陨石陨落。例如，洪堡和邦朗普于1799年11月12号在南美洲观测到了好几千颗陨石同时降落。

不同的陨石掉落时的状态和表现完全不同。有些陨石就像远射炮的炮弹一样，它们在树林和土地上方疾驰而过，并带有令人战栗的呼啸声，然后沉闷地撞击在耕地上，钻入土地之下好几米深；但有的陨石显得十分无力，它们就像失去了动力的子弹，悄无声息地降落在冰面上。

极地的荒漠无限地延伸着，城市的灰尘远远不能到达此地，这里的阵风和风暴只能在低空肆虐；也只有极少的强大火山能够在喷发之时将微小的灰尘从自己的火山口抛向10～20千米的高空。

但是，当我们在这儿明朗的天空下，借着太阳十分透明的余晖，去仔细打量那些皑皑的白雪时，快看呐，在某个地方居然有分散的黑点和白点。让我们将雪融化，然后使水澄清，我们能在容器的底部看到一些微小的灰尘，这就是来自地球之外的宇宙尘——冰尘。

在远离海岸的大洋深处，钢索发出哗啦啦的摩擦声，一点点缠绕在拽引机的轴上；与此同时，带着收获物的深水捞物机被拖拽到我们轮船的甲板上；多亏了精巧的设备，捞物机才能深入海洋深处的淤泥底；红色的淤泥物随着咸咸的海水一同流出，淤泥微粒悬在杯中的浑水之中，有几颗黑点位于杯底。它们会不会也来自地球之外呢?

该如何辨别宇宙尘的残余物呢?

数千颗陨石从不可见的高度落向地球，我们既不知道它们的数量，也不知道它们的重量。可能是几十吨，也可能是几百吨的宇宙物质将成为地球表面的新负担，但是人类却不会察觉到，因为掉落的物质离人类的住处十分远，一般会掉落在森林、雪地和大海中。让我们回想一下，掉落在苏联境内的陨石都是沿着火车轨道被找到的。

在俄罗斯发现的第一颗陨石重约半吨，这颗陨石是被一名来自梅德韦杰夫村的铁匠于1749年在叶尼塞河岸发现的，随后在1772年它就被彼得·西蒙·帕拉斯院士运去了圣彼得堡。当地的鞑靼人告诉帕拉斯说，这个巨大的铁块是从天而降的，虽然帕拉斯不相信，却还是将它像运珍奇东西似的运去了彼得堡，并将它放在了科学院的藏珍馆。这个陨石有着一个世界闻名的名称——帕拉斯铁，因为它，科学院通讯院士克拉德尼才提出了对这种星际空间外来石的看法。

另一颗杰出的陨石“新乌列伊”的坠落带给了我们更多的细节，在这颗陨石中，我们首次发现了金刚石。它是在1886年九月份降落在地球上的，那天的天空非常阴沉。两颗火球伴随着可怕的爆炸坠落了下来。

下面就是关于这个事件更为详细的描述。

在1886年九月的一个大清早，几个农民在离新乌列伊村约三俄里处耕地。天空阴沉沉的，东北部的整个天空都布满了乌云。突然间，一阵亮光照亮了村郊，然后传来了噼啪声，像炮击或是爆炸的声音，紧接着又来了一声巨响，这次更为剧烈。紧接着在离农民几俄丈的地方掉落了一个火球；接下来又一个火球掉落在了不远处的森林中，这个火球的尺寸相当大。这个过程持续了不超过一分钟。受到了惊吓的农民瘫倒在地，久久不能动弹。之后一位农民站了起来，看到了被陨石砸出的不算深的洞；在洞的中心坐落着一块黑色的炽热陨石，它有一半嵌进了洞中。这颗陨石的重量着实让这位农民大吃一惊。

人们没有找到那掉落在森林中的第二颗陨石，在第二天时，同村的一位农民在荞麦田中意外发现了一块与之前被其邻居发现的陨石一样的石头。这块陨石周围也形成了一个深坑，陨石的一部分陷入土中。

这块陨石被村民分割成了小块一一分走了，并被作为圣物保存了起来，仿佛它能治愈人畜的疾病，为家庭带来财富，甚至能在法庭上为人提供辩解。

1947年2月12号，在滨海边疆区的锡霍特山脉降落了一颗巨大的陨石，由其坠落而导致的爆炸声甚至在300千米开外都清晰可辨。这颗陨石质量超过100吨。收集到的陨石碎片总质量都有5吨之多。最大的一块碎片重达300千克。

陨石及几乎所有的碎片都添加到了苏联科学院的陨石藏品中，现在人们正对其进行十分详尽的研究。

在广阔的撒哈拉沙漠中，在西伯利亚的原始森林中都可能存在着这样的地外岩石。

陨石的外观十分有特点。它们的表面至少有一部分是熔融的表壳，有点儿像大列巴的硬壳。根据其硬壳和熔融的硫酸铁包裹体，以及镍铁的存在与否，我们就能知道陨石的成分。

如果我们将铁陨石抛光擦亮，然后用盐酸侵蚀其表面，那么陨石的结构就会显现，因为富含镍的晶体难以被侵蚀。这样的结构也就是所谓的魏德曼花纹。

第一位对陨石做出科学解释的人是物理学家恩斯特·克拉德尼。但是其他的科学家们对克拉德尼的解释却不以为然，只是讥讽嘲笑了一番。只有法国科学家让·巴蒂斯特·毕奥和杰出旅行家亚历山大·冯·洪堡对克拉德尼表示支持。

1896年2月10号，在西班牙的首都马德里观测到了十分有趣的天文现象。

在一个晴朗的日子里，正中午时，天空中出现了一束天蓝色光线，它是那么的耀眼，相比之下，太阳光都暗淡了下来，一些目击者甚至出现了短暂失明。然后传来了爆炸声，接着有石头朝着城市飞来。有些碎片砸在了人的身上，有几千片。有一块碎片，重约1 650克，它击穿了报纸。窟窿洞的边缘都被灼烧掉了——可见这块碎片的温度是多么高!

1908年，在西伯利亚的叶尼塞地区，一颗陨石飞速降落之时，将树推出了几百米远。尽管俄罗斯研究者列昂尼德·阿列克塞耶维奇·库利克不懈地寻找了它好几年，但是陨石本身却没能被找到。

陨石的种类多种多样，在博物馆中通常将它们分为四类。

第一种，玻璃陨石。通体透明，像玻璃一般，或是暗绿色，或是褐色，抑或是亮绿色的，这类陨石被埋在沙里数千年，所以其表面经常受到侵蚀。布拉格国立博物馆藏有数万个玻璃陨石，芝加哥和巴黎则藏有数千个。精密的化学分析告诉了我们玻璃陨石的主要成分其实就是典型的玻璃的主要成分——富含铝、钠、钾等元素的二氧化硅。它们在化学方面与花岗岩十分相似，以至于人们都不愿意承认它们是陨石：有些人认为这只不过是地球上的火山玻璃，而另一些人认为这是史前人类留下的熔渣，还有一些人觉得，这只是被陨石灼热而熔化的地球沙子。

谜底尚未解开，因为没有玻璃陨石来自地球之外的坚实证据。在整个宇宙中几乎找不到与它们化学成分一致的天体，最为接近的只有一个——距离我们最近的月球。

月球正在遵循自己的轨道旋转。透过天文望远镜，我们能看见它死气沉沉的外表，火山口和山脉的清晰阴影静静地映在毫无生机的、不知何时熔融形成的月表上。

科学家们用十分复杂的方法研究月球光线，借此弄懂月球的成分。火山上的锥形物应该是由富含二氧化硅和碱的斑岩熔岩构成的，由碱的硫酸化合物组成的硕大白色斑点就是明矾石，它们在某些洞口呈射线状排列着。月球的成分应该能与玻璃陨石的成分相符合，甚至密度也完全一致。

这是怎么一回事呢？也许月球是从地球分离出去的，其携带走了地表上大量的酸性花岗岩。这些与月球成分类似的碎片，就是在火山大爆发时被甩出的物质，只不过没能像月球那样被抛到宇宙空间中罢了。

第二种陨石就是我们常说的那种：黑色的，像被烧焦了一样的天体。大的有几吨重，小的像雹粒，多呈现为不规则的、被侵蚀的形状。这些陨石中含有硅化物，与花岗岩和闪长岩内的结构一致，所以我们称它们为石陨石。

第三种陨石中，金属明显更多，金属密集地填满了硅化合物的晶体，并将它们的轮廓熔合在了一起。这就是所谓的石铁陨石。

第四种陨石几乎是由同样的金属——铁和镍组成的，只有一些斑点处含有少量硫、氟和碳组成的化合物，它们是铁陨石。

第一种陨石要比最后一种多得多，科学家们在多年的不懈研究，以及对几百种收集并清理过的陨石进行最困难、最复杂的分析之后，终于弄清楚了这些陨石的化学组成。

这些陨石的成分是什么呢？

没有一种元素是地球上没有的，没有一种原子是不存在于自然界的——所有的原子都在元素周期表上；而且地球上的所有原子也都在陨石中一一被找到了，同样没有85和87号元素。也就是说，和地球上的矿物相比，陨石并没什么新奇的，这多么令人扫兴啊！

但事情不是这样的。组成陨石的原子中藏着最不可思议，也是最新鲜的东西。

## 陨石的化学成分

下面我们描绘一张反映陨石中最主要的16种元素的表格。

地壳中和陨石中的平均化学成分

| 原子序数 | 元素 | 地壳中的平均质量组成 | 地层深处（橄榄岩）的平均质量组成 | 诺达克陨石的平均质量组成 | 齐尔文斯基陨铁的平均质量组成 | 地核心的平均质量组成 |
|---|---|---|---|---|---|---|
| 1 | 氢 | 1.00 | — | — | — | — |
| 6 | 碳 | 0.80 | — | — | 0.11 | 0.03 |
| 8 | 氧 | 49.13 | 42.05 | 42.04 | — | — |
| 11 | 钠 | 2.40 | 0.50 | 0.72 | — | — |
| 12 | 镁 | 2.35 | 10.91 | 15.90 | — | — |
| 13 | 铝 | 7.45 | 3.26 | 1.61 | — | — |
| 14 | 硅 | 26.00 | 23.00 | 21.43 | — | — |
| 15 | 磷 | 0.12 | — | — | 0.22 | 0.17 |
| 16 | 硫 | 0.10 | 0.54 | 2.01 | 0.16 | 0.04 |
| 19 | 钾 | 2.35 | 0.22 | 0.26 | — | — |
| 20 | 钙 | 3.25 | 5.09 | 1.92 | — | — |
| 24 | 铬 | 0.03 | 0.31 | 0.50 | 0.06 | — |
| 26 | 铁 | 4.20 | 13.50 | 12.76 | 90.00 | 90.67 |
| 27 | 钴 | 0.01 | — | — | 0.69 | 0.59 |
| 28 | 镍 | 0.02 | 0.33 | 0.21 | 8.70 | 8.50 |
| 29 | 铜 | 0.01 | — | — | 0.06 | — |

从数字可以清晰看出，所有的成分都惊人的相似。举个例子，陨石与在深成岩中分布最为广泛的岩石——橄榄岩相比，只不过是陨石中镁和硫的含量较多，而钙的含量较少。

上述给出的数字并不是对某块陨石进行分析得出的结果——这样得出的数据可能

有波动——而是取的平均值，是从数百次分析中得出的数据，好比我们将所有的陨石（它们的重量为好几吨）拿出来，混合，捣碎成粉末，然后充分搅拌，直至成分一致，再做分析一样。

这样得来的数据十分稳定。我们可以复核计算，添加新的数据，甚至不会有千分之一的成分改变。同样，橄榄岩成分的平均分析结果也是具有一致性的，无关我们是在非洲发现的，还是在西伯利亚发现的。

我们从这些平均数字中得出结论，与橄榄岩相比，陨石正好富含地底含量较多的几种元素（硫、镍、铁）。而地核很可能就是由镍、铁组成的。这可是了不得的结论。

宇宙物质的平均成分和地球的平均成分不仅仅是质量一致，而且数量也一致：所有元素在地球成分中的比例和在太阳系中太空物质中的比例是一致的。如此惊人的吻合绝不是偶然，只有一种解释：它们来源是相同的。这是地球和它的兄弟姐妹们——小行星之间血缘的一大有力证明。

陨石对我们意味着什么呢?

它们沉重地坠在地球上，由此扬起的细小灰尘覆盖住了海洋、大陆和冰的表面。每年都有几十万块陨石向我们落来，从而增加了地球的重量。如果每年掉落100吨陨石的话，那么在整个地壳的历史之中，增加的重量也不过是地表薄壳的百万分之一，和整个地球的重量相比就更微不足道了。

但是谁可以担保，掉落的陨石数量一直都是像现在这么少? 有谁能够反对，正是它们的到来导致了地球的质量缓慢增长? 就目前来说，没人可以回答这些问题。

谜底藏于宇宙之中。或许我们应该把目光转向太阳和恒星，到那些闪耀的、炽热的世界中寻找答案。

地球不是孤立的，许许多多颗恒星和无数的宇宙物质将我们的地球与宇宙联系了起来，快速移动的氢原子和氦原子摆脱了地球引力的束缚，看不见的射线为我们带来了来自太阳和恒星的物质微粒。地球的生命、地球的进程表、耀眼的北极光，以及无线电仪器的工作——这一切的一切都受到太阳，乃至其他恒星的影响，只有将目光投向更遥远的宇宙深处，我们才能更加了解自己、了解世界。

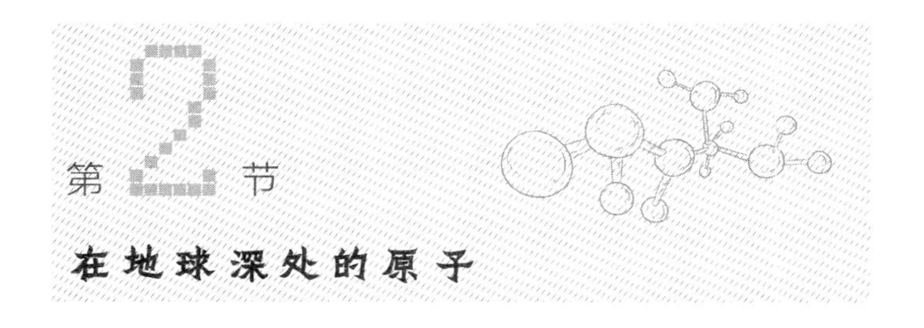

## 第2节 在地球深处的原子

在儒勒·凡尔纳、乔治·桑等作家富有趣味的小说中，描写了去往地心——世界不可及深处的旅行。还有一些作品，作者甚至幻想飞向不可测的高空，甚至月球，这些书籍无一不将我们带入不可触及的世界。

在这些饶有趣味的小说中，显现出了人类的好奇心，我们不能忍受只在薄薄的地层上生活，并只能用肉眼看见20～25千米范围内景物的现实。

毫无疑问，人类在为扩宽世界和掌握世界的斗争中取得了巨大成就。苏联科学院的科学考察团就已经登上了帕米尔的雪峰。

曾经我们认为大气高层是遥不可及的，连声音、人间烟火、化学分子都无法到达那里。显然，这种想法已经过时了，勇敢的平流层飞行员们用自己宝贵的生命为我们掀开了征服大气高度的新篇章。

在平流层的飞行极大地推动了我们对这一高度环境的认知，这里存在的物质数量急剧减少，每一立方米的空间内只有几个遗失在宇宙空间中的粒子，逃离了地球引力的原子正在那儿自由翱翔。高空吸引着人类，而且人类在这方面的探知也远多于我们脚下的世界。

人们对地底深处的世界感兴趣的原因首先便是可以开采石油和黄金。人类钻探油井，铺设通向地底的井道，但目前来说，最深的石油钻井也只有5千米深，而最深的黄金井道甚至没有达到300米。人们认为这就是了不起的胜利了。

在寻找石油和黄金的过程中，人们自然会越钻越深。新技术成就极有可能打破这个纪录，再向下几千米。但是这几千米与6 377千米的地球半径相比意味着什么呢?这只不过是地球半径的千分之一罢了。

如果地球像西瓜那么大的话，那么我们穿透的地表也就只有0.2毫米深。

十分明了的是，人类对这种情况是绝对不会容忍的，不管是过去还是现在，科学家们一直在思考，地球的内部结构是什么样的，怎样才能到达地球深处。不妨简单地想象一下，我们现在已经对地底了如指掌，并且将完成一次从地表到地底的思想遨游，让我们看看，这次遨游过程中我们将会遇见什么。

罗蒙诺索夫描写了第一次去往地底的旅行。确实，这些是分散在其著作中的零散思想，但拉季舍夫将它们收集整理在了《论罗蒙诺索夫》一书中。令人好奇的是，在拉季舍夫《从彼得堡到莫斯科旅行记》结尾处，刚好最后几页讲述的是主人公沿着泥泞邮局道路的坑洼艰难地行走着，这正是致敬罗蒙诺索夫的地底旅行，并描绘了一幅科学家眼中的画面，如果他继续从地表向地核移动的话，便能看见这样的画面。下面就是关于地心旅行的出色描写:

……（罗蒙诺索夫）战栗着往裂缝中走去，这颗闪耀的巨星很快便消失在了视线之中。我想跟随他一同去往地心，收集他的深邃思想，并按照应有的秩序将它们整理出来。他的描写既富有趣味，又具有指导意义。

在穿过地球的第一层，植物生长之处时，这位地底旅行家便发现这儿与众不同，它具有强大的生命力。于是他得出了这样的结论：地表并不是由什么其他的物质构成的，而正是由动植物的腐烂物形成的，它的肥力、滋养力、可再生力，都是因为一切生物各自保持着不可毁灭的和最初的部分，这些生物的本质保持不变，只会改变其外观，而且外观的形式也属于偶然。再继续向下，地底旅行家便发现下面的地层都是层层堆积的。

在这些地层中，他找到了海洋生物的残骸，还有残余的植物，于是得出结论：这种层状构造最开始都是水中的漂浮物，水从地球的一侧流至另一侧，所以才构造出了地底深处的这番景象。

这些一样的层状结构会失去原本的面貌，有时看起来就是多层混合的结构。可以做出结论：曾有过猛烈的火焰深入地底，遇见了与自己针锋相对的液体，于是它暴怒，翻搅，摇晃，推倒，投掷一切妄图与之顽强抵抗的物体。

烈火将不同的地层翻搅混合，并用自己的气焰唤醒了金属原始的占有欲，使它们熔合在了一起。罗蒙诺索夫在那儿见到了自然形态的死气沉沉的珠宝，这使他想起了人类的饥饿和贫穷，于是他带着沉痛的心情离开了这个装满人类贪欲的阴暗住所。

仔细研读这篇文章，便会发现这篇叙述与我们现代的概念是吻合的，我们甚至不能反驳其中的任何一个字，只不过彼此之间所用的语言不同罢了。

现在我们是用钻探仪器研究地下的结构，所以比科学家幻想出的画面要真实得多，以下是我们的研究结果：

很多年以前，在莫斯科的农民哨岗（地名，今有地铁农民哨岗站一站）外面修建了一个不大的井架，从街上望去是看不见它的。在这个井架里有个能够打穿地底的机床，科学家们想通过它来研究莫斯科的下面是什么。

于是人们开始不懈地往下钻井，争取打到几千米深。开始是黏土和沙层，这些是位于莫斯科平原上的，由斯堪的纳维亚冰川大南流带来的沉积物。这是冰川时代的最后一次爆发，那个冰川时代曾把整个欧洲北部和部分苏联地区覆在紧实的冰雪之下。

在这些黏土下面埋藏着各种各样的石灰岩，它们与泥灰岩和黏土层相互交替，石灰岩中的某些地方还能看见石灰质的骨架和贝壳的外壳，然后沙层取代了石灰岩。在沙层中还有煤夹层，它告诉了我们煤矿区的存在，这块煤矿区为中央工业区提供着燃料和天然气。

地质学家仔细研究了石炭纪海洋的沉积物，然后发现，这些海洋一开始并不很深，它们的海岸上覆盖着茂盛的植物，在潮湿又炎热的气候条件下勃勃地生长着。然后这些海洋开始变深，水流从东方和北方涌来，摧毁了森林，使得植物也消亡了，精美的水生动物不断堆积，构成了珊瑚礁和贝壳浅滩的开端。在这时，被用于建造莫斯科房屋的石灰岩也开始沉积——正是因为它们，莫斯科得到了“白石城”的称号。

长长的，历经数百万年的石炭纪沉积而成的一系列地层就这样被我们的钻井机贯穿了，在这个过程中，我们遇到了大量石膏的新型沉积物。钻井机沿着黏土夹层穿透了厚厚的石膏层，并穿过了大量的水。

这些水一开始含有大量硫酸盐，往下越来越深时，氯酸盐的含量逐渐升高，等钻井机钻到盐水层时，这里的含盐量比海水中的还多，其中绝大多数都是钠和钙的氯化盐，在这之中还有不少溴盐和碘盐。

这里的景象就已经不属于石炭纪了，而是更加古老的泥盆纪：那时候到处都是海洋、咸湖和咸沼，环绕在海洋岸边的是无边的荒漠，海底沉积着厚厚的盐层，盐层中混着暴风和龙卷风带来的淤泥或是灰沙。

钻井机已经深入地下1.5千米了。在这古老泥盆纪海洋的残渣层下面隐藏着什么呢？当钻井机继续向下钻几百米的话，地质学家将会看见什么新的景象呢？复杂的猜想一直困扰着科学家，又有科学家提出了许多假想。突然在1 645米深处出现了沙粒。显而易见，这是泥盆纪的海岸：沙粒正告诉地质学家，大陆已经不远了。在沙粒之中有岩浆岩的卵石时隐时现，还有被磨得光滑的海岸岩屑。到这里就已经是海岸了，真正的海岸。再往下10米，钻井机就撞上了坚硬的花岗岩。

1940年7月尾，钻井设备首次在莫斯科到达了花岗岩框架——北起列宁格勒，南至乌克兰的广袤土地，都是存在于这个基石之上的。很快，在塞兹兰和塞兹兰以东的钻井也碰触到了类似深度的花岗岩框架，这也证实了卡尔平斯基院士的天才预言，即在俄国的欧洲部分大平原之下存在一个巨大的花岗岩陆台——我们从卡累利阿–芬兰苏维埃社会主义共和国，以及南部第聂伯和布格河岸那美丽的花岗岩断崖和片麻岩也能了解到这一框架。钻井机再向下钻20米，钻进了这一坚硬的花岗岩框架。按照地质学家的定义，这些全是货真价实的花岗岩，是年龄不小于十亿年的古老的沉积物。

钻井机已经到达了莫斯科的地底深层。可是在这下面还有什么呢？在花岗岩之下还有什么等待着钻头？是否还能继续向下钻2千米，到达托举着花岗岩的地层？人们就这个问题产生了激烈的争论。有些人认为这是没有希望的，还要再钻几百甚至几千米才能穿透这坚硬且厚的花岗片麻岩的岩层。而另一部分人坚持向下钻井，来弄懂更下面地底深层的秘密。只能说道阻且长，对于那些已经钻入莫斯科地下深处花岗片麻岩层内核的钻井工人来说，每多钻一米，都会变得越来越难。

现在是不可能到达地球最深的地层的，因为人类的科技尚显薄弱，需要利用其他的方式来征服更深的地层。这是由年轻的地质学家爱德华·修斯在1875年首次提出的。

他给自己布置了一项任务，即利用新兴的地质学和那时已经诞生的地球化学来鸟瞰地球。修斯曾尝试描绘出构成地球的主要的、均匀的地层。为此，他先是采取了古代哲学的方法，并将地球分为三个部分：空气，或者说是紧紧包裹着地球的大气层；第二层，覆盖并穿透坚硬陆地的水圈，即水和海洋；最后是岩石圈——岩石的领域，在这一层的深处，有熊熊火焰燃烧，也就是被火山喷出的岩浆。之后，修斯继续研究了地球的分层问题，在分析岩石化学成分的基础上又分离出了地心圈。

为了弄清楚地层、地圈的秘密，从这时起，化学家、物理学家、地球化学家和地球物理学家便开始不断地研究。俄罗斯科学家维尔纳茨基和他的学派也开始着手仔细地研究这个问题。

地质学家和地球化学家的任务不仅是研究地球的外貌，还需要弄清在每个地圈中进行着的各种活动，以及这个星球内部的结构。

我们现在简单地描述一下构成地球的圈层，这是由地球物理学家在深入研究地球内部弹性波的基础上得出来的，这种波可以到达地下很深的地方，并且它的反射波还能帮人们找到地圈的边界。

现在我们的科学家已经算出地球上下共分13层，最高的便是我们到不了的，充满着陨石和氢、氦分子以及钠、钙、氮原子的星际空间。这一层的下界限离我们约200千米。

再往下是平流层，这里氮原子和氧原子的数量会比之前那一层的多。一条完整的臭氧带将平流层的某些部分分离开来。北极光会在数百千米的高空闪烁，由肉眼不可见物质构成的发光云层可达100千米。

在10～15千米高处是我们称为对流层的地方。这里分布着我们熟悉的大气层，有我们习惯的，含有氮、氧和其他惰性气体，以及水蒸气和二氧化碳的空气。

接下来的是厚度约为5千米的生物圈——生命存在的区域。它包括地壳的上层以及地壳的水层。

然后就是水层，也被称为水圈。氢、氧、氯、钠、镁、钙和硫这些元素是水圈的组成部分。

再下来是固态层——首先是含有酸性盐和表面土壤的风化壳，我们对其已经研究得十分透彻。然后是沉积岩层，是由古代海洋的沉积物构成的，即黏土、砂岩、石灰岩和煤层。沉积岩层在20～40千米深的地方便能与一种新的地层相遇，这就是变质层。

更深处还有富含氧、硅、铝、钾、钠、镁和钙的花岗岩。在50～79千米深度处就已经是含有镁、铁、钛和磷的玄武岩了，其不含有铝和钾。

在深度为1 200千米的位置，情况会急剧变化。坚硬的厚层会被独特的熔融物取代，这是由氧、硅、铁、镁和重金属——铬、镍、钒构成的橄榄岩层。通过研究一种灵敏的仪器——地震仪接收的震波，岩层便能清晰地显现在我们眼前。地震仪使得我们不仅能够捕捉到沿最短路径传播的震波，还能捕捉绕着整个地球传播的震波，以及从不同密度地层界限反射而来的震波，例如，从地核发射而来的震波。这些数据有利于证明地心圈和岩石圈的存在。有一些科学家认为，深度至2 450千米处都是含有钛、锰和铁聚积的矿层。

在深度为2 900千米的地层，其密度会显著增加，这里已进入地球核心。地核的性质我们还不了解，只知道很有可能是由铁，以及含有钴、磷、碳、铬和硫杂质的镍构成的。

地球物理学家和地球化学家就是这样为我们描绘地球构造的，并且每一层在成分方面都具有某些元素含量十分多的特征，而且每一层的温度和压力也是不一样的。

在这幅复杂，某些地方还可能不太准确的图景之中，有一块区域一直吸引着我们的注意力。这就是我们所生活的这个圈层，它与其他圈层相比，拥有十分特别的性质。

它夹在两个进行着缓慢古老进程的地圈（空气圈和岩石圈）之间，上下之间的厚度达到100千米。这里一直进行着地球化学反应，有温度和气压的急剧变化、地震和火山喷发；有些地方发生着毁灭，而有些地方又在重生；地核中的熔融物、滚烫的泉水、矿脉都在此冷却；最后人类开始在这里生活，他们与自然斗争，又开始研究自然。这里还生活了数百万种生物，不断有独特且复杂的结合和化学分子产生，这是生命在斗争和寻找新进程及新变化的领域！

这片生命的领域被地质学家称为对流层并不是没有道理的，也就是说，这是运动的地带。这片地带有着自己复杂的化学生命。这个地带上，化学元素的建设和组合过程决定了地球在地质时期的命运。这是一片纯粹属于地球化学反应的地带，尽管有成千上万的天外来石飞来地球，但是它们并未影响生命地带的蓬勃发展，也没有导致地球的消亡。而且通过它们，我们更能认识到地球的珍贵和不可替代性。

以上就是人类对地底深处的化学认知，而物质上的接触却只是几千米深的地表薄层。

在缓慢但不懈的研究过程中，人类天才终究会对世界有完整的认知。

我们完全相信，那把人类与地底还有高空阻隔开的障碍终会倒下，取得这一胜利的不仅是科学家的抽象思想，还有他们的科技。

我们知道，我们的大型地球物理装置正自由地打入地层，并传递给我们关于底层构造的信息。人们在乌拉尔和南部进行的爆破将为这些认知增添新的篇章，而钻井设备已经达到了每班钻探几百米这一新的历史成就。一系列精确的机床、耐火的管道和装有切割工具、极坚硬合金还有金刚石钻头的钻杆能够自由地深入花岗岩中，我们相信，过不了多少年，钻井便会进入遥远的地层，到时候人类征服数十千米深地底的故事就不仅仅是写在小说中的了，而是依靠技术征服地球的胜利。

我们对世界的认识是没有边界的，人类天才的胜利也是没有边界的！

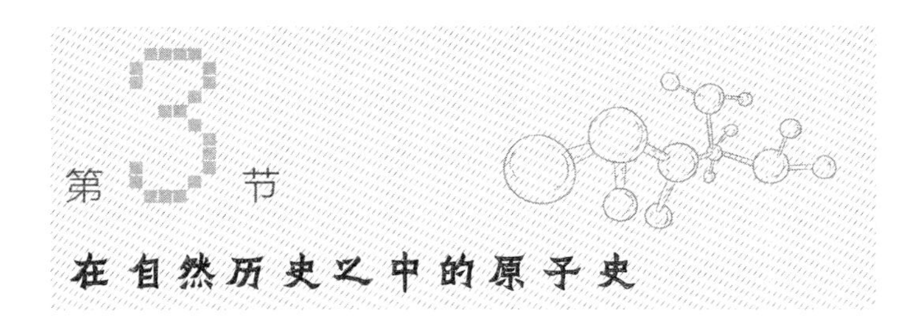


200多年以前，亚历山大·冯·洪堡完成了美洲的一系列考察，他的思想穿透到了宇宙深处。

他写了一篇著作并将其命名为《宇宙》。“Kosmos”一词取自希腊语，它不仅能表示宇宙这一概念，而且还代表了秩序和美，因为这个词在希腊语中既能表示宇宙，又能表示人类之美。

在洪堡的叙述中，宇宙这一概念就相当于各种事实之和。他曾尝试基于19世纪的科学成就，用统一性来解释自然规律的秩序，并想在现实世界中找到比世界的复杂发展过程中更加复杂的一环。但是他没有成功，因为他找不到能够将世界联系起来的单位，这在当时的观念中是根本不存在的。

这样的单位是什么呢？其实就是原子。世界是在自然界复杂、漫长的原子漫游史中建立起来的，并且在此过程中，物理和化学确定不移的法则起了统治作用。我们已经知道，在天体中的某些原子核是如何失去自己的电子的，我们还知道，原子是如何逐渐形成原子团的，也知道电子是怎样如行星般围绕中心旋转的。

了解了电子的环状轨道是如何交织在一起的，我们就知道了分子，也就是化合物是如何在恒星冷却的荒漠中诞生的。之后就出现了越来越复杂的结构。离子、原子、分子构成了完整的晶体——这是全新的世界要素，更高秩序的要素，从数学和物理方面看来都十分完美的要素。

我们都看到过，晶体结构是如何在地球最表面生长和毁灭的，然后又是如何从晶体碎片中生成新的系统——胶体的，它其实就是活细胞，也是生命的基础，在活细胞胶体中的新型分子是具有稳定性的，且含有碳。

生物进化的新规则使得原子的命运愈加复杂，并会形成菌丝体凝状物，这是极小的，用超倍显微镜才能看到的半动物半植物。还有原始的单细胞生物，比如细菌和纤毛虫，我们在普通显微镜下就能看清它们。

在我们周围世界，各种元素的原子都要经历这样一个历史阶段，并且每一个原子都能够构建一部生命史，从地球第一部分开始凝结，到在活细胞中漫游。

就像有些假设学说所描述的，宇宙之初只是一片混沌，在那里出现了尺寸巨大的原子团，它们能够发射电磁波，之后热运动衰退，整个系统也逐渐冷却，从而形成了宇宙。

有人想解释这个过程，但这并不重要。人们更想知道宇宙的成分是什么。当代地球化学家的杰出研究告诉我们，宇宙的成分是40%的铁，30%的氧，15%的硅，10%的镁，2%～3%的镍、钙、硫和铝，以及一些含量极少的钠、钴、铬、钾、磷、锰、碳和其他元素。

上百种元素混在一起，其中有些元素数量很大，有些元素则只有千亿分之一。随着宇宙系统的冷却，一些自由的原子构成了气体的开端，然后是接近于某些熔融液滴的液体，这些火热的熔融体彼此靠近，它们经历着熔化矿物在高炉中经历的过程。

关于地球构造的答案，不是理论家，也不是地球物理学家，而是冶金学家在不经意间找到的，这是一群擅长冶炼金属、处理熔渣，并且掌握了操控高炉内原子命运的人。物理和化学的法则迫使这些原子相互分离，最初的熔体被分为好几部分。所有的化学元素按照一定的规则排列。轻的、活泼的元素会向上移动，而重的元素则会沉到下面。

金属核就是这样聚积起来的。一般在这颗核上面会形成一层硫化金属壳，再往上就是像氧化壳和熔渣一类的东西，再上就是硅化合物的壳。地球物理学家告诉我们，所有构成地球的圈层，或者说是地圈，都像是一个巨大炉子里的熔炼产物。

在地底最深的地方，2 900千米处是一个铁核。这里存在的元素就是当时一起进入火炉的元素，首先就是铁，以及铁的好朋友——镍和钴。

这里还有被化学家称为嗜铁体的元素，也就是喜欢铁的元素，这是炼金术士提出来的。它们分别是铂、钼、钽、磷和硫，毫无疑问，它们都与铁有着相似性。这就是地球深处的成分构成。

在铁核之上，1 200～1 300千米处是另一片区域，关于它的化学成分的争论极其多，但毫无疑问的是，这片区域是我们在有色金属厂冶炼铜或是镍时十分熟悉的。我们称它为“冰铜”，也就是硫化金属，包括铜、锌、铅、锡、锑、砷和铋的硫化物聚积。所以这个地下1 500千米处的巨大区域被称为矿圈是不无道理的。

再往上就是一层“氧化皮”，或称为氧化区。这块区域是由一些更小的区域构成的，在这个区域深处蕴藏着富含硅、镁、铁的矿石。人们在南非研究了大量的管状金刚石矿脉后，才开始转向研究这片区域，这里的矿脉含有大量紧实且重的矿物，以及深处熔融物的结晶产物。

在这片区域之上，地下1 000千米处起，便是硅氧化物层，地球上的生命便是存在于这层上的。我们还可以将它想象成一个由各种岩石、矿物组成的系统，但是我们现在能够实际了解到的也就20千米深。

硅氧化物层的成分与地球的平均成分差别很大，可以通过以下数字反映出来：氧占了50%，硅是25%，铝是7%，铁是4%，钙是3%，钠、钾、镁各为2%，然后就是氢、钛、氯、氟、锰、硫和其他元素。

我们知道，这些数字是经过数千次计算和分析得来的。我们坚信，强硬的地壳并不是均匀的，原子的排列出奇复杂，以至于很难准确地想象出地壳的结构，一会儿是闪耀的玫瑰色花岗岩，一会儿是沉重的暗色玄武岩，一会儿又是白色的石灰岩、砂岩和五彩缤纷的页岩。我们知道，在这色杂又错乱的基础上散布的硫化金属、盐类和矿藏都在一片混乱之中。我们能否在这一复杂的景象之中找到原子分布的规律？抑或是有没有揭开这一杂色地毯结构规律的可能性？

地球化学家近几年的成就表明，在这充满表象的偶然性世界中存在着明确又坚不可摧的法则。地球化学家们不仅从硅氧化物层中分离出了各种原子，还在严格的秩序中对所分离出原子的性状展开研究。

我们推测，熔融物和氧化壳像极了高炉中倒出的熔渣，并逐渐开始冷却，从中渐渐地结晶出一些矿物。最开始分离出的物质质量较大，并会沉到底部；较轻的组成部分，例如气体、挥发性物质，便会向上聚积。

玄武岩的熔融物底部便是富含铁和镁的矿物，在这之中我们还能见到铬和镍的化合物，并能找到珍贵的金刚石以及昂贵的铂矿石；另外，在熔融物上方存在着另一些物质，它们能够组成我们称为花岗岩的岩石。它们就是物质冷却之后形成的连续不断的渣滓，正是它们构成了我们的大陆的基础，要知道，我们的大陆是漂浮在重重的玄武岩板上的，玄武岩还铺满了海洋的底部。

物理、化学的严格法则控制着这种新原子在宇宙空间内的分布，现在在自然界中点燃了新思想的曙光，这正是从地球化学开始运用物理、化学的法则开始的。它为地球化学带来的益处相当于进化论之于生物科学。

花岗岩核心缓慢地进行着冷却，并从中分离出了过热的蒸汽、易挥发气体，它们贯穿着周围的岩石，形成滚烫的水溶液，我们通过矿泉便能了解到它们。这些灼热的气息就像光晕一样环绕着花岗岩，气体以及含有不同光线的蒸汽沿着冷却花岗岩的裂缝和断面逸散出来，就如滚烫的地下河一般，它们会慢慢冷却，然后在壁面上形成矿物晶体壳，再随着冰冷的泉水涌向地表。

在正在冷却花岗岩的断面中，我们首先见到的是残余的熔融物，这便是伟晶石的矿脉，同时也是放射性矿脉重原子的载体。它们通常携带着宝石、闪耀的绿柱石和黄玉晶体，以及锡、钨、锆还有稀有金属的化合物。

在逐渐分层的复杂过程中延伸出了更长的，含有锡、钨的石英矿脉，然后又延伸出了含有金的石英矿脉分支，之后又有锌、铅、银在此聚积，形成多金属矿脉。在炙热核心不远处，离沸腾的花岗岩熔融物好几千米之外的地方，我们发现了锑化合物、朱砂的红色晶体以及火黄铯或是红色的砷化合物。

这些矿物是按照物理、化学的法则分布的。它们像环或是带状物一般环绕在炙热的原子聚积物周围，而当它们沿着长长的陆地裂口冷却之时，原子的聚积就会延伸为一条长长的带状物，于是在地表就会出现一幅由这些矿石组成的巨幅景象：巨大矿带在两块美洲大陆延伸，它始于北方加利福尼亚的某个地区；这条矿带内蕴藏着铅、锌和银。另外一些矿带沿着子午线横穿整个非洲。还有些环绕着亚洲大陆的坚硬岩石链，形成了一条长达数百千米，富含矿石和有色岩石的带状区域。

这整个画面看起来难以理解，矿石产地的分布看起来毫无顺序可言，但是现在看来，原子的分布却变得越来越合乎规律。最重要的实践任务和成就都依靠地壳原子分布自然法则新思想来解决，并取决于原子的性质和性状。

中世纪矿工的古老观察结果和采矿业的古老经验现在都被真正的科学规律所取代，早在16世纪时，格奥尔格·阿格里科拉便想到过这些规则，他还阐述过金属之间神秘的爱。

伟大的俄罗斯学者门捷列夫也提到过这点，200年前他曾号召化学家与冶金学家联合，来找出矿石共存的原因，并回答以下问题：为什么锌和铅总在一起？为什么钴经常跟随银出现？为什么金属镍和钴会与奇怪的元素铀一同出现？

是什么让原子在花岗岩中如此合乎规律地分布的呢？这里一定有新的力量登上了自然进程的舞台，如果在地底深处，是原子的性质决定了熔融的原子团分离出核、氧化物和熔渣，那么，上面的那些问题，也是同样的原因吗？

原子的结合，不仅能够产生液态或是玻璃态的游离分子，而且还能形成不存在于地球深处的晶体。

晶体是一种十分和谐的结构，正是它们确立了整个宇宙的严整性。我们已经讲过，1立方厘米的晶体中便有$10^{16}$个原子，它们在晶体中按照固定的方式分布，并且具有一定的间距，并会形成晶格和网状物。我们地球的整个表层都是由晶体构成的，甚至我们周围世界的绝大部分都是这样构成的。

晶体和它的法则决定了元素的分布，并且这些元素经常能在晶体中彼此取代，有一些元素可以在晶体内部漫游，而另一些会在强吸引力的作用下彼此紧密结合，由此确保晶体的坚固性，以及机械耐久性，使它们很难被摧毁。

天体内部的原子、分子以及晶体的某些碎片呈现出无序的混乱状态，而在地表之上则不存在混沌，只有无数如大厅里的吊灯和镶木地板一样整齐地排列着的点和网。晶体结构中的原子拥有某种自然平衡的方式。

我们就这样来到了地表。在这里，地球内部影响不到原子，取而代之的是太阳和宇宙光线在发挥作用。它们向地球投射新型的能量，原子在物理化学和结晶学法则的支配下又再次开始了自己的漫游。

半个世纪以前，瓦西里·瓦西里耶维奇·多库恰耶夫曾在彼得堡大学的讲座上展开过自己有关地表土壤形成法则的构思。他列举出了某些与气候紧密相连的地区，并提到某些区域的一系列原子与太阳光线、气候、植物和动物一起创造出了各个物质的历史。在他的叙述中，表面土壤就像一个崭新又独特的原子世界。他说："土壤是自然界的第四个王国。"

多库恰耶夫不仅依据这个世界的法则描绘出了土壤的肥力，还描绘出了人类的生活。

但是正是在这地表的薄层中，原子变得异常复杂。晶体在地球内部平静生长的简略图在此看来是远远不够详尽的。

复杂的地理景观成功地将原子征服，而气候、季节、日夜以及生命进程频繁替换——所有这些都留下了自己的痕迹，并且要求新形式的平衡和新的稳定条件。

在地球内部是一片平静，晶体都在空间内平静地增长；而在地表则是变化无常的，这里的各种力量都在斗争，温度也在替换，且毁灭进程占据主导地位。这里替代准确晶体结构的是它们的碎片，这些碎片就像一个崭新的动力系统，拥有着最主要的意义。我们称这些碎片为胶体。

在地球内部的有序世界和冻状胶体的混乱世界之间产生出了矛盾。在我们周围世界快速变换的环境之中，化学反应不能像在地球内部那样平静、系统地进行。例如，刚刚形成的晶体结构可能会发生解体，并被新的晶体结构取代，晶体碎片以最不同的方式，于混乱中层层叠加，并会一起熔化，然后从这些由成百上千个原子构成的巨大物质中形成新的物质，即不稳定的胶体系统，在有机世界中，我们对它们甚是了解。

这些只是原始晶体的碎片，是由构成晶体的原子堆组成的。在晶体之中，只有一些“砖块”是足够坚固的，而另一些则有可能脱落，也就是说结构的某个部分有坍塌的可能。

除了这种毁灭性的力量，在地表中还有其他的积极力量，以及比蕴藏在晶体稳定系统中的能量更大的力量存在。

在我们周围的黏土中，各式各样的褐铁矿和锰矿中，在铁、铝、锰化合物原子组合的多样性中，在磷化合物的球状物和结核体中，到处都有新的力量在产生作用，并能使不同环境之间产生相互关系。到处都出现着新的混沌力量，在结构消亡的同时，又有新的结构产生，并会出现新的规律性，正是这些规律性决定了土壤的本质，并简化了某些金属的漫游过程，使得它们在土壤中发生相互交替。

我们就这样逐渐地来到了原子历史的最后一个阶段——生命的进程。胶体已经为新系统的建立奠定了坚实的基础：在胶体中，在这复杂的分子附着力中，蕴藏着巨大的力量，并由此创造出了新的物质。这就是活细胞。这是生命系统形成的天然途径。

在这独特而柔韧的结构中，原子时而紧密结合，时而自由分散，生命就这样诞生了。在生命当中，原子结构变得更加复杂，从最小的单细胞组织到人类，生命成了地表最为主要的现象。

我们不能从周围的环境中抽掉任何东西。现在生命已经和无机界、空气及水融为一体，并像一系列地理景观阶段一样围绕在我们周围。这是生命的最高形式，是进化和有机物发展的结果。具有思考能力的人就这样出现了，人类能在思考过程中寻找到那些能量的强大法则，也就是存在于新的，不那么稳定，但是更加强大且有效系统中的法则。

起初只是自由的带电质子，然后它们开始结合成原子核。之后开始复杂化，在原子向宇宙更冷的系统迁移时，它得到了电子层，形成了原子。这些原子按照规律彼此结合，生成拥有严整几何形状的化合物。

晶体便是这些化合物的表现形式，这种形式秩序井然，十分和谐，但是蕴藏能量不多，所以死气沉沉。但是它们非常重要，因为胶体系统就是在它们的基础上诞生的。

胶体又生成了活细胞；在活细胞中，成百上千的原子开始组成复杂的分子——蛋白质。蛋白质决定了我们周围有机世界的多样性、复杂性以及神秘性。

但是在自然的历史中，原子还在东奔西走，到处寻找新的形式。我们还不能确定，世界上有没有新的，比晶体还要稳定的结构，有没有比生命蕴藏更多能量的形式。我们对于周围自然的认知还远远不够，没有人能说我们已经理解了原子漫游的所有路径，也不能说人类已经掌握了足够强大的力量来操控原子的运行轨迹。

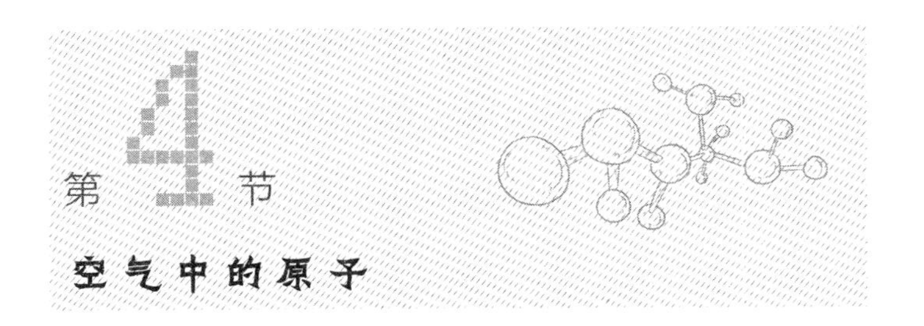


什么是空气？我们很少想象空气是什么，也对这个问题不那么感兴趣。我们已经习惯了空气围绕着我们，就像健康，只有当我们失去它的时候才会重视，而只有当我们置身于空气不足的条件下时，我们才会想起空气。

我们知道，在高空是很难呼吸的，有些人甚至在3千米的高度下便会出现高山反应，然后变得虚弱；我们还知道，飞行员在5千米以上的高空飞行是十分遭罪的，在8千米至1万米的高空就会空气不足，此时便不得不借助储氧量来呼吸。

我们知道，当人们深入矿井深处时是多么难受，在1 500米深时，我们不仅要适应新的空气压力，而且耳朵里也会嗡嗡作响。

现在空气成了科学和化学方面一个极其有趣的课题。

人们在很长一段时间内都不能理解空气是什么。初始化学中有一个观点主导了好几个世纪，即认为空气是由一种特殊的气体——燃素构成的，也就是说，当某个物质燃烧时，会从中释放出燃素，接着燃素就会作为一种特殊而细微的物质充满整个世界。

到后来，多亏了法国化学家拉瓦锡的天才发现，人们才了解到，空气主要是由两种物质构成的：一种是令人精神振奋的物质，它被称为氧气；另一种不太活泼，人们称之为氮气。

1894年，人们突然发现，空气的成分实际上要复杂得多，氮气这种毫无生气的气体含有一系列更加重的化学元素，并且这些元素在空气中起着重要作用。

现代物理学家测定的空气成分如下：

| 名称 | 百分比/% |
| --- | --- |
| 氮气 | 78 |
| 氧气 | 20.9 |
| 氩气 | 1.28 |
| 二氧化碳 | 0.03 |
| 氢气 | 0.03 |
| 氖气 | 0.001 25 |
| 氦气 | 0.000 07 |
| 氪气 | 0.000 04 |
| 氙气 | 0.000 04 |
| 水蒸气 | 百分比不稳定 |

但是这个成分表仅适用于大气下层的空气。超过20千米时，气体的数量会发生变化：重气体会减少，轻气体，如氢气、氦气的数量会逐渐增加。在更高处——陨石闪烁的地方，以及北极光燃烧分散粒子的地方，轻气体占主导地位。

我们十分了解大气的组成成分，以至于分散在大气中的每一微粒都逃不过化学家的注意。

我们周围的大气不仅是生命的基础，而且还是庞大化学工业的基础。英国人在近几年计算出，英格兰和苏格兰的所有居民在一天之内需要从空气中吸收多达2 000万立方米的氧气，与此同时，专业的装置会在一天内提取多达100万立方米的氧气用于工业所需。

工业在燃烧煤和石油时需要用到氧气，并向大气中释放庞大数量的二氧化碳。这样的进程也会发生在有机体中。比如说，一个人每天会释放出3升的二氧化碳。

为了理解这些数字的含义，需要指出，一棵巨大的桉树可以分解二氧化碳，向大气中排放氧气，它在一天时间内的分解排放量大约是一个人一天呼出二氧化碳的三分之一。3棵巨大的桉树才能分解一个人一天之内排放出的二氧化碳量，大气成分正是靠这种方法才获得平衡的。

可见，这些生长在我们周围的植物有着多么巨大的意义啊，所以我们将它们引种在城市之中并细心呵护。植物释放的氧气是人类所吸收的氧气的唯一来源。与此同时，氧气的利用量也变得越来越多。

早在1885年，一些生产钡过氧化物的小工厂便开创了使用氧气的先河。现在氧气已经成为一系列化学生产的基础；在冶金业中，人们也用纯氧代替空气来吹入高炉中；在许多化学生产中，氧气已经成为不可替代的氧化剂。

从我们周围的大气中提取氧气的设备也逐年增多。

另外，还有一些气体也像氧气一样，越来越广泛地受到人类应用。

不久前，氩气这种在空气中仅占1%的气体，在工业上毫无用途；而如今，在复杂装置的帮助下，人类每年能够从空气中提取出此类稀有气体约100万立方米。每年用这些气体填充的电灯泡约10亿个。

另一种惰性气体常被用来填充大城市闪光广告牌的特制灯泡，这就是氖气。它在大气中十分稀少，只有几万分之一。

人们还开始从空气中提取氦。氦在空气中的含量比氖还少，尽管在每立方千米的土地上方便含有20吨这种太阳的珍贵气体。氦主要是从地底的气体束中提取而来的，并被广泛用于填充气艇；在氦的帮助下，人类的冷冻科技可以达到世界上最低的温度；在某些情况下，氦气还能被用于潜水作业，当潜水箱中的压力增加时，人的血液就会溶解氮气，最终导致中毒，为了避免这一情况发生，人们便会利用氧和氦的特殊混合物来代替空气。

甚至是最为稀少的气体，例如氪气和氙气，也开始被工业利用。

氪气在空气中的含量少于十万分之一。与此同时，当氪气的含量为10%，而氙气的含量为20%时，灯泡的亮度就会增强。也就是说，这样的话，在我们的发光装置中就能减少使用20%的能量。

对工业来说，最重要的大气原料就是氮。

在1830年，人们首次利用氮化合物来给土地施肥。在那时没有人对氮展开思考，甚至从智利被轮船运来的硝石也没有在西欧贫瘠土地上找到适合自己的用途。但是渐渐地，化学肥料的需求越来越大，人们也就需要越来越多地寻找生命所需的那三种物质（即磷、钾和氮）的产地。人们对氮的需求量增长之快，以至于物理学家威廉·克鲁克斯在1898年提到了氮荒，并建议人们寻找新的方法来从空气中提取氮。

没过多少年，化学家们便掌握了利用放电技术将氮气转变为氨气、硝酸及氨基氰的方法。

在第一次世界大战时期，氮被用来制作弹药，成了被大量使用的材料。现在全世界有超过150个工厂正在运营，它们每年能从空气中提取出400万吨氮气。但是这个数字在这种气体的庞大储量面前简直不值一提，要知道，氮气含量可是占到了空气的78%。

这就是空气在工业中的应用。工业上还在继续研究，以充分利用空气中的每种成分。大气成了矿物原料的来源，它永不会枯竭。但我们还远没掌握挖掘此类资源的方法。

人类分离这些空气成分的工序还远远不够完善。要分离氮气，需要很大的气压和能量。如果要分离惰性气体和氧气，就需要借助复杂且昂贵的装置，先将空气转变为液态，然后再一一分开。苏联近几年来在这条路径上做出了许多重要发现。

苏联科学院物理问题研究所制造了一批出色的机器，这就使得我们可以大量地，同时又十分精确地将空气的组成部分分离出来。

我们能够想象出这种安装在各个房间中的设备。接通电流，涡轮减压器便会运转起来，打开开关，写有“氧气”字样的标记就会出现在开关上，然后就会从中流出略带蓝色的，低达零下200 ℃的液体。

打开另一个开关，就会从中一滴一滴地流出惰性气体氪气和氙气的液体，而固体的碳酸则会沉积在容器底部，像炉子里的灰一样，这些固体的碳酸会进入特殊的机床，然后变成干冰。在制作冰激凌时，通常会用掉大量的干冰。在大热天时，干冰也可以用来给房间降温。

也许在上面的表述中我有些许超前。到目前为止还没有出现能够连接上普通插座的袖珍机器，但是我相信，在不远的将来，我们一定可以将周围丰富的空气用于满足我们所需，而世界上庞大的化学工业也将建立在丰富的氮和氧的基础之上，这两种元素对于地球生命来说意义非凡。

我可以现在就结束我的叙说，但我觉得内容还并不完全。

关于二氧化碳的应用，以及利用废气、煤和石灰岩燃烧产物的可能性我都还只字未提。

科学家们已经计算出了作为工业废料被释放出的二氧化碳的庞大数量，并且想利用这些二氧化碳来制作干冰，这就需要从大气中提取出含量为万分之三的二氧化碳。

而物理学家显然走得更远。他们说，空气并不仅是由我们之前讲过的那10种气体构成的，空气中其实含有大量更为稀少、分散的气体，它们的含量为亿分之一，甚至是千亿分之一，这就是放射性气体，也就是镭射气和各种各样的易挥发气体，即轻金属衰变的产物。这些气体在大气中的存在时间不长：有些放射性气体的生命论天计算，有一些论秒计算，还有一些则只能用秒的百万分之一计算。空气中其实充满着这些原子核衰变的产物。宇宙射线处处在引起原子的分裂，由此会出现一些不稳定的气体，它们会再次消失，然后形成固态物质的稳定形态。

空气被由宇宙化学反应所产生的射线贯穿。物质的分散原子之间发生着十分复杂的进程，我们对空气中发生着的那些复杂位移和放电还不是十分了解。

当我们弄懂时，也就意味着我们在利用自然的道路上又取得了一项进步。

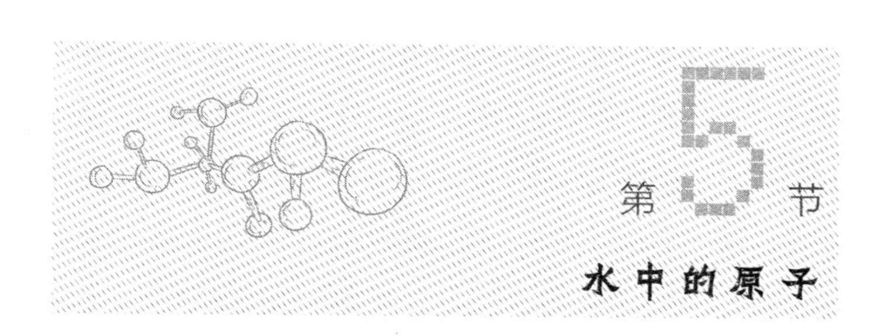

## 第5节 水中的原子

河流、海水、地下泉水一同构成了地球上的连续水层，或者说是水圈。在热和太阳的作用之下，在辽阔无垠的大洋之上，水的蒸发无时无刻不在发生着。

水在大气中凝结，然后以雨、雪和冰雹的形式落向地面。水冲刷、渗透土壤，毁坏岩石，溶解大量的物质并将其带回海洋。

所以水无数次地重复着这样的循环：海洋→大气→地面→海洋，并且水每次都会从坚硬的岩石中提取出新的物质。

据计算，世界上的所有河流每年都会从地表向大洋中带去约30亿吨的溶解物质。

换句话说，在10万年的时间内，被水破坏并带到海洋中的地层约有1米厚。

地球上的水完成的工作量十分之大。水的化学式是$H_2O$，是地球上分布最广泛的物质之一。世界海洋中水的总量为十三亿七千万立方千米。水在地球历史中的意义极其特殊，因而在地球化学中也是如此。这就是为什么现在在地质科学中出现了有关地球上所有岩石都来源于水的假说。这个假说的支持者被称为水成论者，是用神话中水神尼普顿的名字命名的，水成论者与火成论者争执不下，火成论者则证明地球上的所有岩石都是由地下的深成岩岩浆形成的。

现在我们知道，这两种力量——水和火山都参与了地球岩石的形成。

在自然界中几乎不存在不含杂质的水，且水中一般都有溶解的物质和盐类。换句话说，在自然界中不存在纯净水，甚至雨水中也含有二氧化碳和极少量的硝酸，以及碘、氯和其他化合物。

制备纯粹的水是十分困难的，甚至可以说是不可能的。在盛水容器的内壁，空气中的各种气体虽然会微量溶于水中，但还是破坏了水的纯度。比方说，银制餐具中会有十亿分之一的银溶于水中，茶匙中的银会以不起眼的数量溶于水中，而化学家则几乎不能察觉到这些物质的存在。但是某些低等有机物，例如水藻，就会因为水中含有这些物质而死去，因为水藻对银和水中的其他原子十分敏感。

天然的水会沿着十分多样的材料流淌，即沙子、黏土、石灰岩、花岗岩以及其他岩石，并且会从中带走各种各样的化合物。有些科学家甚至说，如果能够指出河是沿着什么样的河床流淌的话，就可以回答出河水成分这样的问题。

正如我们十分熟悉的，尽管自然界中硅酸铝分布很广，水却不含有大量的铝和硅。虽然它们存在，但是主要是以沉淀物和混合物的形式出现的。另外，河流和海洋的水都含有碱金属——钠、钾，还有镁、钙等其他的元素。这是为什么呢?

溶在水中的盐类的化学成分很大程度上取决于它们自身在水中的可溶性。溶解性最好的化合物就是天然水中最平常的组成成分。正如我们说过的，钠、钙、镁、氯、硼和其他一些元素的原子经常能够构成天然水残留盐类的主要成分。充满盐类的水——盐水也含有这些可溶的原子化合物，而它们也正是从岩石上被冲刷下来的。

因此，海洋便是可溶盐类的收集器，这些可溶盐类在水辗转于陆地和海洋的循环时不断地聚积在海洋之中。

科学家想要通过海洋中溶解盐类的数量来计算出河流每年带来盐类的量，并依此算出海洋的年龄，或者是年份的数字，然后再计算出现有盐类的浓度，但是这样计算出的数字并不十分准确。

易溶原子化合物构成了天然水中盐类的主要部分。海洋中的水含有3.5%的盐类，这其中80%是氯化钠，也就是我们的食盐。每个人都知道，氯化钠极易溶于水。其他所有可溶盐类在水中的含量都很少。不管是海洋、河流，还是地下水，只要检测方法正确，所有的化学元素都可以在任何的自然水中被找到。

只要回忆一下，地球上存在着约100种化学元素，就不难想象自然界中水的成分是多么的变化多样。况且，科学家证实了地球上有多种水存在。

任何地方的海水，不论是表层海水还是深层海水（尽管离海岸很远），在成分上都具有一致性。

海水中化学元素的含量都是固定的。河水的成分没有如此一致，但是彼此相似。正因为河水流经了不同的岩石，并且处在不同的气候条件之下，所以这也对河水的成分产生了影响。北纬地区的河流含有更多的铁和腐殖质，有时甚至还会被它们染色。

中纬地区的河流主要含有钠、钾、硫酸盐和氯。在更加温暖的纬度，特别是在水不会流入海洋的地区，河水的含盐度更高。

就像根据区域能判断水的成分一样，根据垂直线就可以判断地下盐层间水的成分。水所处位置越深，它就越接近于盐水。地下矿泉水的成分最具有多样性，并且会在涌出地表时形成矿泉，这是有益于身体健康的水。

我们知道，有富含钙，有含碘、溴，还有含镭、锂、铁、锰、硼和其他元素的矿泉水。这些矿泉水的形成与矿层在地下水中的溶解有关。每种矿泉水的来源都与溶于水中的矿物质沉积物，以及各种成分岩石的浸滤过程有关。一项有趣又十分重要的科学任务就是通过水的化学成分来研究水形成的整个过程。地球化学家和水化学家都在研究这个问题。

让我们来看看海水中元素的成分。在下表[1]中是运用负次幂来表示的，例如，镁 $1.4\times10^{-1}$%就表示海水中镁元素含量为0.14%，镭 $1\times10^{-14}$%就表示海水中镭元素含量为0.000 000 000 000 01%，依此类推。

海水中的元素成分表

%

| 元素 | 含量 | 元素 | 含量 |
|---|---|---|---|
| 氧 | 86.82 | 铝 | $<1\times10^{-6}$ |
| 氢 | 10.72 | 铅 | $5\times10^{-7}$ |
| 氯 | 1.89 | 锰 | $4\times10^{-7}$ |
| 钠 | 1.056 | 硒 | $4\times10^{-7}$ |
| 镁 | $1.4\times10^{-1}$ | 镍 | $3\times10^{-7}$ |
| 硫 | $8.8\times10^{-2}$ | 锡 | $3\times10^{-7}$ |
| 钙 | $4.1\times10^{-2}$ | 铯 | $2\times10^{-7}$ |
| 钾 | $3.8\times10^{-2}$ | 铀 | $2\times10^{-7}$ |
| 溴 | $6.5\times10^{-3}$ | 钴 | $1\times10^{-7}$ |
| 碳 | $2\times10^{-3}$ | 钼 | $1\times10^{-7}$ |
| 锶 | $1.3\times10^{-3}$ | 钛 | $<1\times10^{-7}$ |
| 硼 | $4.5\times10^{-4}$ | 锗 | $<1\times10^{-7}$ |
| 氟 | $1\times10^{-4}$ | 钒 | $5\times10^{-8}$ |

1 此表由苏联科学家维诺格拉多夫在1944年绘制，表中数据存在少量误差。

续表

| | |
|---|---|
| 硅 $5\times10^{-5}$ | 镓 $5\times10^{-8}$ |
| 铷 $2\times10^{-5}$ | 钍 $4\times10^{-8}$ |
| 锂 $1.5\times10^{-5}$ | 铈 $3\times10^{-8}$ |
| 氮 $1\times10^{-5}$ | 钇 $3\times10^{-8}$ |
| 碘 $5\times10^{-6}$ | 镧 $3\times10^{-8}$ |
| 磷 $5\times10^{-6}$ | 铋 $<2\times10^{-8}$ |
| 锌 $5\times10^{-6}$ | 钪 $4\times10^{-9}$ |
| 钡 $5\times10^{-6}$ | 汞 $3\times10^{-9}$ |
| 铁 $5\times10^{-6}$ | 银 $4\times10^{-9}$ |
| 铜 $2\times10^{-6}$ | 金 $4\times10^{-10}$ |
| 砷 $1.5\times10^{-6}$ | 镭 $1\times10^{-14}$ |

从表中可以看出，前15个化学元素在海水中占到99.99%，其他元素只占约0.01%。但因为海水总量是如此巨大，即便占比很少的元素，总量却一点也不少，比如金在海水中有几百万吨。科学家们曾多次想要建设一座能够从海水中有效提取金的物理化学实验室，但是至今这都只是想法罢了。

对于海水来说，溴、碘、氯等元素的聚集是十分典型的，这些都是对人类十分重要的元素。碘在海水中主要被水藻和海洋有机物吸收掉了，当海藻死亡的时候，碘就会沉到海底的淤泥之中。海中的淤泥会慢慢变成岩石，淤泥中所含的水会被挤出，并形成岩层水，碘也会进入岩层水中。在钻探石油时，就经常会遇到岩层水，它们富含碘和溴。现在人们开始利用岩层水来获取碘和溴。

钙原子在天然水中的历史也特别有趣。天然水中的钙离子通常过于饱和，过多部分会以碳酸钙的形式沉到底部，形成石灰岩和白垩石。钙元素在水中的存在形式与二氧化碳相关。二氧化碳过多，会导致碳酸钙溶于水中，而二氧化碳不足时，碳酸钙又会沉淀出来。

如果我们回忆一下，绿色植物能够吸收二氧化碳，那么我们就会明白绿色植物在钙沉淀于水中时起到了什么作用。热带海洋中的岛屿——环状珊瑚岛就完全是由碳酸钙形成的，而这里的碳酸钙主要是由海洋植物在生命活动中形成的，当然，也有海洋动物石灰质骨骼的功劳。

我们想用这个例子说明，水体中的活体也能对天然水的成分造成很大的影响。

如果不介绍水体中“活体”对水成分的影响，就不能完整地展示那些造就了现在河流、湖泊、海洋中水成分的进程。

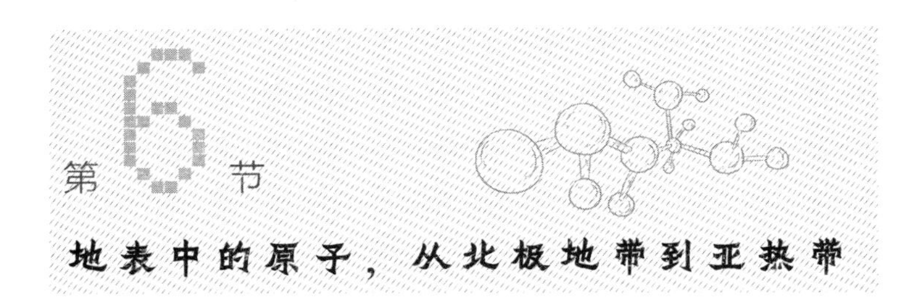

## 第6节 地表中的原子，从北极地带到亚热带

当我还是一个孩子时，就已经完成了从莫斯科到希腊南部的旅行。去往南方的途中，呈现在我眼前的色彩变幻让我毕生难忘。

我记得那天莫斯科的天空十分晴朗，但俄罗斯大地却是单调的褐色，灰色土壤中夹杂着呈褐红色和褐色的黏土。然后我又想起了敖德萨周围的黑土被春天南部阳光照耀而反射出的画面是那么五彩缤纷。我还记得当我们进入博斯普鲁斯海峡时，那些色彩是如何变幻的：蓝蓝的水，栗褐色的葡萄地土壤。我仿佛已经看到了希腊南部的景色——墨绿的柏树，红色的土壤，雪白的石灰岩中夹杂的氧化铁凝结物也是红色的。

我记得，这色彩变幻的画面是多么强烈地铭刻在了我的脑海之中，我是那么坚决地请求父亲向我解释，为什么色彩会这样变幻。过了很多年后我才明白，在我眼前划过的原来是地表最伟大的法则之一，就是化学氧化作用法则，它们在不同的纬度以不一样的方式发生着。

从那时起，我就开始在苏联境内游历，从密集的原始森林、平原、冻原和极地海洋，几乎到了白雪皑皑的“世界屋脊”——帕米尔，我又在更加宏大的画面中见到了这些化学反应的结果，以及原子在从北极地带到亚热带的命运。

在古老的斯瓦尔巴群岛周围都是接连不断的冰。这里只有毫无生机的冰荒漠，没有任何的化学反应，岩石也不会被摧毁成黏土或是沙粒，寒冷长驱直下，岩堆也逐渐形成。只是在鸟类群栖地上，时而会出现一些有机体残渣，磷酸盐的残迹几乎是这连续不断冰层中的唯一矿物。

在稍微南边的科拉半岛和极圈乌拉尔中，化学反应进行得十分缓慢。科拉半岛上的岩石是多么洁净啊！在到处发育的铁矿物上布满了薄薄的褐色氧化膜。在寒冷的早晨，你们甚至可以用望远镜在几万米开外观察岩石，这就跟在博物馆一样。只是在低地会有泥炭田分布，植物的有机物慢慢干枯，然后转变为腐殖酸，泉水会将它们与其他的溶盐一起带走，为湖泊和沼泽中的泥炭田和腐泥的凝胶层染上颜色。

再往南，在莫斯科的周边地区，我们可以看到另外的化学反应。这里植物的有机物也在慢慢干枯，汹涌的泉水将铁和铝溶解，白色的和褐色的沙粒环绕在莫斯科的周围，磷酸盐的蓝色夹层呈鲜艳的点状分布在巨大的泥炭田中。

继续往南走，色彩在逐渐变化，化学反应也是如此，原子也进入了新环境。我们看到，伏尔加河中部地区的黑土地取代了莫斯科郊外的灰色黏质土壤。我们还看到，耀眼的太阳是如何使地表变形的，它使得化学反应越来越积极，越来越强烈。

在外伏尔加河地区，我们见到了新的自然反应：我们进入了一条巨大的盐带，它从罗马尼亚的边境起，穿过摩尔达维亚，沿经北高加索的山坡，再经过整个中亚，最终结束于太平洋的海岸。氯、溴、碘的各式各样的盐在此聚积。钙、钠和钾是这些咸沼和消亡湖泊中所含有的主要金属，成千上万个沼泽、湖泊散落地分布在这片地带之中。这里进行着复杂的沉积物形成过程。

再向南走就进入了沙漠。呈现在我们眼前的是完全不同的景色：草原植物绿色斑点穿越了阿姆河，在此之间，辽阔的盐碱地及它们的白色盐壳使我们眼花缭乱。鲜艳的色调向我们透露着关于新的化学反应的信息，原子四处迁移，并在沙粒中找到了新的平衡。一些以沙粒的形式聚积了起来，形成了沙漠；另一些则被溶解掉了，经受着风和季节性雨水的摧残，沉淀在了沙漠里的盐碱地和干盐湖中。

在天山山麓我们看到了更加鲜艳的色调。这里处处都发生着十分强烈的化学反应，原子在地表的漫游路径十分复杂。我无法忘却那些连接成片的鲜艳花海给我留下的深刻印象，这是我们首次去往某个矿产地时所见到的。在我关于石头花的书中，描写到了这一画面：

> 亮蓝色和绿色的铜化合物薄膜覆盖着岩石碎屑，或是凝结成钒矿物丝绒般的表壳，或是与天蓝色或淡蓝色的硅酸盐水合物交织在一起。
>
> 许许多多铁化合物像连续不断的音阶一般呈现在我们眼前，这其实是铁氧化物的水合物，或为黄色、金色的赭石，或为亮红色的、含水量少的氢氧化铁水合物，抑或是铁和锰的黑褐色化合物，甚至连水晶也具有“孔波斯特拉红宝石”的鲜艳红色。在洞穴内的玫瑰色黏土沉积物中，羟钒矿的红色尖刺正在结晶。

这鲜艳团簇的画面让人难以忘却，地球化学家开始认真地研究起来，尝试找出形成的原因。他首先看到的是所有化合物都被强烈氧化，高度氧化的锰、铁、钒和铜是这些矿物的显著特征；地球化学家知道，这需要南方温暖的太阳、湿润的空气以及电离状态的氧和臭氧，还有空气中的氮在热带雷暴放电作用下转变成的硝酸。

箭头将我们带出沙漠，我们登上了4千米的高空，然后又再次来到了荒漠，但这是冰的荒漠——寒冷单调的帕米尔高原。这里见不到除冰以外的任何色调，也见不到我们在中亚地区洼地中看到的原子漫游，在我们眼前呈现的是和新地岛及斯瓦尔巴群岛景象一致的画面。

到处都是机械沉积的大量岩屑，洁净的岩石几乎不知道什么是化学反应，只有冰雪中的某处会有盐类的褪色斑以及硝石的聚积。那是带有闪电的罕见雷暴透露出的生机。在阿塔卡马和智利的荒漠中，这样的沉淀更为多见。

我们继续跟随箭头往前走，过了喜马拉雅山脉，我们又见到了南部亚热带的鲜艳色彩。连绵的阴雨与干旱的炎夏彼此交错，在地表发生着最为复杂的化学反应，可溶性的盐类都被带走了，只剩下铝、锰和铁矿石聚积成厚厚的红色沉积层。

接下来就是孟加拉国血红色的红土型土壤。它们常常被狂躁的龙卷风抬向高空，然后洒落下来，令整个地区的大地都呈褐红色。这里随处可见被太阳烤得炙热的岩石碎屑，像镀了一层半金属的漆般覆盖着地面，与红色的土壤斑驳辉映。只有极少的地方聚积着白色或粉色的盐类。

我们还要更加清楚、详细地研究原子在印度南部漫游的图景，印度洋翠绿的海水冲刷着红色的海岸，火山不断从地底喷发出玄武岩。从岸边的贝壳、苔藓和珊瑚，到海底深处的珊瑚礁和珊瑚石灰岩中，都能看出复杂的化学进程。

在死亡生物的骨骼聚积的海底淤泥中，形成着以磷灰石结核形式出现的磷盐。放射虫就用由河水冲击来的二氧化硅建造了它们细网状的贝壳，而有孔虫类则吸收钡和钾来建造自己的骨骼。从北极到亚热带的原子和地表上元素漫游的过程变化是如此之快。

遥远北方和热带南部的风景差异是如何产生的呢？我们现在知道，这是由太阳光线、气候、湿度以及气温引起的。当然，也与生物活动密不可分。大量细胞残骸在南部阳光的作用之下分解为二氧化碳，水中便充满了这种酸性溶液。

南部化学反应的速度要高许多倍，因为我们作为地球化学家十分了解一个化学科学的规则：大多数情况下，温度每升高10 ℃，化学反应的速度就会加快一倍。

这样一来，我们就明白了，为什么极地荒漠中到处都是呆板寂静的景象，而原子在南部的亚热带或是荒漠中漫游路径却显得十分复杂。我们甚至可以提出化学地理这一概念，即大陆和地区自然世界的多样性与当地进行的化学反应密不可分。

在所有决定地球化学进程的因素中，人类所起的作用越来越大。近百年来，人类的积极活动都与中纬地区相关，只是渐渐地才开始想要征服极地荒漠和南部的沙漠。人类带来了复杂的化学反应，并开始破坏自然进程，促使它所需的原子开展新的漫游。这门新兴的化学地理学科其实在土壤学奠基之时就已经初具轮廓，俄罗斯是它的故乡，而它的未来就是土地肥力的命运所在。

回忆一下，在19世纪70年代彼得堡大学的讲座上，杰出的“土壤学之父”多库恰耶夫就曾讲述过这一新兴科学的图景，并描绘出了覆盖整个地球的土壤带，从极地冻原到南部沙漠。

在那个时候，他的美妙体系还没能被翻译为化学语言。但是现在化学已经开始进入地质科学领域，农业化学家也开始利用土壤中进行的化学反应来控制植物的生命，地球化学家开始利用自己的成就来研究原子漫游的所有领域。我们开始了解每个原子在地球不同纬度所经历的复杂路径。

同时，过去教会我们，这些纬度已经发生了改变。我们的地壳在20亿年中发生了改变，两极的位置亦是如此，起初只有极地地区的山脉才有雪峰，后来褶皱逐渐向南移动，造就了像阿尔卑斯山脉和喜马拉雅山脉这样的地形。环绕着地球的海洋也向南迁移，地带和地形条件也就此改变。山峰取代海洋，荒漠取代山峰，然后海洋再度取代荒漠，这样的情形在各地都有发生。

在化学反应的进程以及某些原子漫游的行程中，地球漫长的地质史也发生了改变，在地球各处的土壤覆盖物和表层覆盖物中，都体现出那些原子在地表各个时期的命运。

现在我们知道，在时间和空间中，一切都在生存，一切都在流淌，一切都在变换。自然界中最活泼的，一直在寻找新的漫游路径的就是原子，它是最先有的小砖块，世界正是用它建造出来的，它也是那个充满历史能量的凝团，它一直在寻找平静和平衡，并服从于自然进程的基本法则。

原子一直都在寻找宁静，但是它却从来没有找到过，也永远不会找到，因为在自然界中不存在宁静，只有永恒的物质处于永恒的运动之中。

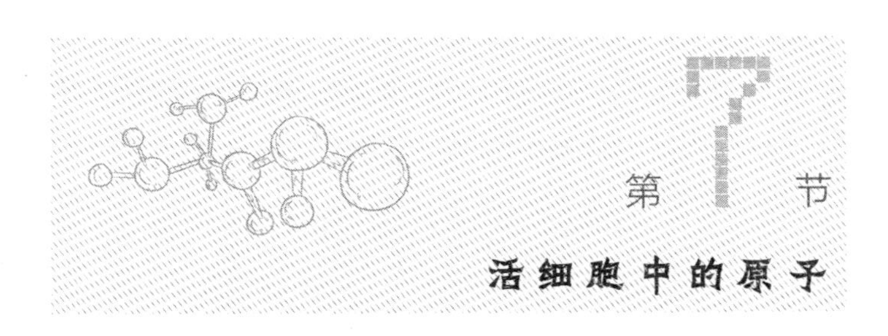

## 第7节 活细胞中的原子

我们用肉眼便能看出，煤是由植物的残留物构成的。远古软体动物的化石经常形成石灰岩层。如果我们在显微镜下观察石灰岩、白垩石、硅藻土以及许多其他所谓的沉积岩，便会发现，它们完全是由微观有机物形成的。

总而言之，在很早以前，有机物的重要作用就已经在地质学中得到了承认，这些有机物住满了整个地球，并且参与到了地表的所有进程之中。

有机物往往会参与到地球化学的进程——构成岩石中，这包括某些化学元素的聚集和分散，以及水中物质的沉淀，例如，有机体的石灰质骨骼形成石灰岩。当然，并不是所有海洋生物的骨骼都是由石灰构成的，有一些海洋生物的骨骼就是由二氧化硅构成的，例如硅质海绵、硅藻等。但重要的是，在生命过程中，地球上所有的有机体都会提取、吸收或者吃掉大量的物质，就像是让这些物质通过自身一样。

在十分微小的有机体中，这个过程的速度显得尤其快，例如细菌、最简单的水藻以及其他的低级有机体。这与它们极快的生殖速度联系紧密。这些生物每5~10分钟便会分裂一次。尽管它们的生命周期很短，但计算结果表明，在此过程中，被捕捉的物质量要比同时期陆地有机体、动植物所捕捉的物质都多。

在此提醒各位，地球上的绿色植物可以从自己的叶片中释放氧气，并且能吸收二氧化碳。由此产生的氧气会参与到植物沉积物的氧化作用之中，还会氧化一些岩石，并被动物呼吸时吸收掉。二氧化碳在植物体内会变为碳水化合物、蛋白质以及其他化合物。

请大家想象一下，所有有机体突然消失在了陆地和海洋中，那么会发生什么呢?

氧气便会与有机物的残余相结合，并会从大气中消失。大气的成分因此会发生改变。具有石灰质骨骼的微小海洋有机体将不复存在，相应地，就不会形成石灰岩和白垩石岩层。白垩山也会停止隆起。地球的面貌会因此大变样。

有机体的地球化学活动十分多样，这意味着各种有机体可以参与到各种各样的进程之中。为了弄清有机体的地球化学作用，首先就需要了解它们的化学成分。有机体的躯体完全就是由它们用各种方式从周围环境中吸收的物质构成的，这些物质包括水、土壤和空气。

很早很早以前就已经确定，所有有机体的基本组成部分都是水，水的平均含量为80%，它在植物中含量较多，而在动物中含量较少。所以，按照质量，氧元素在有机体中位列第一。碳在有机体躯体的构成之中起到十分重要的作用。碳和氢、氧、氮、硫、磷一道形成了成千上万种不同的化合物，首先就是蛋白质、脂肪、碳水化合物以及有机体的躯体。活质中碳化合物的主要来源就是二氧化碳。在有机体中，含有大量的氮、磷、硫，并以复杂的有机化合物形式存在。

最后，有机体中缺少不了钙，特别是在骨骼中。钾、铁和其他的化学元素同样不可或缺。

开始我们认为，有机体中只有含量最多的10~12种元素在发挥着作用，但是后来发现，事实并非如此。例如，硅在含硅海绵、微型放射虫、硅藻类有机物中扮演重要角色，它们的骨骼都是由硅的氧化物组成的；铁细菌会将铁聚集在自己的躯体之中；人类还发现了一些以同样的方式聚集锰和硫的细菌。在一些海洋有机体的骨骼中，人们没有发现钙，反倒发现了钡和锶。

总而言之，存在着一些这样的有机体，它们除了聚集那10~12种化学元素外，还会聚集铁、锰、钡、锶、钒以及其他的稀有化学元素，这些元素同样意义巨大。

这样有机体在地球化学中意义也就十分明了了——它们是元素的聚集器。

有一些有机体会有选择地聚集物质，例如钒原子，无脊椎的被囊动物通常会从海水和海中淤泥中吸收钒原子，尽管这些地方的钒原子含量并不多。在这些有机体死后，钒原子会以集中形态留在海底的沉积物中。

水藻会从海水中选择碘聚集，碘在海水中的含量为亿分之一。然后碘会和海藻沉积物一起落到海底土壤之中。在形成于海底土壤的岩石中会出现含碘的矿化水，我们可以从这些矿化水中开采碘。

研究有机体成分的技术越是完善，我们就越能在它们体内找到更多的化学元素，尽管数量十分少。

一开始我们认为，银、铷、镉和其他在有机体内发现的化学元素只是偶然产生的污染，但是现在已经确定，几乎所有的化学元素都能进入有机体，并在其中发挥某些不可替代的作用。现代的科学家研究的正是这个问题。

我们可以断定，有机体的成分与周围环境的成分远不一致，绝不是岩石、水、空气成分的简单叠加。比方说，在土壤和岩石中有大量的钛、钍、钡和其他的化学元素，但钛在有机体中的含量仅是其在土壤中的含量的几万分之一。另外，在土壤和水中，碳、磷、钾和其他化学元素的含量较少，而在有机体中的含量却很多。

从地球化学角度来看，那些组成大量有机体的化学元素，在地表条件中（或说是生物圈中）会形成灵活的化合物或是气体这一事实就变得十分明了。事实上，$CO_2$、$N_2$、$O_2$、$H_2O$都是灵活的气体或是液体，可以被有机体在其生命进程中吸收。碘、钾、钙、磷、硫、硅和其他许多元素都容易形成易溶于水的化合物。

而钛、钡、锆和钍等，尽管它们在土壤和岩石中的含量极多，却不容易形成易溶于水的化合物，所以也就不容易迁移到生物圈中。不易或是完全不能被有机体吸收的物质，有机体也不会将它们聚集起来，它们只在有机体中极不均衡且少量地分布着。在有机体中，也很难找到那些在生物圈中本就不多的化学元素，例如镭和锂。

那些在有机体中数量十分稀少，通常为万分之一或是更少的元素就经常被称为微量元素。

现在微量元素的重要生理作用已经得到承认。许多微量元素都会进入有机物重要物质的成分之中，例如，铁就是血红蛋白的构成成分之一。再如，碘是构成生物甲状腺激素的成分，铜和锌是构成动植物酶的成分。我们甚至可以画一张有机体结构解剖图，并指出哪些器官和组织中聚集着哪些化学元素。

我们得赞同，根据聚集各种元素有机体的特征，换句话说，根据它们化学元素的特征，不同的有机体会实现不一样的地球化学功能。“含钙”有机体的骨骼能够形成石灰岩，这样的有机体就能参与到钙的地球化学历史中；聚集硅、钒、碘的有机体同样在这些原子的历史中扮演着重要角色。

我们的任务就是研究有机体对生物圈不同原子地球化学史的影响，做出评价并加以利用。

现在通过观察生物圈中植物的性质，来找出某些金属矿产地已经成为可能。埋在土壤下的矿石会不自觉地污染土壤。在这样的土壤中，镍、钴、铜、锌的含量都会增加，所以植物中此类物质的含量也会增加。现在人们在植物中分析这些元素，一旦发现有元素大量聚集，人们就会开渠挖井进行勘探。一些锌矿、镍矿、钼矿和其他矿产地就是这样被发现的。

有机体——动物和植物已经“习惯了”聚集环境中固定的化学元素，比如说水、土壤、岩石此类环境中。在化学元素较少或是较多的地方，相应地，有机体的形态、高度就会发生变化。某些高山地区的土壤中、水中、食物中的碘含量不足，就会导致人和动物出现甲状腺肿大；土壤中缺少钙，就会导致动物患骨脆症等。

一切都指明，在自然环境与生物之间存在着某种物质联系。

我们越是详细地知道地球上化学元素和原子的迁移历史，我们就会越准确地了解到生命在地球化学活动中的巨大作用。

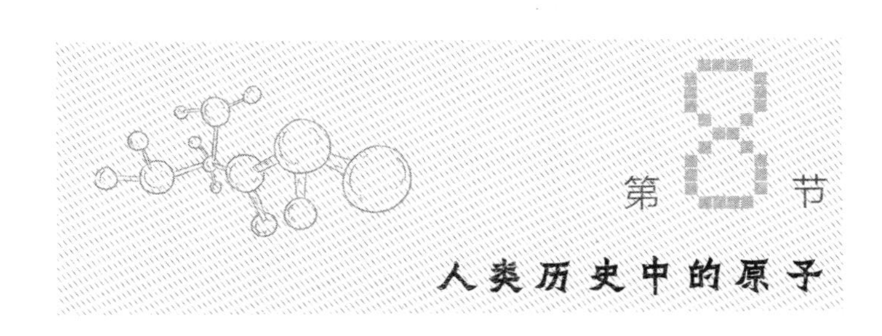

## 第8节 人类历史中的原子

在研究化学元素发现史时，我们会发现一些奇怪且令人惊讶的事情。最初的那些元素都只不过是被人类顺道发现的，人们根本没想到这些元素蕴藏着巨大秘密，而且是自然界中最为重要的秘密。又经过了漫长的时间，耗费了大量心血，人们才将元素是构成一切物质的基础的思想转化为基本认知。

炼金术士不知道如何将单质与化合物区分开来，但是他们的确知道金属和一些物质，比如说，砷和锑。在下面的笔记之中，记录了炼金术士的智慧巅峰：

七种元素创造出了世界，

正好存在七颗星球。

好在宇宙大发善心

赐予我们铜，铁，银，

金，锡，铅……

我的儿子啊！硫是它们的父亲。

我的儿子，快去认识：

汞就是它们的生母！

（莫罗佐夫《化学元素》译诗）

炼金术士和后来的化学家利用星球名命这些元素：金——太阳，银——月亮，汞——水星，铁——火星，锡——木星，铅——土星。砷和锑没有被算作金属，尽管它们能被氧气氧化和遇热升华的性质为人所熟知。

炼金术士还知道，每种金属都有相对应的“土地”，或者说是“石灰”（就是我们现在所说“氧化物”），并能够在这些“石灰”的帮助下从中获得金属。但是他们认为，“石灰”是更加简单的物质，而金属则是“石灰”和“燃素”（火焰释放的特殊易挥发物质）的结合物。多亏罗蒙诺索夫的聪明才智和不懈研究，才证明了“汞石灰”是复杂的物质，它是由汞以及刚被约瑟夫·普利斯特里发现的气体——氧气构成的，这种气体的重量与“汞土”中附加物的重量一致。实事求是地说，氧气发现的年份（1775年）被认为是现代化学的元年以及炼金术幻想破灭之年，长久以来，这些所谓的炼金术扰乱着人类对自然的科学研究。

在此之前，人类已经了解到了几十个元素：在1669年，亨尼格·布兰德发现了磷；18世纪中叶时，人们发现了钴、镍，还掌握了从“锌土”中获取金属锌的方法；在1784年，安东尼奥·乌略亚在美洲时发现了一种像银的新金属——铂。

但是对所有“简单”物质的修正，仅仅始于18世纪末和19世纪初。1774年，人们发现了氧和氯，仅仅过了10年，当亨利·卡文迪许利用电池电流分解水时，发现了氢，并解释了水的成分。

之后的元素发现十分合乎规律：人们拿出一种新物质，然后将它分解为单个的成分。人们在很多情况下就是这样发现新元素的。锰、钼、钨、铀和锆以及一些其他的元素就是这样被发现的。

在1808年，汉弗里·戴维改进了电解方法，经过改进的方法在俄罗斯科学家雅可比的手中发挥出了作用：他增强了电流，并掌握了利用煤油和矿物油来防止电解产物受到氧化的方法。人们正是以这种方式获得了单质的碱金属及碱土金属：钾、钠、钙、镁、钡和锶。

从1804年至1818年的14年间，人们发现了14种元素（除了那些我们之前已经提到的元素，还有碘、镉、硒和锂）。在此之后，人们又发现了溴、铝、钍、钒和钌。然后就是一段间歇期：因为需要寻求新的研究方法，老旧的方法已经不起作用了。

当1859年人们发现了光谱分析法后，又陆续发现了一些化学元素——这些新发现元素的化学性质与之前研究过的元素性质相近，所以老旧的方法无法将它们区分开来。铷、铯、铊、铟、铒、铽和其他元素也被发现了。当门捷列夫于1868年发现杰出法则时，就已经有60种化学元素被发现了。

从这时起，科学就已经坚信有各种各样的化学元素存在。每一种元素都在元素周期表中占有一席之地，并且它们一共有92种，空着的格子就表示尚未被发现。

门捷列夫预言了其中三种元素——类铝、类硅、类硼的物理和化学性质。当这些元素被发现时，他的预言也被成功证实。类硼被命名为钪，类铝被命名为镓，类硅被命名为锗。

可以肯定的是，最先被我们发现的那些元素在地壳中一定很常见，而稀有的元素则到后面才被发现。但也不全是。例如金、铜和锡在地壳中的含量十分少，但它们却是最先被发现的元素，很早就出现在人类的技术文明史中。

同时，有些地壳中分布极为广泛的元素，例如铝，这种在地壳中平均含量为7.5%的元素却很晚才被人们发现——铝在20世纪初时还被认为是稀有金属。

这一切都取决于金属以单质形式存在的可能性，以及人们是否能够经常遇见富含某种金属的聚积地，也就是所谓的矿产地。如果某种金属容易产生聚积，那么对于人类来说，就很容易将其发现，然后将这种金属用于科技之中，以满足各种需求。

某种新元素的发现往往象征着其性质研究的开端，首先自然是化学家们开展的研究。这就是初识。这时化学家就会寻找它们的特点、与众不同的特征。

比如说，锂拥有令人惊讶的相对密度——0.53，它甚至能漂浮在汽油上。而锇则恰恰相反，它的相对密度为22.5，比锂重40倍。镓在30 ℃的条件下便会熔化，但是它几乎不可能沸腾，因为它的沸点（2 300 ℃）已经远远超出了技术上常用高温的边界。你们肯定会说：“这有什么好惊讶的？”那我就给你们讲讲。

先说说镓吧。当人们在实验室或是工厂进行加热时，工程师们和化学家们总是想要知道，这些样品和产品到底加热到多少度了。当然，首先要做的就是衡量温度。但是不巧，测量360 ℃以下的温度十分简单，但是当温度更高时，就会出现困难：汞在360 ℃的条件下就会沸腾，水银温度计在这里就不管用了。但是镓就能发挥作用。如果往高熔点的石英玻璃中灌满熔融的镓，那么我们就能测量高达1 500 ℃的温度，而此时镓也不会沸腾。如果我们能找到更加耐高温的石英玻璃，那么能测量的温度还可以提高至2 000 ℃。

现在说说重量。重量就是重力，一种沉重的，能将物体压向地面的作用。重量会妨碍运动、速度、向高空爬升。如果人类想要在地面快速移动，像鸟儿一样在空中飞翔，那么就需要征服重力，所以人类就在寻找轻巧坚固的结构和材料。

而最合适的就是两种金属：相对密度为2.7的铝和相对密度为1.74的镁。

铝是当之无愧的最“适用于飞行”的金属。当人类克服了制备金属铝的困难之后，铝首先被用于制作厨房用具。轻巧干净的抗氧化锅、勺子和带把杯子，最先被制备出来的铝就被用在了这些工具上。人类没有将其用在技术之中。那么这种质地柔软、不太坚固又不易被熔化的金属到底适用于什么地方呢？当硬铝合金被制作出来后，铝才开始征服世界，这是一种坚固的合金，它是依靠“厨房方法”被制作出来的：人们往坩埚中加入一点点铝以及其他的金属，这样得到的每一种合金都很坚固，并且还有一些其他的特征。

在那个时候，没人可以解释，为什么4%的铜、0.5%的镁以及极其微量的其他金属掺杂物就会将柔软的铝变为不可思议的硬铝，并可以像钢铁一样被锻造。硬铝的杰出特性并不是一下子出现的，但是这确实将铝的加工变得轻松了许多。硬铝被锻造之后，还会保持几天柔软的状态。它在这段时间“积蓄能量”，铜粒子会在合金内部进行迁移，形成硬铝的骨骼。无独有偶，还存在着类似的其他合金，它们甚至在某些方面要强于硬铝。

硬铝和其他轻型合金的使用对于任何交通工业都具有重大意义。利用铝制作的地铁或电车车厢要比利用钢铁制作的车厢轻1/3。钢铁制车厢内，一个客座的净重约为400千克。但如果是利用铝来制作金属结构的话，那么客座的净重能降至280千克。

铝赐予了人类真正的翅膀。但是人类不仅是要飞，还要飞得更远。假如制作飞机的金属重量能够轻20%的话，那么我们就可以多带些汽油，也就可以多飞百万米。但是哪里才能找到比铝更轻的金属呢？

人们想到了镁——要知道它的相对密度为1.74，它比铝的相对密度小。但是镁缺少建筑金属所需的特性——稳定性，特别是抗氧化的特性：沸水便能将镁分解，并从中分离出氧，然后镁就会变为白色的粉末——氧化镁。它在空气中比木头更易燃。但构造师和化学家没有陷入绝望，他们知道，合金能够帮助他们找到所需的特性。的确，只需一点儿铜、铝和锌，就能够去除镁的易燃性，并给予镁以硬铝般的硬度和韧性。所有含镁量超过40%的合金都被称为镁基合金，镁基合金中最常添加的金属是铝、锌、锰和铜。

在20世纪时，镁作为飞机制造金属很快就坐稳了自己的地位，特别是在航空发动机领域得到了广泛应用。利用镁基合金制作的零件十分坚固，且不易疲劳。

“难道金属也会疲劳吗？”很遗憾地说，是的。若是将钢铁制的弹簧延伸弯曲几万次，那么它就会变脆，并会被折断。比如说发动机轴就会“衰老”，然后被折断。而技术发现，有些合金十分“抗疲劳”，这些合金内部不同金属的原子彼此紧密相连，尽管不断地有敲击产生，但是这并不会减弱原子之间的内聚力。这样的合金就是镁合金。

当然，仅靠飞机制造业是无法将镁完全利用的。镁在汽车制造业中的应用也十分广泛。利用镁合金生产的汽车器械和零件十分坚固，同时十分轻巧：它们的重量仅是钢铁制的器械和零件的1/5左右，甚至有时更为坚固。

镁在地壳中的分布十分广泛，随处可见。就像铁一样，镁很容易产生聚积，所以开采镁并不困难。海水、咸湖中的镁含量也十分多，比方说锡瓦什湖岸边就含有较多的镁。

主要的镁矿石是光卤石（钾和镁的氯化复盐），它们在矿层中储量巨大，主要埋藏于距离地表100～200米的位置。人们通常用硝氨炸药来爆破光卤石，然后利用落煤镐在矿井中开采该矿石，再将其运至地面。

当然，还需要忙活一阵才能将镁与氯分开，这两者往往连接紧密。为此，人们需要将镁矿石熔化，再通入稳定的电流。电会冲破镁与氯之间的关系，然后白色的镁金属就会从坩埚中流出来。

现在我们已经开始从海水中开采镁，海水中有3.5%的盐类，而这些盐类中，镁的含量为1/10。所以1立方米的海水中就含有3.5千克的镁元素。

开采过程十分简单：将过滤过的海水倒入撒有熟石灰的池中，这时就会产生氢氧化镁沉淀。然后静置澄清，将水倒出。再使沉淀物于过滤网上干燥，利用盐酸中和，接着脱水。得到的氯化镁会以熔融状态受到电解，温度约为700 ℃，就像光卤石所受的工序一样。

镁可以燃烧，并会产生3 500 ℃的高温，这个特点同样也被技术所利用。镁铝粉——镁与铝金属单质的粉末混合物，是最适合制作燃烧弹的混合物。工业也很需要镁，摆在镁前面的是光明前途。

让我们把目光投回到飞机上。还有一种“适用于飞行”的金属，飞机制造厂已经开始对这一金属展开研究。这就是铍。它的相对密度为1.84，却比镁更稳定、更“结实”。

铍合金的特性要优于目前所有被用于飞机制造业的合金。采用铍合金制作的器械在工作时不会产生噪声和火花。

铍还能提升镁合金的特性，赋予它们非凡的坚固性和抗氧化性。将少量的铍添加至镁中，则可以保证镁在浇铸过程中不受氧化。

那么问题来了：存不存在更加轻巧的合金？

请回忆一下金属锂。因为它的相对密度为0.53，也就是说，跟软木一样。同时，将其添加到铝合金和镁合金中可以大大增加它们的坚固性。

遗憾的是，尚未找到锂含量较多的坚固合金。但是它们值得我们去寻找，因为锂是一种分布广泛的元素，它在地壳中的数量与锌齐平，并且常在矿床中以锂辉石和锂云母的形态大量聚积。

锂合金的研究工作虽然尚未取得成功，但是锂已经在碱电池中得到了重要运用。此外，锂蕴藏于矿泉水中，医生们认为富含锂的水（比如说法国维希的泉水）是具有治疗作用的。

目前为止，轻巧的金属和合金还没有在真正意义上取代黑色金属——铁及其合金，不论是在交通工具制造业，还是其他的工业领域，均未实现。让我们来讲讲这些“老一辈”们，它们现在还精神抖擞，健康着呢，甚至还能给予我们品质优良的合金。

如果要清点所有复杂的所谓的合金钢，那么就有一众彼此相近的金属——铁、镍、钴、铬、钒、锰、钼和钨。这些合金的基础都是“钢铁”，也就是说，是由碳化铁构成的，这种铁可以通过合金化或是添加稀有金属来强化自己的特性。

如果使用稀有金属替代铁的话，构造师就会获得完全不含铁的合金。比如说，司太立合金就是由钨、铬、钴构成的。这种合金是现在超硬合金的始祖，更大大提高了金属切割的速度——之前是每分钟70～80米，现在则是每分钟数百米。

钨创造出了超硬的合金，催生出了强大的金属切割工艺。钨和钼生产出了数百种新品级的钢铁，这些钢铁的坚固性极好，有耐热钢、防弹钢、弹簧钢、炮弹钢、破甲钢等。

想必没有哪个工业部门能够拒绝稀有金属带来的根本性变化，比如说钨、钼和其他金属。

然而，“稀有”这一称谓对于此类金属已经过时了。如果清算它们在地壳中的含量，则钴比铅多两倍，而钨则多7倍。它们怎么会是稀有的呢？在工业领域，它们也变得十分平常，它们的开采量增长速度极快，甚至在赶超其他的普通金属。

掺有钼的钢合金被用于制造炮管和炮架，锰钼钢则被应用于装甲和穿甲炮弹的制造。

汽车和飞机设计师对金属提出了三点基本要求：顶级的弹性，强大的韧性，以及有抗击长期震动和经常性敲击的能力。近几年钼需求量的增长正好解释了这点，特别是其和铬、镍的合金在轴、连杆、支撑器械、航空发动机、航空制造管道中的应用在不断增加。

钼的另一个应用类型为高质量的灰口铁铸件。添加0.25%的钼就能提升生铁的物理特性，其中包括抗弯曲、延展度和硬度。

细丝状的钨和钼还被大量运用于电工技术之中，用来制作真空管。钨可以被用来制作白炽灯丝，它的熔点为3 350℃，是所有金属中熔点最高的。所有元素中只有碳会在更高温——3 500℃的条件下熔化。有两种元素的熔点接近于钨的熔点：钽（3 030℃）和铼（3 160℃）。熔点为2 600℃的钼可以被用来制作白炽灯的支撑丝。

我们知道，发现元素是远远不够的，还需要研究它，发现它所具有的特性。在制品中，这些特性往往十分重要，在这个时候元素才被二次发现，然后被视为有益元素。例如，铌元素。铌曾被视作无用的元素，人们认为它污染了钽，因为这两者经常同时出现。但是当人们发现，掺有铌的钢铁是电焊钢铁制品的理想焊接材料，且接缝十分坚固时，铌就变得比钽珍贵了。

将所有元素应用于工业之中显然不是最后的结尾，更何况根本就没有结尾，因为科技的进步是永无止境的。化学家和地球化学家在此发挥着光荣的作用。

科技进步会为地球——科技所需物质的提供者带来什么影响？人类按照自己的想法在不断地改变着地壳，汲取它所有为人类所需的物质，但却不曾想，那些拿走的都是不可恢复的。人类不会使地球衰竭吗？

这些就是当我们研究人类在地球上的发展历程时，出现在脑海中的问题。另一个值得注意的情况是，我们从地球内部挖掘出的矿产数目逐年增多。

我想起了一位采矿工程师的叙述。他当时住在一座菱镁矿山旁的小屋中，过了两三周之后，山就已经不复存在了，它被运到了水泥厂。只要看看被冶金厂堆积而成的矿渣山，便会理解，人类活动就是改造地壳的地质因素。

世界化学工业的一大重要问题就是碳的命运，人类强有力地对此进行了搅乱。碳以三种类型分布于自然界中：生物体、化石燃料、石灰岩。

在大气中有超过$2\times10^{13}$吨的二氧化碳，相对应地，约有$6\times10^{12}$吨碳。人类每年开采超10亿吨的煤和1亿吨的石油，然后将它们燃烧，使碳转变为二氧化碳。所以，每年人类都会向大气中排放超30亿吨的二氧化碳，如果没有相向过程——溶解于海洋或是被植物吸收的话，经过两三百年后，二氧化碳的数量就会翻倍。

在利用碳层中的碳时，人类加速了这种元素的分散，并且数量巨大，以至于人类的活动已经与真正的地质改造的规模相当。

人类对金属命运的干预也是如此：人类正使用着约10亿吨铁及其制品，同时，铁处于不稳定的自然状态中，不断地被氧化。

氧化作用使得铁不断贬值，人类开采多少，就会氧化多少，氧化损耗的铁的量几乎超过冶炼出的新铁的量。

金的情况就要好一点：每年用来做试剂、镀金层，连同损耗在内，也就1吨，与开采量（约600吨）比起来要少得多。

但是像铅、锡、锌这样的金属是被人类从地壳中的矿床开采而来的，人类对这些金属的利用使得它们愈加分散。

人类农业活动和工业活动的规模可以与自然进程的规模相提并论。

对地球表层土壤进行加工，来满足农业上的需要，这在地球化学上意义重大，因为这样做的结果是土壤会受到大气中的水和空气的激烈作用。

与作物一同从土壤中被带出的还有大量的矿物质：磷酐1 000万吨，氮和钾3 000万吨。这些数字远大于施肥时进入土壤的矿物量。被抽取出来的元素会在动物世界中展开循环，最后会分散开来。

总的来说，人类的农业生活和工业活动使得物质发生了分散。人类每年会开采出多于1立方千米的矿石。如果算上修建水坝、灌溉渠道等其他施工项目的话，则这个数字将会变成原来的两倍或是三倍。从冶金炉中流出的矿渣也应该有差不多1立方千米。被人类扔在地表的化学工业废弃物到底有多少啊！

如果将这些数字与每年河流带走的15立方千米沉积物相比的话，那么我们可以说人类活动已经和河流的作用接近且同样重要。

再看看建筑业每年需要消耗多少石头和水泥。根据1913年的统计，仅仅在英国，房屋建设就需要5亿吨此类材料。

人类改造自然活动的速度日益增加。如果从地球上金属储量的角度来看，那么这些数字尚不庞大，我们也可以暂时不用担心它们会枯竭。但是这些储量并不都能被利用，因为工业只能在某种金属聚集时才能将其获取，这样的数量并不多。

很多金属的实际储量只能勉强保证工业所需，所以地质勘探家和地球化学家所组成的队伍应该紧张地寻找金属，来满足日益增长的工业需求。

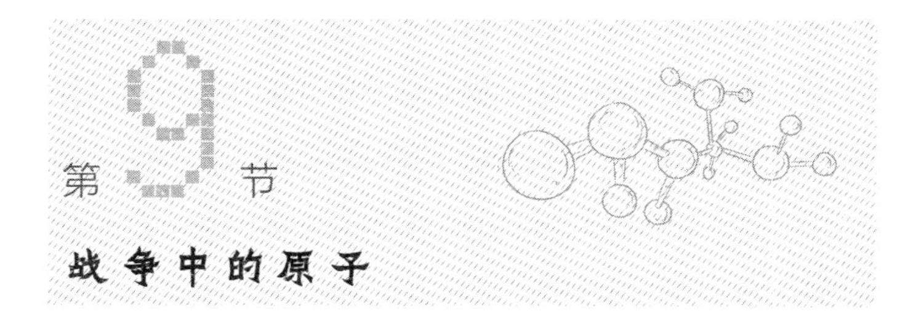

# 第9节 战争中的原子

交战国的所有经济都会被卷入战争之中，这是现代战争的显著特点。这个特点在第一次世界大战时体现得尤为明显。炸药、钢铁、铜、硝石、甲苯、石油、黑色金属都开始对战争行动产生影响，军队战斗力开始在很大程度上依靠原材料的供给。

1916年的凡尔登战役耗时好几个月，原料的消耗规模前所未见。德国人对驻守凡尔登要塞的防御部队投入了近百万吨钢铁，将战地以及地下防御工事建筑变成了一整座钢铁“矿山”。

被投入到战争中的原料量所占比例越来越大。

1917年，德国军队隐入战壕，转入阵地战，对水泥的需求量相当于德国水泥的年产量。德国对用于制造炸药的氮化物、硫酸，以及对碘的需求量超出了欧洲所有工厂总生产力的好几倍。

1917年年末，法国国内所剩的钢铁量只能满足一周所需，炸药已经接近于没有。英国面临着煤炭和粮食短缺的危机。德国人的潜艇击沉了英国的商业舰队，饥饿威胁着数千万的居民，而粮食和原料的储备只能维持仅仅几周。但是德国消耗原料的速度远远快于其敌对国的消耗速度，有色金属的储备来源已经没有了，从战场上收集来的金属和金属废物也不能满足所需。

原料的短缺带来了不久便会降临的灾难。

1918年3月，德国人以猝不及防的攻击成功突破了西线，打开了通往巴黎的道路，那时德军距离巴黎只有120千米。但他们的军队已经瘫痪了：没有橡胶，没有汽油，机械化运输车队无法利用“半死不活的”破烂的橡胶轮胎继续前进；粮食和弹药的运输也终止了。军队陷入绝境，德国的命运已经成为定局，它早于其敌对国耗尽了资源、物质和精神力量，所以就这样被战胜了。这就是第一次世界大战给我们的教训。

是的，尽可能多地储备战略原料是摆在所有国家面前的重要任务，这在第二次世界大战[1]开始很早以前就已经成为共识！现在出现了大量的文献，里面涵盖了整个由复杂问题构成的世界，经济学、地质学、工程学和冶金学在这里相互交织。

我们可以计算出超过25种战略物资，其中包括铁、铝、镁、锌、铜、铅、锰、铬、镍、砷、锑、硼、钼、钨、石油、煤、橡胶、氮、硫、硫化物、石墨、钾、碘、磷酸盐、石棉和云母。铀也是必不可少的。

在第二次世界大战开始之前，各国就已经对原料展开争夺。美国开始发展它所需金属的生产，而德国则恰恰相反，将一系列矿产地封存了起来，认为这是它的深层储备。例如，德国中止了开采本国硫铁矿的活动，以满足战时所需，所以德国开始从西班牙大量进口硫化物。

德国采取了一系列措施来控制本国的贫铁矿（尽管含锰量较多），但是却没有将其开发。德国调动了自己的所有货币基金，在战前5年之内疯狂地从国外进口原料：它进口了比前10年进口量多5倍的锰矿石，购买了大量的钨、钼，同时还有大量的石油产品。德国在石油上耗费了亿万资金。多亏了美国和英国的资本，德国的军事工业才得以在第一次世界大战之后迅速恢复。

最后德国又采取了一系列措施来占领盟国和邻国的原料市场，以保证在战时能够

1 本书为费尔斯曼去世前所作，去世之后出版，第一版于1948年发行，书中有几处内容为其朋友和学生补写，故出现一些作者去世后发生的事情。——译者注

获得供给。这是如何做到的呢？下面就是举例。在第一次世界大战后，德国就迅速获得了南斯拉夫的博尔铜矿，使其处在德国资本的控制之下，并将德国工程师派往该矿。德国为自己准备了这一矿床，能在战时将自己的国内供给量翻一番。但该企业大部分在战时被严重毁坏，所以德国并没能利用到这里的储备。

我们可以从这样的粗略的计算中看出人们对原料的需求量是多么巨大。一个装备300个师的现代军队，也就是600万人的机械化和摩托化部队，在战时每年需要3 000万吨的钢铁、2.5亿吨的煤、2 500万吨的石油和汽油、1 000万吨的石灰、200万吨的锰、2万吨的镍、1万吨的钨以及很多其他的物资（记载于1940年）。

仔细思考这些数字，并尝试理解它们的含义。3 000万吨铁是什么概念？若是将它们熔化，需要6 000万~7 000万吨铁矿石，也就是说，需要挖掉好几座矿山。

石油的数字更大，2 500万吨，这个数字很有可能被低估了，由于部队和后勤的机械化，空军和海军会消耗掉数量庞大的各类石油产品。罗马尼亚在产量最高的一年产出了700万~800万吨的石油产品，伊朗一年能产出1 000万~1 100万吨。

除了之前指出的原料种类，战争还需要大量的橡胶、有色金属、建筑木材、石棉、云母、硫和硫酸以及其他的物资。

但我们要说的不仅仅是这些原料的庞大应用规模，这样的应用还是造成金属发生地球化学迁移的因素。在现代战争当中，物质的种类得到了极大的扩展，它们直接或是间接地被用于战争之中，主要的和有决定意义战略原料的价值得以被重新估计，成百上千种新产品、化合物和合金得到了应用。

现在在战斗舞台上出现了新的地球力量——新的元素及其化合物、稀有金属，特别是“黑金”——石油，这些原料的出现取代了中世纪骑士的铁制锁子甲以及盔甲等，取代了钢铁，这在不久的过去还曾是唯一的战争金属。

在一些情况下，正是它们决定了战争的胜利。

看，坦克之间正在进行战争。铬和镍、锰和钼使得装甲更加坚固；钒和钨、钼和铌是坦克重要零件——轴、传动装置和履带的构成成分；含铅的铬染料可以将坦克涂成防御色；含硼的特制玻璃、含碘化合物的偏光玻璃使得坦克驾驶员可以看清地方，而无视探照灯和前灯令人眩目的强光。

高质量的汽油、煤油、轻质石油，从石油中炼制的上乘润滑油决定了车辆的生命力及运动的速度，而溴化物则可以优化内燃机的性能并降低发动机的声音。

约有30种化学元素参与到了装甲车的建造之中。但是如果我们再深入研究其装备成分的话，就会发现其实它的化学成分更加复杂：金属锑和硫化锑是制作榴霰弹和手榴弹的原料；铅、锡、铜、铝和镍是制作炮弹、炸弹、子弹和机枪弹带的原料；还有些元素被加入钢铁中，使其变脆，从而增加爆炸的威力；炸药的成分也十分复杂，是石油和煤的加工的产物制成的新型化合物。

在装甲车和坦克相冲突时，会有几万种合金和各类化学物质参与其中，战斗指挥官、坦克手、车辆驾驶员掌控着规模巨大的化学反应，并且拥有毁灭性的力量。剧烈的雪崩最高可以制造出每平方米10~15吨的压力，但若将这个数字与爆破炸弹所产生的气浪的威力相比的话，就会显得微不足道！总之，装甲越结实，汽油辛烷值越高，爆炸物威力越大，交战方的优势也就越明显。

让我们试着分析当代大城市在夜晚受到轰炸时的情形。

轰炸机和战斗机航空大队正在漆黑的秋夜中飞行，用铝合金——硬铝和硅铝合金制作的“铝鸢”（代指飞机）重好几吨。在它们后面的是采用含铬、镍的特种钢制造的重型飞机，并且特种钢的焊接口还是用最好的铌钢焊成的；电动机的重要零件是由铍铜制成的，其他零件则是由镁基合金制成的——这是一种由镁掺杂铜、锌和铝而制成的合金。储油槽里装的是特制的轻质石油，或是上等的，最为纯净的汽油，辛烷值极大，因为它可以保证飞行速度。

操纵杆前面坐着飞行员，旁边是覆有云母制或特制的硼玻璃的地图。计量器和指针中含有钍和镭的成分，所以会发出绿色的光亮。在机身下方悬挂着由易爆金属制成的航空炸弹，炸弹中包含由雷汞制成的引爆剂以及由铝、镁和氧化铁粉末制成的燃烧弹，这些炸弹极易被特制的操作杆抛出。

有时发动机转速慢一些，有时又会开足马力，所以螺旋桨和发动机发出的声音震动房屋，并扰得玻璃叮叮作响。飞机投下闪光弹。我们先是看到缓缓降落的“火炬吊灯”散发着红黄色的火焰，这就是由镁、氯酸钾以及钙盐构成的特殊成分在燃烧。之后光亮慢慢变得稳定、明亮、洁白，这是混有钡杂质的镁粉在燃烧，所以火焰中会带着淡绿色色调。

但城市的防御也不是吃素的。充满氢气的防御气球在纤细的钢索上摇来晃去，干扰着俯冲飞机的运动。在一些重要的情况下，还会使用氦气。一旦捕捉到电动机的声音，截听员就会在音测距仪的帮助下透过乌云和云层确定前来突袭的飞机的位置，并自动迎着它们发射可致盲的黄红色星光，这种光时而闪烁，时而熄灭，钙盐在其中发挥了特殊作用。

接着探照灯发出的无数束强光飞行了几千米，并刺入黑暗的天空。敌机反射的令人目眩的脉冲光线被捕捉到了。探照灯为何如此神勇广大呢？这是因为它们电灯泡的碳内有稀有金属（所谓稀土）的化合物。英国科学家为探照灯增添了含有钍、锆和其他特种金属的灯丝，它们发出的光线能够穿透伦敦的浓雾。

烟幕弹正在向悬挂在降落伞下的照明灯靠拢。敌方的飞机在被照亮区域上方画了个8字，选定了攻击地点，然后从特殊的炮弹中释放出了利用钽盐和锡盐制成的烟幕弹条，来为轰炸机标注俯冲区域。

但是城市守军已经抛出了上千颗红色的和红黄色的曳光弹来对抗镁光弹的耀眼光线。耀眼的闪光灯干扰着敌方飞行员，使他们无法认清环境。飞行员会在钾盐和锶盐的光线中迷失方向，并被照明灯的光线短暂致盲，因此不得不随意抛下炸弹。他向平民房区扔下数百个装有金属铝和镁的填充物的铝盒，里面还包括特制的氧化剂，弹头是由雷汞制成的起爆剂，有时还会添加大量的沥青和石油来快速助燃。按下拉杆，爆破炸弹就会从铰链脱落，爆炸所产生的气浪会造成巨大的破坏，甚至比海军炮队重武器的穿甲弹所产生的威力还要大。

跟踪战斗机的高射炮开始“发言”。榴霰弹和高射炮的弹片如雨点般向敌机进行扫射。质地较脆的钢铁、锑和利用煤与石油制作的爆炸物会造成具有毁灭性的连锁的化学反应。我们称这些在千分之一秒内完成的化学反应为爆炸，它们会产生能量巨大的振动运动和机械打击。

这是一次成功的射击。俯冲战机的机翼被打穿了，战机的负荷加重，带着炸弹的残余坠向了地面。汽油箱和石油箱，以及尚未被发射出去的炮弹都发生了爆炸，大吨位的轰炸机燃烧着，并逐渐变为一堆杂乱的金属。

“法西斯的飞机被击落了。”媒体简报如此报道。

“强大的化学反应结束了，化学平衡得以恢复。”还可以用化学语言这么说。

“又是一次针对法西斯豺狼，针对其技术、有生力量和主要动力的打击。”我们是这样说的。

有超过46种化学元素参与到了空战之中，这些元素占据了一半的元素周期表。

但是我还没有结束对战争景象的描述。要知道战斗不仅出现在战地上，大后方其实也参与到了其中，所有的工业部门都会被用来满足军队所需。后方的硫酸厂是爆炸物生产工业的主要部门。在德国的莱茵河边的威斯特法伦州，这样的工厂呈长链状分布着，在德波旧国界线上也有这么多的工厂。

硫酸厂需要好几万吨富含硫的矿石。特制的耐酸设备或是由铅制成，或是由铌合金制成的。耐酸的熔岩、最纯净的石英原料、金属钒或金属铂制成的最灵敏的催化剂——这只不过是庞大复杂化学工业的一小部分，没有这些工业的话，作为化学生产战斗单位的硫酸厂就不会存在。硫酸厂能够生产出爆炸物所需的硫酸、用于发光元件所需的硒，还有用于相应领域的铜和金。

这就是制造炮弹的车间。钢锭切割需要钨或钼的自淬火钢制成的刀具；上等的金刚砂、刚玉粉、最细的锡粉，以及铬和铁的磨粉是抛光重要零件必不可少的材料；镍、铜、青铜、铝合金适用于某些零件之中。

当炮弹壳制造好了之后，人们就会开始准备炮弹中的化学武器——炸药，这是一种成分复杂的混合物。为了让这么庞大的车间或是工厂运作起来，为了使炮弹、炸弹以及地雷的切割能够精准无误，为了使地雷上的撞针和计时装置可以准确运行，就需要运用到多么不同的物质啊！

但是战争的胜利准备并不只是在军工厂中、在武器车间和工厂之中，战争的胜利还依靠全体人民的不懈劳动，从机床旁的工人、拖拉机和联合收割机旁的集体农庄庄员，到实验室中的科学家。

# 04

# 地球化学的过去和未来

# 导读

王凤文

前面的学习让我们对地球化学有了基本认识，今天我们来到地球化学最重要的一篇——地球化学的过去和未来。

矿物的名称是矿物学史和化学史上最为有趣的一页。元素和矿石的命名实际是很混乱的，希腊语的、阿拉伯语的、印度语的、波斯语的、拉丁语的以及斯拉夫语的词根等，这些元素的命名通常没有什么规则，也没什么深层含义。

我们已知的100多种元素的元素符号通常是由外文名称开头的一个或两个字母组成的。对于这些化学元素的汉字名称，更多的也是由它本身的字母来进行相关的翻译，同时，也更多地采用当时西方文化的命名准则来进行相应名称的确定，而且也更多地考虑到每种元素之间的关系，所以它的中文名称相对来说也就有一定的含义，区分起来也就有一定的准则。并且元素名称的汉字写法很能突出元素的属性，比如金属元素，多是金字旁，如钠、镁、铝、铁、铜等，唯独汞除外（常温下为液态，字中有水，联想水常温下呈液态）。非金属元素在常温下为气态的，就是气字头，如氢、氧、氮、氯等；常温下为固态的，就是石字旁，如碳、硫、磷、硅、碘等；常温下唯一呈液态的非金属单质——溴，用了三点水旁。是不是很有趣，也很好记呢？

地球化学作为一门在20世纪初期才发展起来的年轻学科，其以研究化学元素、矿物的化学成分、勘探矿石和矿物为主要内容，呈现出的一系列光辉的名字将永远记录在地球化学发展史册。其科学思想和研究成果是世界无数劳动人民和众多学者辛勤的劳动和智慧的结晶！

地球化学架起了化学科学与地质科学之间的桥梁。和结晶学一起揭示晶体的结构，研究世界矿物原料的性质和储量，为工业发展指出了特殊的道路。化学研究的发展涵盖了化学科学的所有分支和方向，创造新的有价值的物质，获得国民经济所需的原料，这个问题成了现代化学发展最主要的因素。

作者以西伯利亚地区最大的锰矿床被发现了的事例，揭示了发现不是偶然，而是深入的研究观察以及对事实了解的结果。他赞赏罗蒙诺索夫的说法，要从观察中确立理论，再通过理论修正事实，只有建立在大量准确观察和准确描写事实之上的理论才有意义。

元素周期表就是反映宇宙历史和生命的表格。而原子本身则是组成宇宙的一小部分，并在元素周期表的周期、族和方格之间不断地变换着位置。

本篇的高潮部分，带我们一起在门捷列夫周期表上做幻想旅行，想象出一座巨大的锥形建筑——元素大厦，要带我们从下面进入，登上元素周期表建筑的顶端，大家坐在升降机器的玻璃舱中，首先进入了变化莫测的地下深处，在那里我们看到了岩浆的活动、各元素的动态、脉矿的形成及铀和镭的放射等，最终到达了化学元素周期塔的顶端。陡峭的螺旋领着我们缓缓下降。抓住镀铬钢的扶栏，接下来就顺着扶梯开始元素周期的漫游。这个过程是穿越，是探险，更是旷世的享受！眼前作者曼妙的文字，幻化出身临其境的感受，跌宕起伏，惊险刺激。世界中最美妙的景象尽显眼前。

最后，作者对地球化学的发展前景充满憧憬与美好的期望。世界是一个规模巨大的实验室，在这里进行着发现、认识、创造到改变的过程。我们对世界的认识是没有边界的，“人类天才的胜利也是没有边界的”，人类终究会对世界有更完整的认知！

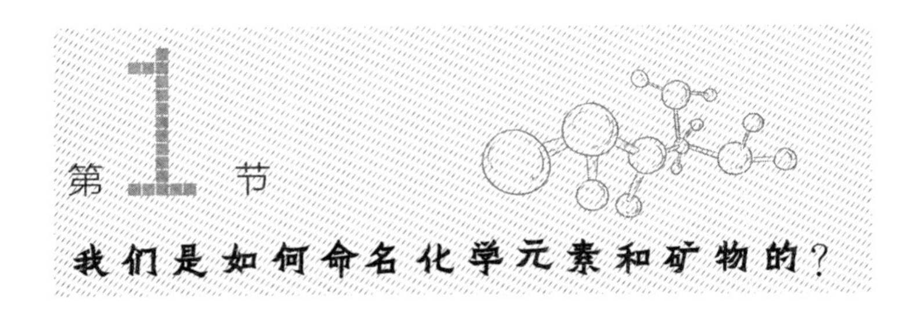

# 第1节 我们是如何命名化学元素和矿物的？

这是一个我们每个人都可能感兴趣的问题，因为想要记住成百上千个不同元素的名称可不容易。但如果我们知道每个名称的含义的话，那么要记住它们也就变得相对容易了。

可能有读者曾看过我那本《岩石回忆录》，在书中我讲了个有关基洛夫铁路新站点命名的笑话。那儿的老铁路员工就被我们开过玩笑，例如，他们将一个站命名为非洲站，因为他们来这儿的时候天气很热，就像在非洲。另一个站被命名为钛，尽管人们从来都没有在这个站的附近发现过这种金属的存在痕迹。

但是我们要承认的是，不仅是老铁路员工会这么做，当化学家和矿物学家发现某种新物质时，他们也是这么做的：每个人都随心所欲地为物质起名，而同时我们现在却需要准确地记住这些名字。的确，说到化学元素，已知的就有约百种，这都需要我们给它们一一取名。矿物学的情况就更加复杂了，我们已知的矿物就有约2 000种，并且每年都会出现二三十种新发现的矿物。

让我们先弄清楚化学元素的名称吧，正是它们构成了化学科学的基础。有些元素的化学符号来自其拉丁名称的前几个字母，如Fe（Ferrum——铁）、As（Arsenicum——砷）等。

但是化学家和地球化学家更乐意用发现新元素或是元素化合物的国家或城市的名称去命名它们。

所以下面这些名称对我们来说就很好理解了，例如铕（Europium——欧洲）、锗（Germanium——德国）、镓（Gallium——法国旧称Gallia）、钪（Scandium——斯堪的纳维亚），这样的名称十分好记，但是到了使用国家或城市古称来命名的元素时，就不那么好记了。有时甚至很难弄懂这些名称是从何而来的。

1924年，人们在哥本哈根发现了新的元素，然后将其命名为铪（Hafnium），这是按照丹麦首都的旧称来命名的，可是无人知晓。类似的还有镥（Lutetium），来源于巴黎的旧称；金属铥（Thulium），根据瑞典和挪威的斯堪的纳维亚语命名。

金属钌（Ruthenium——鲁塞尼亚[1]）是由俄罗斯化学家卡尔·恩斯特·克劳斯在喀山发现的，以此来纪念俄罗斯，很遗憾的是，甚至是许多经验丰富的化学家都不知道，术语“Ruthenium”指的就是“俄罗斯的”。

发生在瑞典斯德哥尔摩附近一座长石矿山上的事情十分有趣，人们利用一座位于伊特比（Ytterby）的伟晶岩矿脉命名了许多新的元素：镱（Ytterbium）、钇（Yttrium）、铒（Erbium）、铽（Terbium）。

有许多化学元素是人们根据它们的物理和化学性质来命名的。这样的命名方式显得更加合理，但是这些名称只有那些通晓古希腊语和拉丁语的人才能看懂，并且将它们记下。

因为有一系列元素是通过光谱的色彩被发现的，所以它们被根据相应彩线的颜色来命名：铟（Indium）是蓝色的，铯（Caesium）是天蓝色的，铷（Rubidium）是红色的，铊（Thallium）是绿色的。

还有一些元素是通过它的盐类的颜色来命名的，比如说铬（Chromium），来源于希腊语“颜色（Chroma）”，这是多亏了铬的盐类有着十分鲜艳的色彩；还有

1 鲁塞尼亚：Ruthenia，为俄罗斯的中世纪拉丁名称之一，与Russia、Ruscia、Roxolania等名称所含意义一致。

源于希腊神话中的彩虹女神伊里斯Iris。

铱（Iridium），因为该金属的盐类有着变幻多样的色彩。

还有许多化学家酷爱天文学，所以他们用行星和恒星的名称来命名元素。铀（Uranium——天王星Uranus）、钯（Palladium——智神星Pallas）、铈（Cerium——谷神星Ceres）、碲（Tellurium——地球Telluris）、硒（Selenium——月亮Selene）和氦（Helium——太阳Helios）就是这样来的。氦有着更深层的含义，因为氦（Helios——太阳）是在太阳中首次被发现的。

还有很多元素的名称是为了纪念古时的神和女神们。钒（Vanadium）是为了纪念女神凡娜蒂斯（Vanadis），钴（Cobaltum）和镍（Niccolum）是铜矿中的两种有害伴侣，它们的名称来源于传说中居于撒克逊矿井中的凶恶的地精Cobalt（源于德文Kobold“坏精灵”）和Nickel。

像钽（Tantalum——坦塔洛斯Tantalus）、铌（Niobium——尼俄伯Niobe）、钛（Titanium——泰坦Titans）和钍（Thorium——索尔Thor），这些元素的名称也是由神话得来的，但是并没有什么特殊含义。锑（Stibium）在中世纪时被称为Antimony，很有可能是来源于希腊语“花朵——Anthemonion”，因为辉锑矿的晶体会聚成一束，让人不禁想起菊科植物的花朵。

相比之下，那些科学研究者的名字所得到的关注就少了很多。人们为了纪念俄罗斯教授阿约翰·加多林，便将硅铍钇矿命名为Gadolinite，又根据这种矿物命名了元素钆（Gadolinium）。元素钐（Samarium）的名称也是来源于矿物名，人们是在铌钇矿（Samarskite）中发现它的，而这种矿物被如此命名是为了纪念萨马尔斯基（Samarsky）上校。

钌（Ruthenium）、钆（Gadolinium）、钐（Samarium）这三种元素的名称有着纯粹的俄罗斯血统。

但是除了上述这些复杂的且没什么论据的名称外，还有约30种化学元素名称的词根来源于古阿拉伯语、印度语和拉丁语。

这些词的来源也引起了不少的争论，如金（Aurum）、铅（Plumbum）、砷（Arsenium）等。最后，还有4种超铀元素：93号镎Np（Neptunium——海王星Neptune）、94号钚Pu（Plutonium——冥王星Pluto），是根据行星名称来命名的；95号镅Am（Americium）来源于美洲大陆（America）一词；96号锔Cm（Curium）是为了纪念玛丽·居里（Curie）夫人。

你们看呐，这是多么的混乱无序！希腊语的、阿拉伯语的、印度语的、波斯语的、拉丁语的以及斯拉夫语的词根，神、女神、恒星、行星名称，还有国家、姓——这些元素的命名通常没有什么规则，也没什么深层含义。

的确，曾有人想要向元素命名系统引入规则，但是新发现的元素少之又少，所以并不值得大费力气。

另一个问题就是矿物的名称。

在这里，地球化学家和矿物学家应该从根本上改变自己的做法：要知道，我们每年都要命名25种以上的新矿物，难道我们可以容许以下这样的情况发生吗？例如，硫钌矿（Laurite）就是按照某位化学家未婚妻的名字（Laura）来命名的，难道我们可以容许以命名一系列矿物的方式来向公爵和伯爵表忠心吗？他们跟矿石可一点关系都没有，比方说绿榴石（Uvarovite）[1]。

最后，有一些矿物的名称实在是荒诞，以至于我们无法用自己的语言说出来，比如说钶钛铁油矿（Ampangabeit），这是通过地点命名的，因为人们在马达加斯加（Madagaskar）发现它的。

---

1 绿榴石的名称是为了纪念曾为俄罗斯科学院院长之一的谢尔盖·谢苗诺维奇·乌瓦洛夫（Uvarov）。

矿物的名称是矿物学史和化学史上最为有趣的一页。有一些矿物名称的来源至今未知，它们中的许多名称在古印度、埃及和波斯都有根源。波斯赐予了我们绿松石和祖母绿；古希腊赐予了我们黄玉和石榴石；印度赐予了我们红宝石、绿宝石还有电气石。

非常多的矿石是根据它们的发现地来命名的，如钛铁矿（Ilmenite——南乌拉尔的伊尔门山Ilmensky）、裂钙铁辉石（Baikalite——贝加尔湖Baikal）。但是对我们来说，最有趣的是云母（Moscovite——莫斯科Moscow），这是一种杰出的含钾云母，它在电器工业中发挥着巨大的作用。

还有很多矿物的命名是为了纪念著名的研究者——伟大的化学家和矿物学家们。顺便一提，白钨矿（Scheelite）是为了纪念伟大的瑞典化学家席勒（Scheele），针铁矿（Goethite）是为了纪念伟大的诗人兼矿物学家歌德（Goethe），铌钛铀矿（Mendeleevite）是为纪念门捷列夫（Mendeleev），水褐铜矿（Vernadskite）是为纪念维尔纳茨基（Vernadsky）。

还有那些根据矿物颜色给出的名称在我们看来也是十分成功的，但是为了理解名称，一般都需要知晓拉丁语，更多的是希腊语。比如海蓝宝石（Aqua marina——海水色）、雌黄（Auripigmentum——黄金色）、白榴石（Leukos——来源于希腊语，意为白色）、天青石（Caelestis——来源于拉丁语，意为天空）。

有许多矿物的名称来源于它们的物理性质和化学性质。辉矿指的是拥有似银光泽的矿物，硫化物指的是有铜光泽的或是似青铜光泽的矿物，晶石指的是会沿着某一方向裂开的矿物，闪锌矿是指含有金属的矿石，并且里面的金属很难依据其具有欺骗性的外观来分辨。有些和焦油相像的矿物就被称为焦油石。

金刚石的名称来源于希腊语“Adamas”，意为无法遏制的。最后，不得不承认，有很多矿物是按照其内部含量最多的化学元素来命名的，这种命名法十分正确。例如，磷灰岩（Phosphorite——磷Phosphorum）、方解石（Calcite——钙Calcium）、黑钨矿（Wolframite——钨Wolfram）、辉钼矿（Molybdenite——钼Molybdanium）等。

但是还有一系列的名称十分有趣。它们之中有一些与传说有着密切关系，另一些名称的含义隐藏于炼金术士的实验室中。石棉（Asbestos）的名称来自希腊语，意为不可燃的。软玉（Nephrite——希腊语“肾”Nephros）的名称源自中世纪时期人们的误解，认为它能治好肾病。硅铍石（Phenakite——希腊语“骗子”Phenax），这样命名是因为它那漂亮的酒红色只能在太阳底下保持几个小时。磷灰石被称为Apatite（Apati，来源于希腊语，意为“欺骗”或是骗子），是因为很难将其与其他矿物区分开来。紫水晶（Amethyst）（A+methustos，来源于希腊语，意为“不醉”），人们在中世纪就这么叫了，相传它能遏制欲火并使人不醉。

相信大家能从我们的简短描述中看出矿物名称的来源是多么复杂。

难道真的没有办法制定命名规则吗？难道不能组建一个国际性的委员会，来确定新矿物的名字，从而使它们的名称能够符合自己的性质，使之能够被轻松记住，使得矿物的名称能够自成系统，从而将成百上千的矿物进行分类吗？

我们认为，这个时机很快就会到来，当整个世界都在进行和平劳动之时，当科学和科学建设能够掌管一切，并能够巩固经济和工业，建设新的、自由的、幸福的生活之时，它就会到来。相信在化学科学和地球化学繁盛之时，我们的小小建议一定会有一席之地，到时人们就会构想，如何才能不让中学生和大学生被长长的，难以记住的，还晦涩难懂的名称搞得焦头烂额，如何才能使这些名称能够一定地合乎逻辑，并且能够被学习者准确地记住，那么最好就是使岩石、动物和植物的名称能够与它们的特性紧密结合。我们就得这样来构建科学。

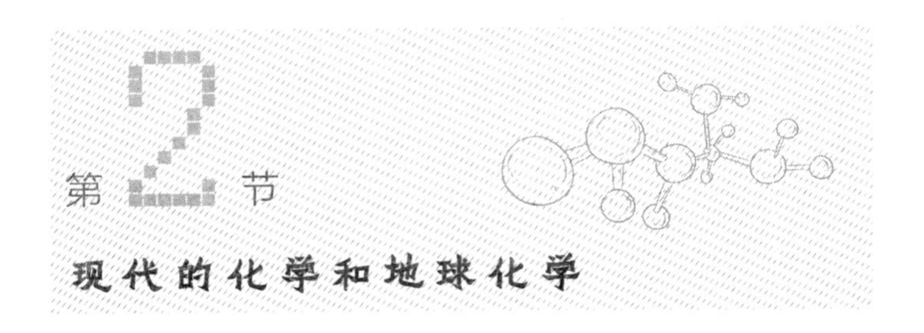

## 第2节 现代的化学和地球化学

我们生活在由铁器时代过渡到化学时代的时期。旧金属开始被取代，或是与一系列稀有的金属物质相结合。玻璃、砖块、水泥和熔渣中复杂的硅化合物也开始替代老旧的铁架构。有机化学，也就是碳的化学，在近几年取得了巨大的成就，辽阔的靛蓝田野被庞大的工厂占据，橡胶种植园很快也会遭受同样的命运。在这些工厂中，能够从蒸馏煤的产品中产出合成橡胶以及染料，后者现在不仅替代了天然的植物染料，而且还拥有更广的色谱。

的确，整个世界的科学、经济和生活都在进行着化学化改造，化学已渗透到了我们生活的各个角落，渗透到了工厂里的每个零件中。世界化学化的同时，人们对自然宝藏，以及经济和工业所需原料的研究也越来越广泛。地球化学与化学紧密交织，很难为两者划清界限。所以，当前的问题之一就是化学研究的发展问题，它涵盖了化学科学的所有分支和方向。

创建专门的科研所或是科研实验室，这是化学工业发展的基础，现在让我们怀着感激的心来回忆一下杰出科学家路易·巴斯德的话："我恳求诸位将注意力更多地放在被称为实验室的神圣庇护所上。要知道，这可是存放我们未来及现在的财富和福祉的神殿。"

苏联科学院地球化学研究所是建立在地质学广泛问题的基础之上的，该所开展了一系列的研究，并且我国集体主义地球化学思想的基础正是由于这些工作才得以确立的。

门捷列夫学会继承了俄罗斯理化学会的光荣传统，广泛地开展了化学思想宣传，为该学会所属机构和分部汇集了数千人。

地球化学受到了社会的广泛认可，地球化学思想也开始渗入所有有关矿藏的研究之中。但是研究机构最主要的武器当然就是它的出版业务。

我们有位化学家统计得出，近30年来刊印在学术杂志上的化学学科专题报告超过100万份，同时，近几年来化学学科的学术论文也达到了6万~8万份。我们有专门的杂志来供读者阅读这些数目庞大的文献，这些杂志会摘要叙述世界上几乎所有的学术文章，这些文章是从3 000份化学文献杂志中摘要得来的，并且是用31国语言进行出版的。在我们的化学研究所和地球化学研究所中进行着大量的科研工作，并且我们也还远远没有完全地将它们全都转化为出版刊物。

当我们说到近几年来这些数目繁多的研究工作时，应该牢记，绝大多数的研究工作都涉及碳化物，非常多的研究工作都与纯粹的技术问题有关，仅有约2%的研究工作接近于地球化学问题，以及研究地壳物质的问题，还有它们的分布、迁移、结构、结合以及形成物的集中等问题，我们的工业就是在此基础上发展的。

随着研究工作的不断深入，化学科学的主要任务开始不断拓宽、拓深，尽管距离罗蒙诺索夫逝世已经过了200多年，但是当代化学工作的主要标语还是可以借用罗蒙诺索夫在1751年开展物理化学讲座时使用过的导语："化学研究的目的可能有双重性，一个是完善自然科学，另一个就是提升生活福利。"

确实，化学和物理不仅完善了自然科学，还为我们揭开了看不见的自然秘密；科学和技术已经掌握了解释构成我们世界原子多样性的方法。

化学科学为我们架起了通向工艺学和工业的大桥，并且化学科学已经能够制备约5万种化合物，这里面不包含有机化合物。在有机化学的实验室中，已经有多达百万种有机化合物得到了创造和研究。在实验室中，新分子的增长速度是没有边界的。

如果我们将它们与自然界中已知的2 500种化合物相比的话，这个数字就会显得十分庞大，而同时正是大自然向我们教授了化学科学。矿物原料是我们工业的基础。它决定着化学实验室的研究方向，物质的结构和化学反应的进行也是在自然材料的基础之上才得以被研究的。

这就是为什么说地球化学架起了化学科学与地质科学之间的桥梁。它不但和结晶学一同揭示晶体的结构，还在研究世界矿物原料的性质和储量时，为工业发展指出了特殊的道路。

因此，从地质学到地球化学，以及从地球化学到化学科学和物理学的一系列学科链相互交织着。正如罗蒙诺索夫所说的，这条科学链的最后一环不仅是自然科学的完善，还是生活福利的提升，人类也正是为了后者而在不断奋斗。

那么如何创造新的有价值的物质，获得国民经济所需的原料？——这是现代最主要的刺激因素。工艺学与地球化学的联系紧密，在研究矿石和盐类的性质，弄懂稀有元素在矿石和盐类中的分布，探寻利用地球内部最好、最全面的方法等方面做出了贡献。

化学、地球化学和工艺学的组合把我们引向了能将铁器时代转变为化学时代的化学工业。

现在使我们感兴趣的是，那些推动科学发展、创建科学实验室以及征服我们周围世界的研究者具备什么品质以及应该具备什么品质。当然，我们这里说的是当代的化学家。

以前的化学家从岩石中获取某些物质、元素，然后直接在实验室中进行研究，并不会考虑这些物质与大自然之间的关系。现在人类已经发现，世界就是一个复杂的系统，所有部分之间联系紧密，这就像是在一个巨大的实验室一样，不同的力量会相撞、结合、扭打，并且只有原子、电场和磁场相互斗争才会在某处产生出物质，然后又在某处被毁灭。

世界就是一个规模巨大的实验室，这里的一切都彼此紧密相关，就像机器上的齿轮。而取代了老实验室隐士的新化学家则以新的视角来观察每个原子，并将原子的命运与整个世界的命运结合了起来，这就是为什么化学越来越接近于地球化学。

科学家的任务已经发生了改变：他不但要描写我们周围环境的某些现象以及某些事实，要在实验室中观察某个实验的结果，还要研究物质，也就是说，他需要理解物质是如何产生的、为什么它会产生以及未来它会发生什么。

哲学家关于自然法则的论断在他看来也远远不够，他需要长期地在我们周围的现象之中去研究这些法则，他需要将这些法则放在彼此关系中去观察研究。

所以，在研究者看来，世界已经不是一幅他可以冷静描绘和拍摄的美丽画面了，而是变成了一个充满秘密的神秘国度，并且科学家还应该征服它，使它屈服在自己的意志力之下。新研究者不应该是自己实验室中的刻板工作者，而是新概念、新思想的创造者，并将它们从征服自然的斗争中孕育出来。

化学家，跟天文学家一样，现在就应该预见：他的经验不是由一连串实验室的烧瓶中偶然化学反应构成的，而是创造性思维、科学幻想和深入探寻的果实。现代化学家应该明白，科学的胜利不是突如其来的，它靠的是长时间的思想验证而逐渐累积起来的，它是长时间探寻的结果，有时甚至是好几代人的共同努力，它是装满杯子的那最后一滴水。

这就是为什么现代科学的发现有可能同时在几个国家完成，征服周围世界的最大收获往往同时产生于科学家们的头脑之中。

想要研究成功，就要善于观察和收集事实。这是非常重要的地球化学研究方法。我们需要认识到，如果研究者醉心于理论研究，以及逻辑缜密的概念的话，那么他就会停止对事实的观察，就看不见那些不明确的，与他们的认知不符的现象，而这些则正是发现新现象的关键所在。否认陈旧假说，以及同时察觉新事物的能力是当代科学家必不可少的品质。

但是很多人认为，发现新物质是由偶然所致，认为伦琴是偶然间在闪光的屏上发现X射线的，还认为研究者是偶然地在遥远的西伯利亚发现了储量巨大的碳酸锰。但是要知道，这种偶然并不是什么其他的东西，而正是那能够发现新事物的敏感能力。

多少年来，有多少研究者从白色的岩石旁走了过去，认为那只是简单的石灰岩，当他们用盐酸化验之后，便肯定这些岩石会发出嘶嘶声，于是就走了过去。但是他们应该观察到，这些白色岩石的裂缝中和表面的某些地方覆盖着黑色的硬壳，这些硬壳并不是什么不相干的东西，而是一种生于白色岩石的物质。于是西伯利亚地区最大的锰矿床就这样被发现了。发现这些锰矿床并不是偶然，而是深入的观察研究以及对事实的了解。

善于观察这一本领还有其另外一面，罗蒙诺索夫就曾很好地提到过。他说，要从观察中确立理论，再通过理论修正事实，他的说法十分正确，因为所有的观察都诞生于理论，且只有建立于大量准确观察和准确描写事实之上的理论才有意义。

那真正的地球化学家应该是什么样的人呢?

他的意志应该是坚强的，不会动摇追求明确目标的决心，还要有年轻人特有的想象力，思想和心灵也要保持年轻，这不是由年龄，而是由灵性决定的。他在观察事实时应该怀有极大的耐心、克制力，还要有吃苦耐劳的精神，更要做到有始有终。

18世纪最伟大的科学家之一本杰明·富兰克林就曾说过，天才有能够无止境劳动的能力。

查尔斯·达尔文曾在自己的专题论文中写道："作为科学家，我这一生的成功不论有多大，就我的判断而言，它们都取决于复杂和多样的生活条件，以及理性思考的能力。这些条件之中，最重要的便是对科学的热爱，以及思考问题时的无限耐心，观察和收集事实时的坚定性，还有机敏和理智。”

这就是我们对地球化学家提出的品质要求！它们不是一下子出现在人类的身上的，而是需要大量的工作来练就这些品质，这些品质并不是与生俱来的，而是需要在创作生活中不断地培养。

在我们眼中浮现出了地球化学的伟大成就，成千上万的例子正向我们展示自然是如何被科学的热情所战胜的。

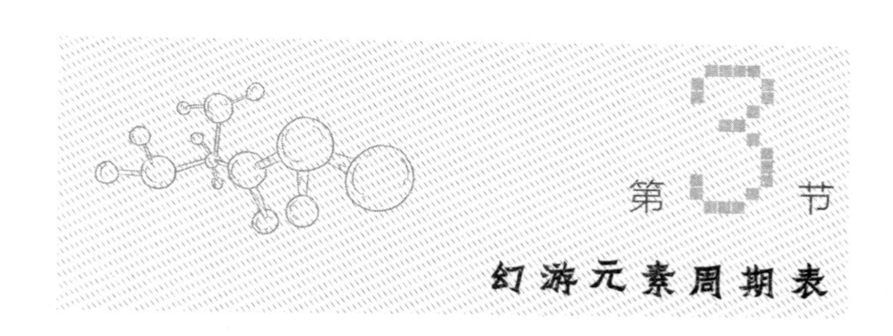

## 第3节 幻游元素周期表

“您觉得俄罗斯科学取得的最伟大成就是什么？”一位苏联科学与技术展会的组织者向我问道，这个展会将在几年之后于莫斯科举办。

“那当然就是从罗蒙诺索夫时代至今这段时期，它展示出了苏维埃科学在其缓慢发展过程中所显示出的荣光与强大，这是整个世界都没有的！”

我们对这个想法很感兴趣，于是便同化学家们和地质学家们一起谈了谈，并纷纷给出了自己的意见。一开始的意见都显得过于宏大，并有些离奇，但后来我们的批评家对我们表示了赞同，对这个想法产生了兴趣，并开始同我们一起来提出自己的意见。

## 元素大厦

请大家先想象出一座巨大的锥形建筑，或是由镀铬钢构成的角锥形建筑。高为20~25米，相当于五六层的楼房。在这个锥形建筑周围环绕着带有方格的螺旋，而这些小格的分布则与元素在门捷列夫周期表中的位置一致，也会有横向的周期和竖向的族。每一个方格就相当于一个小小的房间，并属于特定的元素。成千上万的参观者顺着螺旋向下走，观察着每个元素的命运，就像是在看动物园里的野兽一般。

而要想登上这座巨大锥形元素周期表建筑的顶端，则需要从下面进入“元素塔”。开始时大家被一片漆黑包裹着的，四周全是大理石，有些炽红的岩浆沸腾着，像舌头似的舔我们的脚，然后在我们周围缓缓地四散流去。

大家坐在升降机器的玻璃舱中，玻璃舱在火舌和熔岩流之间缓缓上升。

出现了第一批由岩浆硬化结晶生成的产物。这些晶体漂浮在熔融物之上，被熔融物冲到某地聚集起来，然后逐渐冷却，形成坚硬的岩石。

看，玻璃舱的右边是冷却过的地底岩浆。它是黑色的，有些地方还热得发红，里面富含镁和铁。铬铁矿石中的黑点开始融合并形成一整条铬矿石带，其中还有像星星一样闪着亮光的铂晶体和含锇铱的晶体——这是地球内部的初始金属物质。

玻璃舱正沿着墨绿色的石块缓缓移动。这种石块在其漫长的历史中曾多次被毁，然后又会被炙热的熔岩修复完好。在这些墨绿色的石块之中，有其他透明岩石的晶体正在闪烁，这些就是金刚石的晶体。

玻璃舱以越来越快的速度向上飞升，将铁和镁的墨绿岩石留在了地底深处。现在出现了由灰色和褐色岩石构成的紧实物质，这就是闪长岩、正长岩和辉长岩；在它们之间的某些地方有白色的纹理忽隐忽现。突然玻璃舱猛地向右一拐，钻进了充满着气体、蒸汽以及稀有金属的花岗岩熔岩之中。很难在这混乱的花岗岩熔岩之中认清其他的坚硬晶体。噢！这里的高温已经达到了800℃！

滚烫的易挥发蒸汽以急流的形式向上喷出，并伴随着爆炸声。冷凝的花岗岩物质中还含有自身的熔融残余物。这就是有名的伟晶岩。在该岩石里面可能会生成美轮美奂的宝石晶体，烟色的黑水晶、翠绿的绿柱石、淡蓝色的黄玉、水晶及紫水晶的晶体都是在这里发育而成的。

玻璃舱穿过了冷却蒸汽形成的烟雾，旁边是伟晶花岗岩空洞，乌拉尔山的人们将它们称为“晶洞”。这里有尺寸超过一米的巨大烟晶，与其一起积聚的还有结晶了的长石，云母片在它们表面缓慢发育着，再往上又有烟晶在发出光亮，那些奇美的水晶则像标枪似的穿插在晶洞之中。

玻璃舱还在向上升。紫水晶的浅紫色晶簇从各个方向笼罩着玻璃舱。接着玻璃舱猛地从伟晶岩矿脉中挣脱了出来，一幅新的景象吸引了我们的注意力——厚度不一的矿脉一会儿从左边，一会儿又从右边分散出来；一会儿是白色矿物和闪着光的硫化物所组成的紧密柱干，一会儿又是纤细的纹理，肉眼勉强可辨，像极了树木的细枝。锡石的褐色晶体和白钨矿的黄粉色晶体穿透了庞大的花岗岩体。

玻璃舱中的电灯突然被关掉了，大家又处在了一片漆黑之中。然后有人转动了一根操纵杆，我们看不见的紫外线弥散开来，四周漆黑的墙壁在紫外线照射下仿佛燃烧起了熊熊之火，一会儿是白钨矿的晶体燃烧，发出淡绿色的光芒，一会儿又是方解石的颗粒发出黄色的火光。各种各样的矿物闪着千奇百怪的光芒，还释放着磷光，在这之中，还有重金属化合物形成的暗淡黑点。

电灯又被重新打开了。玻璃舱离开了花岗岩的接触带，顺着一根从花岗岩体延伸出的粗壮支柱继续上升。不一会儿，玻璃舱扎进了紧实的石英体之中，我们看到尖锐的黑色钨矿晶体贯穿在石英内部，又过了几百米，出现了第一批闪着光点的硫化物，这些就是硫化铁的银黄色晶体。在它们后面的是亮黄色的光点，能把人的眼睛闪瞎。

“看呐，是黄金！”有个人突然大声叫道。细细的纹理贯穿着雪白的石英。接着玻璃舱又上升了几百米。取代黄金的是闪着银灰色光泽的方铅矿、闪着金刚石光泽的闪锌矿，以及闪着各种金属光泽的硫矿石，有铅的、银的、钴的、镍的。而再往上就是闪耀着的矿脉。玻璃舱穿过了柔软的方解石，而方解石内则有银色的辉锑矿穿透其中，有时还有血红色的朱砂晶体。再往前呢，就是黄色的和红色的致密砷化合物。玻璃舱已经能够越来越轻松地为自己开辟道路了，热热的蒸汽取代了炙热的熔融物，然后就是滚烫的溶液。

矿泉的热水珠开始溅到玻璃舱上。由于二氧化碳的关系，这些泉水不断翻滚，好似在沸腾，泉水会在沉积岩中开辟道路，穿过地壳。大家能看见二氧化碳是如何侵蚀石灰岩壁，并堆积出锌矿石和铅矿石的凝结物的。滚烫的矿泉水将玻璃舱抬得越来越高，岩壁周围都悬挂着红色的石灰凝结物，有褐色的由霰石（卡尔斯巴德石）形成的钟乳石，有杂色的形似大理石的缟玛瑙。

但是滚烫泉水的泉路也开始出现分支，细细的水束开辟出了通向地表的道路，并为我们创造出了各种间歇泉和温泉。我们的玻璃舱通过了厚厚的沉积岩层，穿过了煤层，还深入到了二叠纪盐类层。现在在舱的前面开启了一幅来自远古时代的地表景象。重重的液体滴了下来，并弄脏了我们舱的玻璃壁。这就是沉积岩沙层中的石油和沥青。

我们向上穿越一个个地层，地下水像雨点似的溅到了玻璃舱上，岩壁上的坚硬砂岩环绕着玻璃舱的前进道路，地球过往命运中包含的柔软石灰岩和泥质页岩环绕着玻璃舱。但是我们离地表已经越来越近了。突然猛地一动，玻璃舱停止了。

鲜艳的火焰从下向我们袭来，一股股白色水束像梦幻般的云朵遮蔽了整个天空。

我们已经到达元素周期塔的顶部了。在我们面前的正是在空气中燃烧着的化学元素氢，之后它会变成一团团的水蒸气。

## 元素周期塔的顶面

我们现在已经到达了化学元素周期塔的顶面。陡峭的螺旋领着我们缓缓下降。抓住镀铬钢的扶栏，接下来就顺着扶梯开始元素周期的漫游吧。

最先遇到的方格，上面用大写的字母写着“氦”。这是一种稀有的惰性气体，最开始是在太阳上面发现的，它无处不在，穿透了整个地球、岩石、水和空气。我们不断地寻找氦气就是为了用它来填充飞艇。在这个专属氦的小房间里，大家可以看见它从日冕的绿色光线到暗色的不透明钇铀矿的完整历史——钇铀矿是斯堪的纳维亚矿脉中的一种岩石，利用泵可以从中抽取大量氦气。

小心翼翼地俯身，透过栏杆就会看见，在氦格下方还有5个方格。在上面有用火焰字母写成的其他惰性气体的名称：氖、氩、氪、氙和镭射气——氡。

突然，惰性气体的光谱线亮了起来，一切都开始发出五光十色的彩光。先是氖气橙色和红色的光线，然后是氩气天蓝色的光线，接下来是其他较重惰性气体的微蓝色光带。事实上，这种景象在城市商店的闪光广告牌中十分常见。

灯又被打开了，现在在我们前面的是锂的方格。这是最轻的碱金属，大家可以见到它的所有历史，以及它在未来飞机中应用的蓝图。它轻得简直就像是木塞子！然后再次俯身，在我们下面燃烧着的闪光字母标志出它的相似物：钠的字母是黄色的，钾的字母是紫色的，铷的字母是红色的，铯的字母则是天蓝色的。

慢慢地，一步一步地，一个元素接着一个元素地，我们就能沿着螺旋走完整个元素周期表，而我们在本书中为各位讲述的所有故事，化学元素的整个历史在这里都不是以字和画的形式呈现出来的，而是以生动的、真实的样本和真实原子历史的方式呈现的。

那么还有什么能够比碳元素的方格更加神奇的呢！它可是生命和整个世界的基础啊！所有生命的发展历史都呈现在诸位的眼前，还有那些化石燃料——煤和石油，神奇的诞生过程也会呈现出来。数以万计的碳化合物所构成的奇异画面中，它的开头和结尾尤其吸引着我们的注意力。

看呐，这就是巨大的金刚石晶体。不，这不是赫赫有名的“库利南”——那颗被分成小块送给了英国国王的钻石，而是“奥尔洛夫”，它被镶在了俄罗斯沙皇的金权杖上。

这个房间的尽头是煤层。落煤镐深入到了煤层之中，然后这种黑乎乎的石块就会被长长的运输带送至地表。正如列宁所说的，这是“工业的面包”。

我们顺着螺旋绕了两圈，走了下去，在大家眼前的是带有鲜艳色彩的房间，黄色的、绿色的和红色的石头闪耀着彩虹的色彩，它们不是来自中非的矿山，就是来自亚洲的黑色洞穴。电影胶片正在缓慢旋转着，上面绘有各个矿山的画面，并向我们展示着金属矿产地。这是钒，它被如此命名是为了纪念传说中的古斯拉夫女神。因为它有着神秘的力量，能够赋予钢铁以坚固性、柔韧性和耐疲劳性，这对汽车轴来说都是必不可少的特性。在诸位面前的那个房间里摆放着由钒钢制作的轴，并且已经跑了几百万千米，在这儿就是用普通钢铁制作的轴，还没跑一万千米呢，就已经折损了。

然后又沿着螺旋下降了几圈。画面已经全然不同，这里是铁——整个世界和工业的基础，那儿是无处不在的碘，正用自己的原子填充整个空间呢，然后又是锶，能够制造出红色的烟火，最后是镓，能够在人的手掌中熔化。

哇！金的房间是多么不可思议啊！整个房间散发着十足的光芒。这是白色石英矿脉中的金，这是银金矿，这是后贝加尔矿山的绿金，这是从阿尔泰的选矿厂模型中流出的金束，而这就是拥有彩虹全色的金溶液，它们在人类史和文明史中也闪闪发光。这是财富和罪恶的金属，这是引发战争、劫掠和暴力的金属！藏有金锭的国家银行在金光之中从我们面前掠过，一同出现的还有发生在威特沃特斯兰德矿山中的奴隶劳动，决定股份制公司命运和金本位制价值的银行头头也被我们有幸见识到了。

只跨了一步，我们便处在了另一间房中，这是液态汞的方格。这里就像是1938年那次著名的巴黎展览会，房间中央有喷泉喷涌，但是喷出的不是水，而是银色的液态汞。在右边的角落里有个小型蒸汽机，其用活塞打着节拍，并在水银蒸气中运转着，而左边展示的则是该金属的所有历史，包括它在地壳中的分布，以及顿巴斯砂岩中血红色的朱砂滴，还有西班牙矿山中的液态水银滴。

再继续向前走。紧跟在铅格和铋格后面的是一幅大家不太理解的画面。元素和方格在这里相互混合交错，这里已经没有了之前的明确性和清晰度。其实现在大家就已经来到了元素周期表中原子的一个特殊领域，这里的金属没有我们所熟知的坚固性和柔韧性。某种不明确的，新产生的物质开始出现在我们面前，一幅梦幻般的画面突然在迷雾之间悄悄显现。

铀原子和钍原子没有安分地待在自己的位置上。从它们之中散发出了某些射线，并产生出了氦的原子核。然后原子就离开了孵化了它的方格。接着又跳入了镭的方格，并闪烁着耀眼的神秘光芒，之后会像童话一般变幻为看不见的氡气，而在这之后，又会按着元素周期表的顺序向后跑，最终在我们的观察下消亡于铅格之中。

朋友们，又出现了一幅更加奇怪的画面——一群快速飞行的原子冲向了铀，并将铀毁灭成了小碎片，还伴随着破裂声，铀原子在毁灭之时还散发出了耀眼的射线，起初它在螺旋上方的某个方格中闪耀着，然后又突然地向下奔袭而来，接着被困在了与它毫不相关的金属格子之中，最后在铂旁边的某个地方缓缓死去。

我们的原子发生了什么？难道我们的法则、我们的观点是坚不可摧的吗？难道每个原子都一成不变，是自然界永不变化的建设材料吗？难道没有任何方法能将它改变，难道锶永远是锶，而锌原子永远是锌原子吗？

大家可能会大失所望，我们之前说过的并不十分可靠。我们现在进入了一个新的世界，这里的原子是不稳定的，它们能够被摧毁，但不是被消灭，而是会变成另一种元素的原子。

穿过元素周期表末尾的迷雾，在氦原子发出的光芒和X射线之间——我们就这样来到了通往无限深渊的最后一阶楼梯。

但是现在进入的不是地球底部的深渊，而是星际深渊。这里的温度高达数亿摄氏度，地球上的大气压与这里的气压没有任何可比性，元素周期表中的原子在一片混沌之中不断地闪耀、分解。

所以，这就是说，我们之前讲过的都是不正确的吗？也就是说，其实炼金术士是对的，可以从水银中炼出金来，对吗？那么，是不是还可以从砷和“贤者之石”中炼出银？那些100年前的科学幻想家说过原子能互相转化，并且说原子在我们到达不了的世界，也是正确的吗？

门捷列夫的元素周期表完全不是一张由方格构成的死板表格，这里不仅包含着现在的景象，更有过去的和未来的景象，这些景象展现出了在世界中发生着的神秘进程，原子在这里不断变换。

元素周期表就是反映宇宙历史和生命的表格。而原子本身则是组成宇宙的一小部分，并在元素周期表的周期、族和方格之间不断地变换着位置。

大家就这样看到了我们周围世界中最美妙的景象。

# 结尾

不知不觉就到了本书的结尾。我们曾化身为原子大小，来追寻原子漫游的复杂轨迹，来深入地底，甚至是灼热的天体之中，并观察原子在宇宙中以及在人类的手中显现出了什么性质，还有它们在工业和国民经济中能发挥什么作用。

原子在自己的历史中走过了长长的道路，我们既不知道这条路的开头，也不知道它的结尾。我们尚未完全弄懂原子诞生的过程以及它们在地球上漫游的开端。而对于它们未来的命运，以及我们自身在未来地球上的命运，都一无所知。

我们只知道，有些原子会飞出地球边界，然后分散在星际空间之中。

我们知道，另外一些原子会分布于地壳之中，以及土壤、地下水和海洋之中，还有一些原子则会屈服于地心引力，缓慢地回到地底。

有一些原子是稳定的，不会变化的，就像是台球里的骨制白球一样坚固；另一种原子恰恰相反，它们像皮球一样富有弹性，能被挤压收缩，彼此相互接触，相互交错，形成复杂的结构，并伴有电场出现；还有一些原子分裂收缩至原子核的最深处，并放射出能量，然后变成一团奇异的气体，这类原子的生命是由衰变法则所决定的，这之中的某些原子的寿命以数百万年计，另一些以年计算，还有一些以秒算，甚至是以数分之一秒为单位。

我们周围的世界是由这些元素构建起来的，而这些元素所具有的特征是那么多样，它们互相组合而构成的结合物又有着那么大的差异。

我们现在才开始从新的视角来研究地球化学元素的不凡历史。地球化学这个自然中的新世界也才刚刚被发现，对地壳中每个元素性状的观察工作也刚刚展开，但是新的任务就已经出现了，那就是要对每个原子的性状进行记录，深入了解每个原子的特征，弄懂原子的优缺点，总而言之，我们需要非常细致、深入地对每个原子形成认知，来用零散的事实建立起原子命运的历史，甚至是整个宇宙的历史。

这种历史中的每一环都与暂且未知的原子特征有关，复杂深奥的自然法则掌控着原子的命运，原子在整个宇宙，在地球，甚至在人类手中都会受到支配。

但是了解原子所经的路径并不是为了满足对地球原子形状的好奇，我们应该掌握控制原子的方法，来使原子在技术、经济和文明进步中做出贡献。

这就是地球化学研究工作的意义和任务所在，这就是为什么我们要了解原子并获取原子。

阅读到本书的末尾之时，我们只不过才刚刚踏入这个知识领域。要想在周围的自然中发现一些秘密，我们还要更多地阅读、思考、探索、研究。

本书到此就结束了。我们给大家五个建议：

1.阅读与矿物学、化学、物理和矿产有关的书籍。牢记化学元素周期表，并认真研究。

2.参观矿物博物馆、地质博物馆、地方志博物馆和工业博物馆。

3.考察工厂，熟悉生产，深入研究在此过程中发生的化学进程。

4.在夏季时要去矿山、矿场和采石场，多深入大自然，它是地球上最强大的实验室。

5.思考利用我国自然资源的方式，探寻蕴藏在地球内部的矿藏。

# 书中提及词汇和专业表述的解释

玛瑙——层状玉髓（参见玉髓），颜色丰富，富有层次；可用作工业制品或装饰品。

海蓝宝石——为绿柱石的一种，通体透明，带有海水的蓝绿色调（来自拉丁语“Aqua”，意为水，“Mare”，意为海洋）；为一种宝石。

红苔羟矿——十分稀少的红色矿物；成分是天然游离态的钒酸（$V_2O_5 \cdot H_2O$）。分布于中亚。

金刚石——碳的同素异形体，为一种透明晶体；是自然界中已知的最硬矿物。上等的宝石。在高温高压条件下从熔融物质中生成。

炼金术士——中世纪学者，曾尝试研究物质的化学成分，但最主要的任务是通过人为方式从其他物质之中炼出黄金，发现所谓的贤者之石。相传这种石头可以使金属发生变化，甚至有可能在化学器皿中培养出活质。尽管炼金术士的探索不切实际，且自身的研究工作充满着神秘，但是其探索启发了现代化学。

阿尔法射线（α射线）——一种肉眼不可见的射线，重元素原子在进行放射性裂变时便会释放该射线。阿尔法射线是一种物质微粒，而阿尔法射线的粒子，即阿尔法粒子，也就是带正电的氦核，飞行速度每秒可达15 000~20 000千米。

阿尔法粒子（α粒子）——参见阿尔法射线。

紫水晶——紫色的水晶；不很昂贵的宝石。分布于乌拉尔及后贝加尔地区。

埃——长度单位，等于亿分之一厘米。表示为：$1\,\text{Å}=1\times10^{-8}\text{cm}$。

负离子——从正极分离出的带负电的离子。

无烟煤——煤的一种，含碳量最多达90%~96%。

磷灰石——含钙磷酸盐的总称，含氟。形成于霞石正长岩及其他岩石冷却之时，或是由于有机体参与而形成（磷钙土）。可用于制作磷肥。

霞石——化学成分与方解石成分一致的矿物（$CaCO_3$），但是两者的原子排列方式与物理性质有所差异。霞石形状多为致密的光滑粒状，或是呈凝结状；或是生成悬挂于洞穴拱上的钟乳石，或是生成向上生长的石笋。

石棉——纤维晶状的矿物，属于硅酸盐类；可被用于制作防火的织物、纸板以及特种水泥。工业意义巨大。

乙炔——俗称电石气，当水作用于碳化钙（电石）时便会产生乙炔。燃烧时会产生耀眼的白色光芒。

玄武岩——岩浆岩的一种，熔融状态的岩浆流至地表或是水底而形成。由富含镁和铁的矿物形成。

重晶石——钡的硫酸盐（$BaSO_4$）。重晶石可被用来制作高质量的白色颜料。

绿柱石——含硅、铝以及多达12%的铍。是获取铍的主要矿物。

贝塔射线（β射线）——一种肉眼不可见的射线，某些元素进行放射性衰变时便会释放该射线。是带负电的物质微粒束，即电子束（贝塔粒子），飞行速度可达每秒140 000~200 000千米。

贝塔粒子——参见贝塔射线。

沥青——碳氢化合物的混合物，在自然界中以气态（石油气）、液态（石油、沥青），以及固态（地蜡）形式存在。沥青经常会深入各类岩石之中，如石灰岩、页岩、砂岩等；这样的岩石被称为沥青岩。

钻石——经过特殊珠宝工艺加工的金刚石。可用作装饰品。

青铜——铜和锡生成的合金。在人类发现铁之前便已得到使用。青铜时代的劳动工具和武器都是由青铜制成的。

钻井——一种特殊的矿井隧道，带有直径不大的圆形截面，极深。钻井用于确定矿床的规模和质量，还能用于开采石油、水、硫等。能够达到5千米以上的深度。

病毒——在普通显微镜下不可见的微生物，有时会导致人类、动植物的疾病。

风化——是岩石在空气和水的物理与化学作用下受到破坏的过程。

辉长岩——主要由长石和有色硅酸盐（角闪岩或辉石）构成。

星系——银河（汉语中银河特指银河系），是包含大量恒星的星团，包括太阳。星系中恒星的数量约为300亿颗。

伽马射线（γ射线）——与X射线十分相似，但是穿透力更强。镭或是其他放射性物质衰变时，便会产生该射线。

石膏——钙的硫酸盐，含水（$CaSO_4 \cdot 2H_2O$）。分布十分广泛的一种矿物。可用于建筑业；医疗中使用石膏来治疗骨折。

黏土——细分散的岩石，手感细腻，有时甚至有些油腻，由细小矿物粒子如高岭土、石英、云母以及长石等组成。

片麻岩——受高压高温形成的变质岩，成分上接近于花岗岩。含有石英、长石、云母。有时可用作建筑石料。

岩石——天然的矿物聚积体，由于所受进程一致而形成。按照形成来源，可分为岩浆岩（形成于岩浆）、沉积岩（形成于水溶液）和变质岩。

石榴石——颜色多样的复杂矿物。红色的含铁，绿色的含铬，还有黄色的、白色的等。

花岗岩——由长石、石英、云母组成的岩石。形成于地球内部，由岩浆冷凝而成。

花岗斑岩——成分与花岗岩一致的岩石。不同于花岗岩的是，花岗斑岩会含有较大的长石晶体和石英晶体。

花岗片麻岩区——最古老，并且是最稳定的地壳区域，由花岗岩和片麻岩组成。

雷汞——成分为$C_2Hg(NO_2)N$的物质，受到撞击会发生爆炸。可以用作硝铵炸药、甘油炸药及其他爆炸物的起爆剂。

腐殖酸——复杂的有机物，形成于土壤表层，由动植物的沉积物堆积生成。

硅藻类——极微小的单细胞藻类，生活在海水或淡水之中。细胞膜上布满二氧化硅，形成结构复杂的骨架，然后会转变为矿物状态。

闪长岩——灰色的岩浆岩，全晶质，由斜长石和深色矿物组成。

矿脉——含有某种矿物岩石中的裂缝，矿物通常形成于岩浆。

晶洞——是窄缝之间的空隙，或是伟晶矿脉之中的空洞。而在伟晶矿脉的岩壁上会生长出黄玉、海蓝宝石和其他宝石的晶体。

电荷——物质的带电数量。

蛇纹岩——受水的作用而形成的硅酸镁，是一种分布极为广泛的矿物，能形成巨大的紧实岩石。在乌拉尔地区被用于制作小物件。

石灰岩——由贝壳及骨骼的微粒、沉积物形成的岩石，由碳酸钙（$CaCO_3$）组成，并带有其他物质的杂质。

同位素——相对原子质量相异的同一元素；同位素的电子数量一致，但原子核中的中子数有所差异。彼此的化学性质并无差异。分离同位素是现代物理的重要任务。

祖母绿——绿柱石的一种，通体透明，由于含有铬而显现出亮绿色。是上等的宝石。

冰洲石——透明的方解石晶体（$CaCO_3$）。当透过冰洲石观看物体时，冰洲石能折射出两个物体。冰洲石可被用于制作重要的光学设备或是物理设备。优质的冰洲石晶体十分罕见。

卡路里——热量单位，指的是将1千克水提升1℃所需的热量（此处应指大卡，即用于描述食物热量的卡路里。而物理上所用卡路里为将1克水提升1℃，指小卡。1大卡等于1 000小卡）。

方解石——成分为碳酸钙（$CaCO_3$）的岩石，是碳酸钙的稳定形态。透明的方解石被称为冰洲石。

高岭土——是构成黏土主要成分的矿物，含有矾土（氧化铝）、二氧化硅和水。可以被用于制作瓷器。本词（俄语中高岭土一词的拉丁拼法为Kaolin）来源于汉语，因为中国是第一个加工高岭土的国家，是在高岭山开采的。

克拉——宝石计重单位。1克拉等于200毫克，也就是说，1克等于5克拉。

碳化物——碳和金属形成的化合物。某些碳化物，例如碳化硼、碳化物、碳化钽，均拥有可与金刚石媲美的硬度。

卡尔斯巴德石——由碳酸钙构成的坚硬沉积物，形成于捷克斯洛伐克卡罗维发利（旧称卡尔斯巴德）市的温泉中。

光卤石——一种由钾、镁和氯构成的矿物（$KCl \cdot MgCl \cdot 6H_2O$）；常与石盐共生。光卤石在化学工业上能被用于制备钾盐或是金属镁。

喀斯特——石灰岩和石膏受水侵蚀而形成的漏斗形物、山洞、地下河、地下溪等。例如，富有名气的昆古尔冰洞。

锡石——由氧化锡构成的矿物（$SnO_2$）。锡石是用于提取锡的主要矿石。

压碎——力学现象，指岩石的某一部分或多个部分被粉碎，由造山运动造成。

正离子——从负极分离出的带正电的离子。

矾——一种化合物，成分为硫酸复盐，在自然界中常见明矾石和铁明矾。

金伯利岩——暗色，接近于黑色的岩浆岩，主要由橄榄岩、褐云母以及辉石构成；冷却形成于爆发产生的漏斗形物之中；在南非和美国均有分布，含有金刚石晶体。

朱砂——由汞和硫构成的矿物（HgS），硫化汞的天然矿石。可被用于获取汞。除此以外，还可被用于制作同名染料。

钇铀矿——含有铀和一些稀土元素的矿物。受热时会释放出大量的氦，而氦则是铀放射性衰变的产物。研究由钇铀矿释放的气体时，科学家们首次在地球上发现了氦。在此之前，人们只在太阳上发现了氦。

胶体——动植物的薄膜无法穿透溶液状态下的胶体。典型的例子便是胶水、肉冻。

金属硫化物——一种由铁和铜构成的硫化矿物。含铁的金属硫化矿物被称为黄铁矿；含铜的金属硫化矿物被称为黄铜矿。黄铁矿可被用于制作硫酸，而硫酸是现代化学工业的基础；黄铜矿则是获取铜的主要矿石。

孔波斯特拉红宝石——稀有的鲜红色石英晶体，分布于中亚山洞之中，在西班牙也有分布。

刚玉——由氧化铝（$Al_2O_3$）构成的矿物。自身十分坚硬，能够在除金刚石以外的所有矿物上留下划痕。透明且成色均匀的刚玉晶体可被用作宝石。红色刚玉被称为红宝石，蓝色的则被称为蓝宝石，无色的是白宝石。

宇宙射线——从宇宙空间进入地球大气层的射线，拥有巨大的能量，所以它们的穿透力十分强大。宇宙射线的本质尚未得到完全证实。

冰晶石——由钠、铝、氟构成的矿物（$Na_3AlF_6$），是获取铝的重要矿石。开采于格陵兰岛。

晶体——是一类由原子严整组合形成的化合物，按照固定的列状和网状排列，正因为此，晶体拥有极其规整的形态，以此与非晶体（例如，蜡）或是矿物的偶然混合物（例如，黏土）区分开来。

库尔斯克磁力异常区——库尔斯克市的一片广阔区域，在该区域有着明显的磁针偏差，是该地巨大的磁铁矿床所致。

拉长石——长石的一种，由于含有云母而显现出红蓝色调。

拉长岩——主要由拉长石构成的岩石。是一种漂亮的镶面石。

熔岩——熔融状态的岩石，从火山流出，再呈流状或覆盖物状冷却的岩石。

红土——分布于亚热带的红色土壤，由氧化铁和氧化铝聚积。苏联高加索地区的阿扎尔境内有红土分布。

白榴石——硅酸盐类的矿物之一，含有铝和钾。常形成球状的二十四面体。是某些喷出岩的构成成分。某些国家正尝试着从白榴石中提取钾和金属铝。

咸沼——由于海水倒灌河口和沟壑而形成。苏联境内有德涅斯特咸沼、第聂伯–布格咸沼，还有一些咸沼分布于黑海沿岸。

岩浆——地球内部的熔融物质。成分为复杂的硅酸盐。在处于巨大压力下时，便会有一部分岩浆向上喷涌，填充裂缝、空洞，甚至会喷出地表。随后岩浆温度降低，逐渐硬化并形成岩石。

菱镁矿——由镁的碳酸盐构成的矿物。可被用于制造耐火砖。

磁铁矿——成分为$Fe_3O_4$的矿物。磁铁矿的形态十分规整；磁性极强；有时可形成整山（例如，马格尼特山以及乌拉尔的维索卡亚山），是开采铁的最佳矿石。

质谱仪——用于确定元素同位素数量的仪器。

泥灰岩——泥质石灰岩，含有超过30%的黏土，还包括沙粒。许多的泥灰岩都是水泥工业的重要原料。

类金属——氧化物可以与水结合形成酸的元素。

变质岩——由岩浆岩或是沉积岩变化而来，在形成之后发生变化，便有了变质岩。

迁移——元素在地壳中的转移，会导致元素分散或是聚积，与其他元素结合或是分离。

微米——千分之一毫米。

矿泉——富含溶融非有机物的泉水。

分子——保留物质物理性质的最小粒子。分子由原子构成。如果分子内含有的原子相同，则为简单分子；反之，则为复杂分子。

黑水晶——近乎黑色的水晶，但是其薄片会显现出褐色。被缓慢加热（烘烤面包的温度）时颜色会变浅，成为黄色，能够被珠宝师加工。当继续加热时，色彩会完全消失。色彩的成分及来源尚不清楚。

大理石——粗晶粒的致密石灰岩，受压力影响再结晶形成。是重要的装饰和建筑石料。

大理石缟玛瑙——方解石的条纹状沉积物，颜色多样。

纳尔赞——位于基斯洛沃茨克的泉水，水中含有溶融盐类以及大量的游离态盐酸，所以富有重要的疗养价值。

中子——不带电的物质粒子；中子的质量与质子的质量一致。化学元素的相对原子质量便是原子中质子和中子的数量之和。中子与质子一同构成了原子核。

霞石，或脂光石（译自古希腊语，意为油石）——含有钠、铝和硅的矿物。可被用作铝的生产原料，还可被用于制造玻璃。

霞石正长岩——无石英的深层岩浆岩，由长石、霞石和某种黑色矿物构成。在陆圈内相对少见。霞石正长岩在科拉半岛的聚集较多。

软玉——十分有韧性且细腻的绿色矿物，易抛光。可被用作装饰用石，在中国尤为普遍。俄语中软玉（Nefrit）一词来源于希腊语的“Nephros”，意为肾脏，因为古时的医生认为软玉可以治疗肾病。

熔渣——在生产硫酸时燃烧黄铁矿而留下的残余物。熔渣主要由氧化铁构成。

氧化皮——形成于熔融金属（铁，铜）的表壳，是空气作用而成。氧化皮的成分不太稳定，取决于温度和在其形成过程中的空气残余量。

辛烷值——可用于衡量液体燃料的抗爆性。异辛烷的辛烷值为100，正庚烷的辛烷值为0。正庚烷和异辛烷几乎涵盖了所有种类的燃料。

橄榄石（Olivine）——一种含铁和镁的硅酸盐。带有金色色调的纯净晶体被称为贵橄榄石（Chrysolite），并可被用作宝石。

含橄榄石岩——深层的岩浆岩，主要的构成部分为橄榄石。

蛋白石——成分为二氧化硅和水的矿物。某些蛋白石拥有十分鲜艳的色泽。

锇铱矿——稀有的铂族矿物，成分为天然的锇铱合金。

发作，爆发——在医学上指突然地出现病症症状，程度极重，在地质学上指地球内部活动力的加强，从而导致在地表形成山丘的过程。

伟晶岩（伟晶矿脉）——由一些在岩浆冷凝最后阶段形成的矿物组合而成，此时的岩浆之中含有蒸汽和气体。主要由长石和石英构成。伟晶岩富含各类宝石和稀有金属。

橄榄岩——暗灰色或黑色的结晶岩浆岩，由橄榄岩和辉岩构成。富含铁和镁。

多金属矿石——是含有多种金属的矿石，最主要的是铜、锌、铅、银。

半衰期——在物理学中指的是放射性元素浓度剩下初始时一半所消耗的时间。每种放射性元素都有固定的半衰期。半衰期短的，为数分之一秒，长的可达数十亿年。

斑岩熔岩——在玻璃质斑岩熔岩中常有某些巨大的晶体。

土壤——由于岩石风化，受水、空气和动植物的生命进程影响而形成的表层形成物。

质子——带正电荷的物质微粒。原子核中质子的数量等于带负电电子的数量及化学元素原子序数。质子与中子构成原子核。

日珥——太阳表面发生的爆发活动，主要由氢组成。在日食时很好观察，表现为鲜粉红色的凸出物。日珥的喷出高度可达数万千米，甚至是数十万千米。

放射性——某些化学元素，主要是重元素所具有的性质，即能够不断地释放不可见的射线。此类射线的穿透性与X射线的穿透性相近，能够穿透各种物质，并能使相片胶卷变黑。具有放射性的元素有铀、钍、镭、钋、镤等，这类元素被称为放射性元素。由放射性元素释放的射线可分为阿尔法射线、贝塔射线和伽马射线（参见对应名称）。

放射虫——微小的单细胞有机体，不同的是，这种生物具有由二氧化硅构成的骨架，且骨架的形态极其多样。

氡——参见镭射气。

土状萤石——成分为萤石（$CaF_2$）的矿物，为萤石的一种。该矿物的颜色为绿色或紫色。

红宝石——一种红色的透明刚玉（$Al_2O_3$），含有铬的混合物。可被用作宝石，也可被用于精密机械之中。可通过人造手段获得。

矿石——可以从中提取金属及其化合物的矿物质或岩石。

宝石（俄语拉丁写法为Samotsvet）——乌拉尔人对宝石的名称，包括祖母绿、黄玉、蓝宝石等。

方铅矿（俄语拉丁写法为Galenit，来源于拉丁语Galena，意为铅）——银灰色的非透明矿物，是硫与铅形成的化合物，并且是制备铅和银的重要矿石，这两种金属常见于方铅矿中。可作为导体。可被加工为红铅粉，也可被用于制备白色颜料和釉彩。

地震仪——用于检测地震的仪器。

硝石——钠或钾的氮酸盐；在自然界中分布于沙漠地区。可被用作肥料，在工业中可被用于制造炸药。

黄铁矿——参见金属硫化物。

正长岩——淡色的结晶岩浆岩，主要由长石构成。区别于花岗岩，正长石不含有石英。矿石名称来源于埃及城市阿斯旺的古称赛伊尼（Syene）。

硅酸盐——硅酸与铝或是其他金属形成的化合物。地壳中最重要的矿物都属于硅酸盐，如长石、高岭土、角闪石等。

天狼星，或大犬座α星——是夜空中最为闪亮的恒星。天狼星由两颗恒星组成（双星）。天狼星卫星的密度是水的密度的30 000倍。

页岩——由于巨大的压力而形成了自身的层状结构；可以被敲碎用于房顶的石板。

云母——一类由硅和铝构成的矿物，能够裂成纤薄的薄片。主要的云母为白云母（Muscovite）和黑云母（Biotite）。白云母能被作为绝缘器而应用于电力工业。

盐碱地——含有盐的土壤，且盐的数量十分多，以至于土壤都被盐的结晶染成了白色。

硼酸喷气孔——火山气体流，含有硫化氢和碳酸，以及少量的氨气和甲烷。最负盛名的硼酸喷气孔位于意大利的托斯卡纳。硼酸喷气孔中含有的硼酸能被用于工业目的。硼酸喷气孔的蒸汽可被用于供暖。

光谱分析法——利用光谱仪研究炽热气体及冷蒸气的方法。根据光谱的性质，不仅可以确定气体的构成性质，还能确定其构成数量。光谱分析法是研究宇宙物质组成最有力的方法。其由古斯塔夫·罗伯特·基尔霍夫和罗伯特·威廉·本生于1859年创立。

光谱仪——用于研究光谱的仪器。

玻璃——一种人造的物质，通过将石英砂与苏打、石灰一起熔化制得。普通玻璃的成分为75%的$SiO_2$、13%的$Na_2O$和12%的$CaO$。光学玻璃含铅。广为人知的还有天然的火山硅酸盐玻璃——黑曜石。

辉锑矿——非透明的银灰色矿物，带有金属色泽，含锑和硫，成分为$Sb_2S_3$。可被用于制得锑。锑的使用示例告诉我们，金属的使用是怎样随着工业和技术的发展而变化的。在古时，细腻的锑粉曾被用作化妆品，而现在，锑是制造合金必不可少的成分。

玻璃陨石——体积不大的熔融玻璃块，在地球上的多个地方都有分布。迄今为止对玻璃陨石的形成尚没有完整的解释。某些人认为玻璃陨石是陨石的一种。

黄玉——含氟铝硅酸盐矿物。通体透明，且颜色呈酒红色、淡黄色、紫色等的黄玉晶体属于名贵宝石。分布于伟晶矿脉之中。

宝石轴承——由坚硬矿物，主要是由红宝石（天然及人工合成）制成的轴承。用于精密仪器。轴承上有快速转动的零件。比如说钟表上的宝石轴承。

对流层——覆盖整个地球表层，以及与平流层相接的水圈这一片区域。该区域物质交换反应剧烈。对流层也被称为运动与化学反应带。

羟钒铜矿——稀有的橄榄绿矿石，由铜和钒构成；形成于某些矿产地的风化表层区域。

超声波——机械振动频率超过人类耳朵可以听到最高阈值的声波。

超基性岩——富含镁、钾和氧化铁的岩石。均呈暗色（绿色或是黑色），很重，由地底最深处的熔融物形成。

燃素——一种“极轻液体”，在17世纪末之前（在安托万·洛朗·拉瓦锡发现氧之前）被用于解释燃烧和热现象。当时认为，燃素的存在与否决定着物体的温度。

萤光——物体的发光现象，不是由灼热产生的，而是由太阳光线、电弧光、紫外线和X射线所引起的。当这些射线的作用停止时，荧光现象也会停止。

萤石——由氟气和钙构成的矿石（$CaF_2$）。可用于冶金业、化学工业、光学工业及玻璃制造业。用于制造光学的透明萤石晶体被称为光学萤石。比较漂亮的萤石可被用作装饰材料。

助熔剂——添加到矿石的矿物，能够帮助金属从熔融岩石，也就是熔渣中完全分离。助熔剂可以是多种矿物：对付石英矿石需要用到石灰岩或是白云岩，对付石灰质矿石则需要用到石英。

有孔虫类——微小的单细胞有机体，生活在海洋之中。某些有孔虫类对测定岩石的地质年代具有重要意义。

磷酸盐——磷与各类金属形成的化合物。在自然状态下，常见的磷与钙和氟形成的化合物有磷灰石、磷钙土等。

磷钙土——成分为磷酸钙化合物的矿物；以岩瘤或是层状分布于沉积岩中。与磷灰石一样，可被用于制造农业用肥。

玉髓——半透明的矿石，可透光，成分为石英（硅酸）。条纹状的玉髓被称为玛瑙。

金绿宝石——透明的绿色矿物，成分为铍和铝，还带有铁的杂质，有时含有铬（$BeAl_2O_4$）。其是稀有的宝石。

镀铬钢——镀有铬膜的钢铁。表面十分坚硬，并且能够稳定对抗化学作用。

水晶——石英的透明变种。在自然界中常见六面晶体。可被用于无线电技术之中。

天青石——成分为硫酸锶的矿物（$SrSO_4$），呈美妙的天蓝色。可被用于获取锶盐。

水泥——煅烧过的石灰岩和黏土混合物。水泥遇水会变成坚硬的，如石头般的物质。水泥的生产规模巨大，可被用于建筑目的。

氰化法——一种从岩石中提取黄金的方法。利用这种方法能够使粉末状的黄金溶于氰化钾的水溶液中。该方法在黄金产业中应用广泛。

闪锌矿（希腊语Sphaleros，意为具有欺骗性的）——由锌和硫构成的矿物（ZnS）。可被用于制取锌。之所以说闪锌矿具有欺骗性，是因为它的颜色能发生变化，之后可能会被误认为其他岩石。

矿井——垂直于地表的开采法，可用于开采矿石、为矿工通风，还可排水等。有时矿井的深度可达三千米。

白钨矿——非透明的灰黄色矿物，带有脂肪光泽，成分为钨酸钙化合物（$CaWO_4$）。白钨矿在紫外线的作用下会产生漂亮的蓝绿色光线。可被用于制取钨，而钨对冶金业来说是重要的元素。

炉料——矿石的混合物，带有被称为助熔剂的添加物，这样是为了在炉中生成更加纯净的金属。

干盐湖——形成于干涸湖泊中的盐碱地，湖岸线清晰可辨。

晶石——一类能够沿着某个方向裂开为规整碎片矿物的总称，例如长石、重晶石（氧化钡）、萤石等。

蓝柱石——十分稀少的硅酸盐类矿石，从成分上来看，与绿柱石接近。

电磁波——由电场和磁场周期性振动形成。无线电波、可见光、X射线、伽马射线全都是电磁波。

电子——最小的带负电物质微粒。是原子的构成成分。电子在原子内部按照固定的轨道绕着带正电的原子核运转。

镁基合金——由铝和镁构成的超轻合金，机械性能极佳。

电子显微镜——最新型的显微镜，电子流取代了光线，正因为此，电子显微镜可将物体放大50万倍。

镭射气——气态的放射性物质，当镭的原子核自主地，不受外力影响地衰变时，便会转化为镭射气。在化学关系中，镭射气是一种惰性气体，属于零族元素，并且被称为氡（Radon）。

初生水——存在于地壳深层岩浆岩中的深层水，是最先到达地表的水。也可将其称为深层水、岩浆水。

琥珀——石化的古树树脂。存在于波罗的海沿岸，可被用于制作装饰品，会被用作静电计中的绝缘器。